付録(ふろく) とりはずしてお使いください。

計算せんもんドリル

4年

4年　　組

特色と使い方

- このドリルは、計算力を付けるための計算問題をせんもんにあつかったドリルです。
- 教科書ぴったりトレーニングに、このドリルの何ページをすればよいのかが書いてあります。教科書ぴったりトレーニングにあわせてお使いください。

教科書ぴったり
トレーニングの
ここを見てね

もくじ

おうちのかたへ

- お子さまがお使いの教科書や学校の学習状況により、ドリルのページが前後したり、学習されていない問題が含まれている場合がございます。お子さまの学習状況に応じてお使いください。
- お子さまがお使いの教科書により、教科書ぴったりトレーニングと対応していないページがある場合がございますが、お子さまの興味・関心に応じてお使いください。

1 答えが何十・何百になるわり算

★できた問題には、「た」をかこう！

1 できた　2 でき

1 次の計算をしましょう。

月　日

① 40÷2　② 50÷5

③ 160÷2　④ 150÷3

⑤ 720÷8　⑥ 180÷6

⑦ 490÷7　⑧ 240÷4

⑨ 540÷9　⑩ 350÷7

2 次の計算をしましょう。

月　日

① 900÷3　② 400÷4

③ 3600÷9　④ 4500÷5

⑤ 4200÷6　⑥ 2400÷3

⑦ 1800÷2　⑧ 2800÷7

⑨ 6300÷9　⑩ 4800÷8

2 1けたでわるわり算の筆算①

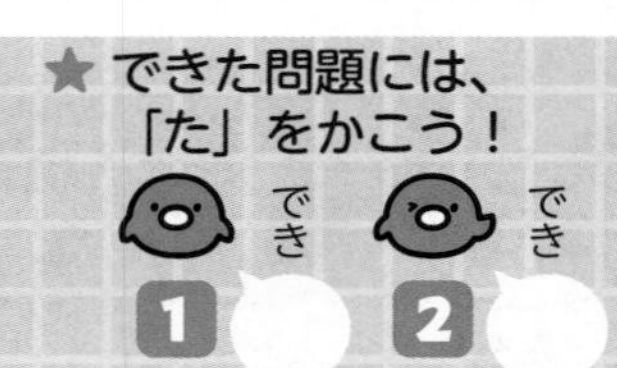

1 次の計算をしましょう。

月　　日

① 5)65

② 3)69

③ 4)43

④ 2)358

⑤ 4)675

⑥ 4)835

⑦ 5)345

⑧ 9)739

2 次の計算を筆算でしましょう。

月　　日

① 74÷6

② 856÷7

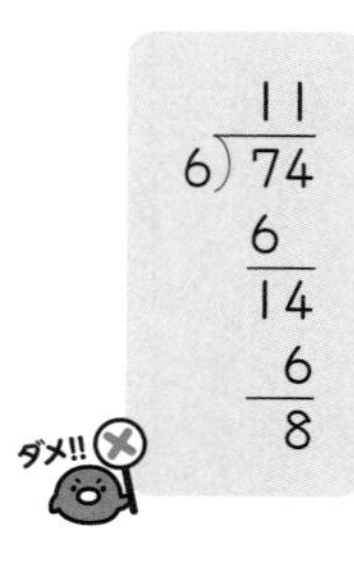

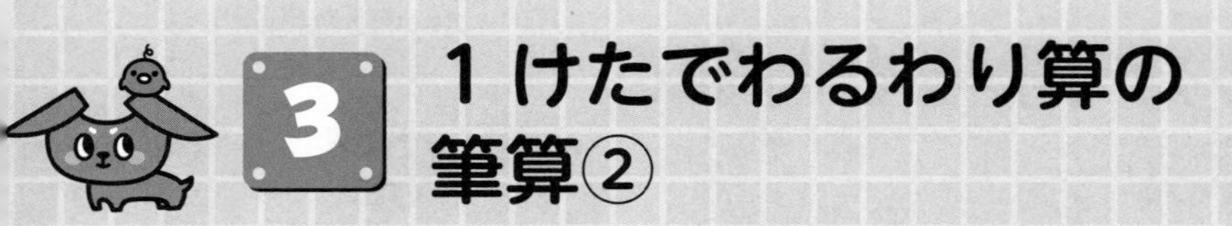

3 1けたでわるわり算の筆算②

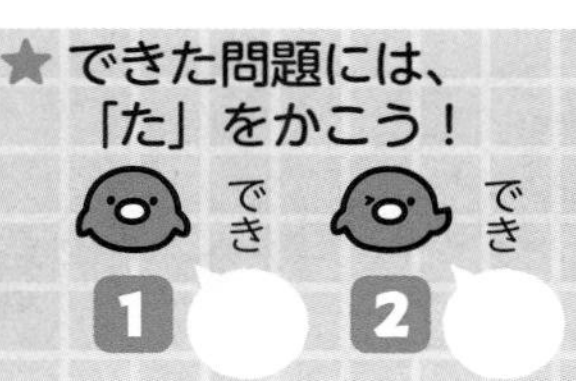

1 次の計算をしましょう。

月　　日

① $8\overline{)96}$　② $2\overline{)86}$　③ $3\overline{)62}$　④ $5\overline{)645}$

⑤ $2\overline{)264}$　⑥ $7\overline{)763}$　⑦ $9\overline{)252}$　⑧ $7\overline{)480}$

2 次の計算を筆算でしましょう。

月　　日

① 73÷4　② 749÷6

4 1けたでわるわり算の筆算③

1 次の計算をしましょう。

月　　日

① $3\overline{)87}$　② $3\overline{)93}$　③ $4\overline{)82}$　④ $8\overline{)984}$

⑤ $6\overline{)650}$　⑥ $8\overline{)146}$　⑦ $3\overline{)276}$　⑧ $8\overline{)246}$

2 次の計算を筆算でしましょう。

月　　日

① 94÷5　② 918÷9

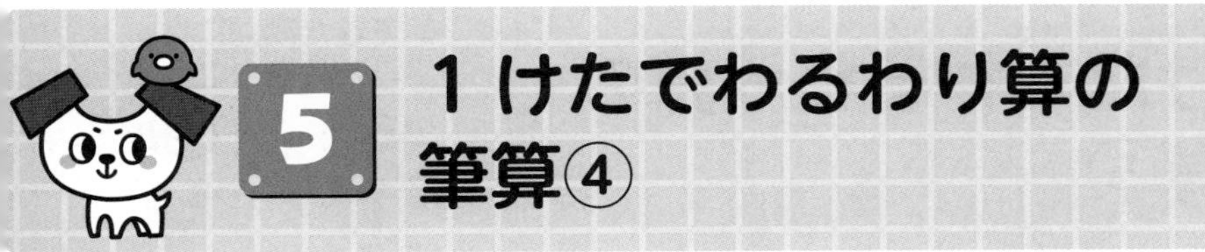

5 1けたでわるわり算の筆算④

★できた問題には、「た」をかこう！

1 でき　2 でき

1 次の計算をしましょう。　　月　　日

① 2)92　② 3)60　③ 5)59　④ 9)917

⑤ 4)372　⑥ 9)589　⑦ 4)128　⑧ 3)248

2 次の計算を筆算でしましょう。　　月　　日

① 83÷3　② 207÷3

6 1けたでわるわり算の筆算⑤

1 次の計算をしましょう。

月　　日

① $7\overline{)84}$

② $4\overline{)80}$

③ $3\overline{)98}$

④ $5\overline{)695}$

⑤ $2\overline{)618}$

⑥ $6\overline{)297}$

⑦ $8\overline{)328}$

⑧ $4\overline{)123}$

2 次の計算を筆算でしましょう。

月　　日

① $99 \div 8$

② $693 \div 7$

7 わり算の暗算

★できた問題には、「た」をかこう！

1 でき　2 でき

月　日

1 次の計算をしましょう。

① 48÷4　② 62÷2

③ 99÷9　④ 36÷3

⑤ 72÷4　⑥ 96÷8

⑦ 95÷5　⑧ 84÷6

⑨ 70÷2　⑩ 60÷5

月　日

2 次の計算をしましょう。

① 28÷2　② 77÷7

③ 63÷3　④ 84÷2

⑤ 72÷6　⑥ 92÷4

⑦ 42÷3　⑧ 84÷7

⑨ 60÷4　⑩ 80÷5

8 3けたの数をかける 筆算①

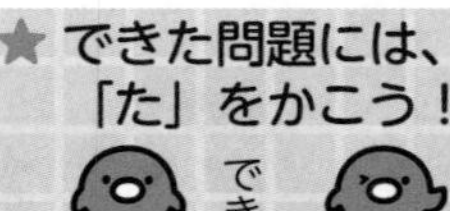

1 次の計算をしましょう。

月　日

① 248×312

② 156×463

③ 618×524

④ 587×615

⑤ 802×737

⑥ 28×319

⑦ 754×205

⑧ 530×407

2 次の計算を筆算でしましょう。

月　日

① 245×256

② 609×705

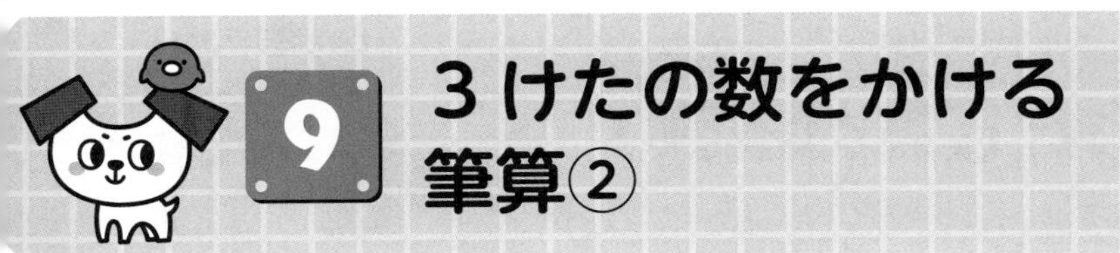

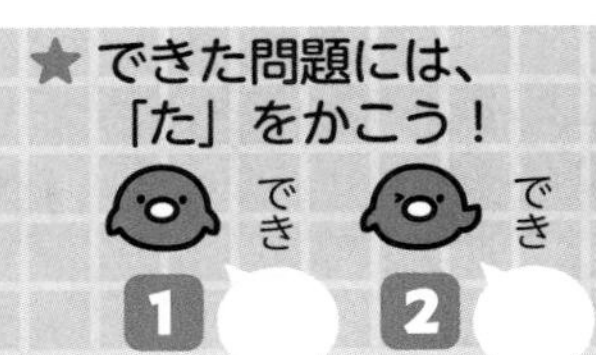

月　日

1 次の計算をしましょう。

① 153 × 649

② 483 × 212

③ 862 × 257

④ 937 × 846

⑤ 430 × 129

⑥ 35 × 356

⑦ 435 × 703

⑧ 403 × 705

月　日

2 次の計算を筆算でしましょう。

① 49×241

② 841×607

10 小数のたし算の筆算①

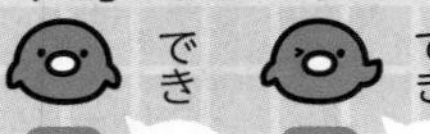

1 次の計算をしましょう。

月　　日

① $\begin{array}{r} 1.48 \\ +2.51 \\ \hline \end{array}$　② $\begin{array}{r} 6.29 \\ +1.92 \\ \hline \end{array}$　③ $\begin{array}{r} 7.46 \\ +4.59 \\ \hline \end{array}$　④ $\begin{array}{r} 5.93 \\ +8.28 \\ \hline \end{array}$

⑤ $\begin{array}{r} 4.35 \\ +0.96 \\ \hline \end{array}$　⑥ $\begin{array}{r} 8 \\ +2.46 \\ \hline \end{array}$　⑦ $\begin{array}{r} 7.6 \\ +0.43 \\ \hline \end{array}$　⑧ $\begin{array}{r} 5.18 \\ +1.72 \\ \hline \end{array}$

⑨ $\begin{array}{r} 5.62 \\ +1.38 \\ \hline \end{array}$　⑩ $\begin{array}{r} 1.732 \\ +5.8 \\ \hline \end{array}$

2 次の計算を筆算でしましょう。

月　　日

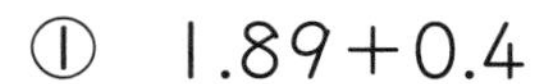
① 1.89＋0.4

② 9.24＋3

③ 0.309＋0.891

④ 13.79＋0.072

$\begin{array}{r} 13.79 \\ +0.072 \\ \hline 14.51 \end{array}$

ダメ!!

11 小数のたし算の筆算②

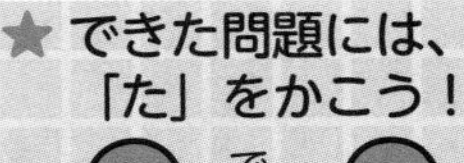

1 次の計算をしましょう。　　月　日

① $\begin{array}{r} 5.49 \\ +1.35 \\ \hline \end{array}$

② $\begin{array}{r} 3.09 \\ +6.85 \\ \hline \end{array}$

③ $\begin{array}{r} 7.61 \\ +5.18 \\ \hline \end{array}$

④ $\begin{array}{r} 9.19 \\ +8.73 \\ \hline \end{array}$

⑤ $\begin{array}{r} 0.72 \\ +3.59 \\ \hline \end{array}$

⑥ $\begin{array}{l} \ \ 4.44 \\ +2.9 \\ \hline \end{array}$

⑦ $\begin{array}{l} \ \ 5.4 \\ +0.61 \\ \hline \end{array}$

⑧ $\begin{array}{r} 2.46 \\ +6.14 \\ \hline \end{array}$

⑨ $\begin{array}{r} 3.42 \\ +3.58 \\ \hline \end{array}$

⑩ $\begin{array}{r} 5.603 \\ +7.148 \\ \hline \end{array}$

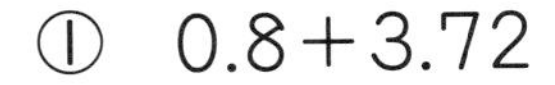

2 次の計算を筆算でしましょう。　　月　日

① 0.8＋3.72

② 4.25＋4

③ 8.051＋0.949

④ 1.583＋0.76

12 小数のひき算の筆算①

★できた問題には、「た」をかこう！

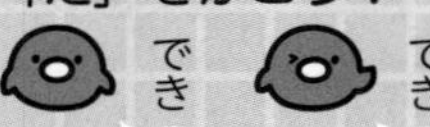

1 次の計算をしましょう。

月　　日

① $\begin{array}{r} 8.94 \\ -1.23 \\ \hline \end{array}$　② $\begin{array}{r} 9.75 \\ -3.06 \\ \hline \end{array}$　③ $\begin{array}{r} 8.37 \\ -4.59 \\ \hline \end{array}$　④ $\begin{array}{r} 8.05 \\ -0.78 \\ \hline \end{array}$

⑤ $\begin{array}{r} 8.03 \\ -7.15 \\ \hline \end{array}$　⑥ $\begin{array}{r} 2.48 \\ -2.39 \\ \hline \end{array}$　⑦ $\begin{array}{r} 4.51 \\ -1.7 \\ \hline \end{array}$　⑧ $\begin{array}{r} 6 \\ -3.28 \\ \hline \end{array}$

⑨ $\begin{array}{r} 0.389 \\ -0.291 \\ \hline \end{array}$　⑩ $\begin{array}{r} 4 \\ -0.028 \\ \hline \end{array}$

2 次の計算を筆算でしましょう。

月　　日

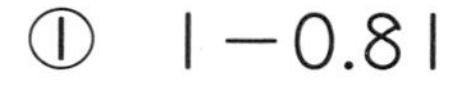

① 1−0.81

② 3.67−0.6

③ 0.855−0.72

④ 4.23−0.125

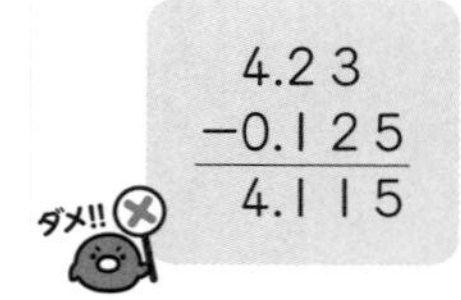

13 小数のひき算の筆算②

★できた問題には、「た」をかこう！

1 でき　2 でき

1 次の計算をしましょう。

月　日

①
$$\begin{array}{r} 6.05 \\ -4.04 \\ \hline \end{array}$$

②
$$\begin{array}{r} 7.65 \\ -5.58 \\ \hline \end{array}$$

③
$$\begin{array}{r} 5.16 \\ -2.39 \\ \hline \end{array}$$

④
$$\begin{array}{r} 2.05 \\ -0.19 \\ \hline \end{array}$$

⑤
$$\begin{array}{r} 9.45 \\ -8.57 \\ \hline \end{array}$$

⑥
$$\begin{array}{r} 4.85 \\ -4.07 \\ \hline \end{array}$$

⑦
$$\begin{array}{r} 9.78 \\ -2.8 \\ \hline \end{array}$$

⑧
$$\begin{array}{r} 1 \\ -0.54 \\ \hline \end{array}$$

⑨
$$\begin{array}{r} 3.512 \\ -1.403 \\ \hline \end{array}$$

⑩
$$\begin{array}{r} 3 \\ -2.087 \\ \hline \end{array}$$

2 次の計算を筆算でしましょう。

月　日

① 1−0.18

② 2.91−0.9

③ 4.052−0.93

④ 0.98−0.801

14 何十でわるわり算

★できた問題には、「た」をかこう！

できた 1　できた 2

1 次の計算をしましょう。

月　日

① 60÷30　② 80÷20

③ 40÷20　④ 90÷30

⑤ 180÷60　⑥ 280÷70

⑦ 400÷50　⑧ 360÷40

⑨ 720÷90　⑩ 540÷60

2 次の計算をしましょう。

月　日

① 90÷20　② 90÷50

③ 50÷40　④ 80÷30

⑤ 400÷60　⑥ 620÷70

⑦ 890÷90　⑧ 210÷80

⑨ 200÷70　⑩ 520÷80

15 2けたでわるわり算の筆算①

★できた問題には、「た」をかこう！

1 でき　2 でき

1 次の計算をしましょう。

月　日

① 32)96　② 25)78　③ 26)104　④ 27)251

⑤ 64)896　⑥ 36)794　⑦ 31)941　⑧ 56)9352

2 次の計算を筆算でしましょう。

月　日

① 139÷34　② 980÷49

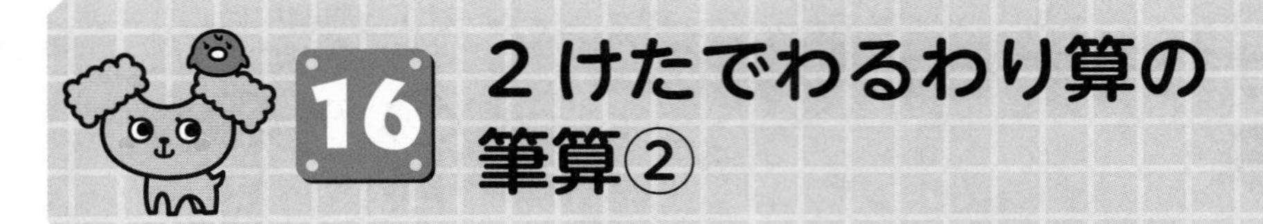

16 2けたでわるわり算の筆算②

★できた問題には、「た」をかこう！

1 でき　2 でき

1 次の計算をしましょう。

月　　日

① 16)96　② 23)74　③ 45)315　④ 56)435

⑤ 12)444　⑥ 19)843　⑦ 29)874　⑧ 42)9139

2 次の計算を筆算でしましょう。

月　　日

① 310÷44　② 840÷14

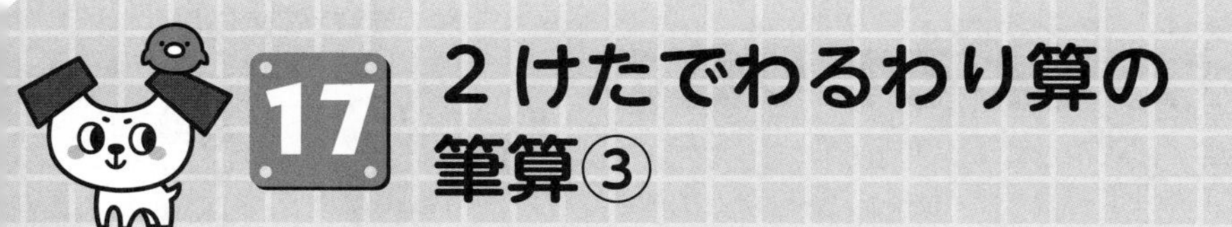

★できた問題には、「た」をかこう！

1 でき 2 でき

1 次の計算をしましょう。

月　日

① $22\overline{)88}$

② $15\overline{)98}$

③ $39\overline{)312}$

④ $45\overline{)179}$

⑤ $27\overline{)972}$

⑥ $26\overline{)815}$

⑦ $23\overline{)926}$

⑧ $67\overline{)4499}$

2 次の計算を筆算でしましょう。

月　日

① 460÷91

② 720÷18

18 2けたでわるわり算の筆算④

1 次の計算をしましょう。

月　日

① $24\overline{)96}$　② $13\overline{)49}$　③ $76\overline{)608}$　④ $54\overline{)442}$

⑤ $49\overline{)539}$　⑥ $17\overline{)725}$　⑦ $45\overline{)943}$　⑧ $43\overline{)9455}$

2 次の計算を筆算でしましょう。

月　日

① 200÷65　② 960÷12

19 3けたでわるわり算の筆算

★できた問題には、「た」をかこう！

できた 1 　できた 2

1 次の計算をしましょう。

月　日

① $256\overline{)768}$

② $195\overline{)780}$

③ $308\overline{)924}$

④ $163\overline{)982}$

⑤ $429\overline{)893}$

⑥ $283\overline{)970}$

2 次の計算を筆算でしましょう。

① $927 \div 309$

② $931 \div 137$

20 式とその計算の順じょ①

★できた問題には、「た」をかこう！

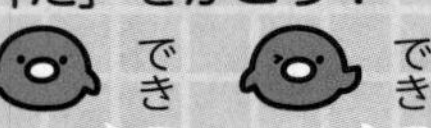

1 次の計算をしましょう。

月　日

① $30+5\times3$

② $56-63\div9$

③ $72\div8+35\div7$

④ $48\div6-54\div9$

⑤ $32\div4+3\times5$

⑥ $81\div9-3\times3$

⑦ $59-(96-57)$

⑧ $(25+24)\div7$

2 次の計算をしましょう。

月　日

① $36\div4-1\times2$

② $36\div(4-1)\times2$

③ $(36\div4-1)\times2$

④ $36\div(4-1\times2)$

21 式とその計算の順じょ②

★できた問題には、「た」をかこう！

 でき 1

 でき 2

1 次の計算をしましょう。

月　日

① $64-5\times7$

② $42+9\div3$

③ $2\times8+4\times3$

④ $4\times9-6\times2$

⑤ $3\times6+12\div4$

⑥ $8\times7-36\div4$

⑦ $81-(17+25)$

⑧ $(62-53)\times8$

2 次の計算をしましょう。

月　日

① $4\times6+21\div3$

② $4\times(6+21)\div3$

③ $(4\times6+21)\div3$

④ $4\times(6+21\div3)$

22 小数×整数 の筆算①

★できた問題には、「た」をかこう！

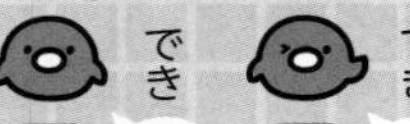

1 次の計算をしましょう。

月　日

① 3.2×3

② 4.5×7

③ 2.1×32

④ 5.4×61

⑤ 3.9×32

⑥ 0.7×18

⑦ 4.8×15

⑧ 5.9×70

2 次の計算をしましょう。

月　日

① 0.62×7

② 1.37×5

③ 0.31×49

④ 0.62×82

⑤ 1.98×54

⑥ 2.54×93

⑦ 0.84×35

⑧ 2.18×50

23 小数×整数 の筆算②

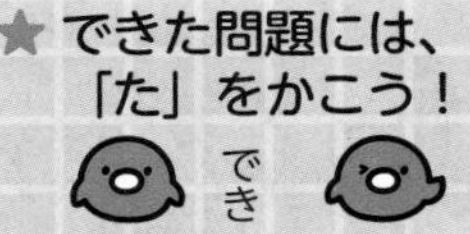

1 次の計算をしましょう。

月　日

① $\begin{array}{r} 1.4 \\ \times\ \ 4 \\ \hline \end{array}$

② $\begin{array}{r} 3.6 \\ \times\ \ 9 \\ \hline \end{array}$

③ $\begin{array}{r} 2.2 \\ \times 14 \\ \hline \end{array}$

④ $\begin{array}{r} 4.9 \\ \times 73 \\ \hline \end{array}$

⑤ $\begin{array}{r} 3.8 \\ \times 62 \\ \hline \end{array}$

⑥ $\begin{array}{r} 15.2 \\ \times\ \ 43 \\ \hline \end{array}$

⑦ $\begin{array}{r} 5.5 \\ \times 32 \\ \hline \end{array}$

⑧ $\begin{array}{r} 6.3 \\ \times 60 \\ \hline \end{array}$

2 次の計算をしましょう。

月　日

① $\begin{array}{r} 3.27 \\ \times\ \ \ \ 4 \\ \hline \end{array}$

② $\begin{array}{r} 0.46 \\ \times\ \ \ \ 2 \\ \hline \end{array}$

③ $\begin{array}{r} 0.37 \\ \times\ \ 49 \\ \hline \end{array}$

④ $\begin{array}{r} 0.35 \\ \times\ \ 75 \\ \hline \end{array}$

⑤ $\begin{array}{r} 9.13 \\ \times\ \ 68 \\ \hline \end{array}$

⑥ $\begin{array}{r} 6.12 \\ \times\ \ 47 \\ \hline \end{array}$

⑦ $\begin{array}{r} 0.75 \\ \times\ \ 12 \\ \hline \end{array}$

⑧ $\begin{array}{r} 5.38 \\ \times\ \ 30 \\ \hline \end{array}$

24 小数×整数 の筆算③

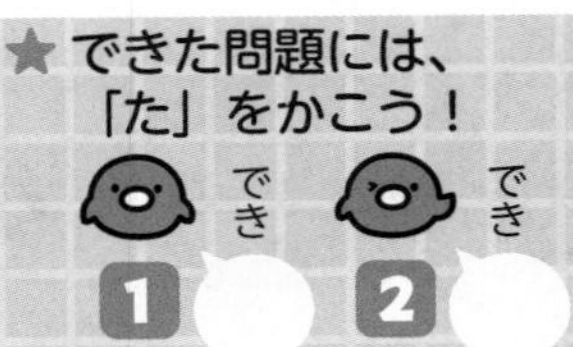

1 次の計算をしましょう。

月　　日

① $\begin{array}{r} 2.6 \\ \times \quad 3 \\ \hline \end{array}$

② $\begin{array}{r} 15.7 \\ \times \quad 8 \\ \hline \end{array}$

③ $\begin{array}{r} 1.1 \\ \times 69 \\ \hline \end{array}$

④ $\begin{array}{r} 5.7 \\ \times 25 \\ \hline \end{array}$

⑤ $\begin{array}{r} 8.5 \\ \times 17 \\ \hline \end{array}$

⑥ $\begin{array}{r} 10.6 \\ \times \quad 34 \\ \hline \end{array}$

⑦ $\begin{array}{r} 6.5 \\ \times 92 \\ \hline \end{array}$

⑧ $\begin{array}{r} 27.6 \\ \times \quad 40 \\ \hline \end{array}$

2 次の計算をしましょう。

月　　日

① $\begin{array}{r} 2.91 \\ \times \quad 6 \\ \hline \end{array}$

② $\begin{array}{r} 0.26 \\ \times \quad 3 \\ \hline \end{array}$

③ $\begin{array}{r} 0.13 \\ \times \quad 39 \\ \hline \end{array}$

④ $\begin{array}{r} 0.48 \\ \times \quad 76 \\ \hline \end{array}$

⑤ $\begin{array}{r} 1.72 \\ \times \quad 51 \\ \hline \end{array}$

⑥ $\begin{array}{r} 6.35 \\ \times \quad 25 \\ \hline \end{array}$

⑦ $\begin{array}{r} 0.15 \\ \times \quad 24 \\ \hline \end{array}$

⑧ $\begin{array}{r} 3.46 \\ \times \quad 60 \\ \hline \end{array}$

25 小数×整数 の筆算④

1 次の計算をしましょう。

月　　日

① 4.8×2

② 2.5×6

③ 1.2×43

④ 6.7×15

⑤ 7.4×58

⑥ 0.4×66

⑦ 8.2×75

⑧ 7.4×20

2 次の計算をしましょう。

月　　日

① 0.87×9

② 3.05×7

③ 0.56×52

④ 0.71×19

⑤ 5.83×16

⑥ 2.53×72

⑦ 0.26×35

⑧ 2.55×90

26 小数×整数 の筆算⑤

★できた問題には、「た」をかこう！

1 でき　2 でき

1 次の計算をしましょう。

月　日

① 9.4 × 3

② 12.8 × 4

③ 3.4 × 21

④ 9.1 × 12

⑤ 8.6 × 43

⑥ 17.6 × 27

⑦ 9.5 × 58

⑧ 13.7 × 80

2 次の計算をしましょう。

月　日

① 0.59 × 7

② 5.76 × 5

③ 0.76 × 41

④ 0.47 × 85

⑤ 1.43 × 67

⑥ 4.18 × 78

⑦ 0.25 × 44

⑧ 5.62 × 50

27 小数÷整数 の筆算①

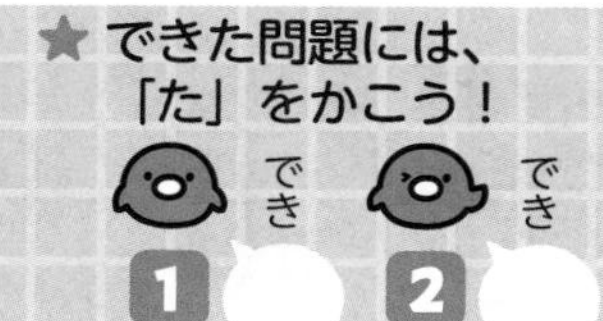

1 次の計算をしましょう。

月　日

① 4) 4.8

② 2) 15.8

③ 5) 3.75

④ 3) 0.87

⑤ 12) 73.2

⑥ 36) 7.2

⑦ 73) 65.7

⑧ 28) 0.56

2 商を一の位（くらい）まで求め、あまりも出しましょう。

月　日

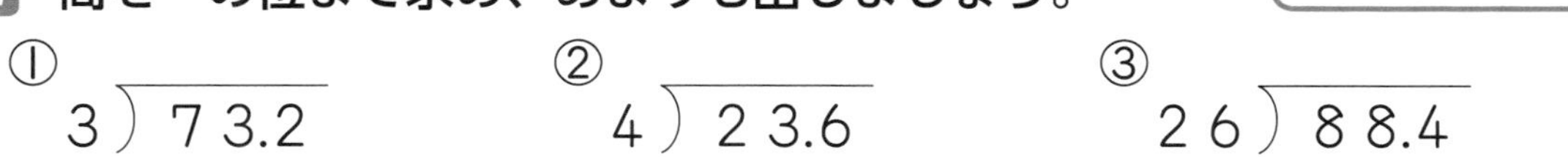

① 3) 73.2

② 4) 23.6

③ 26) 88.4

28 小数÷整数 の筆算②

月　日

1 次の計算をしましょう。

① $4\overline{)6.8}$　② $3\overline{)29.7}$　③ $5\overline{)0.65}$　④ $9\overline{)0.459}$

⑤ $35\overline{)80.5}$　⑥ $17\overline{)6.8}$　⑦ $95\overline{)28.5}$　⑧ $28\overline{)1.68}$

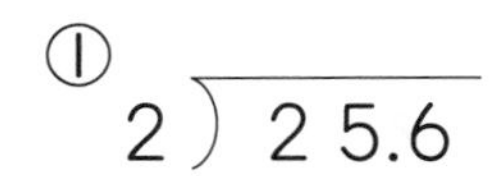

月　日

2 商を一の位まで求め、あまりも出しましょう。

① $2\overline{)25.6}$　② $5\overline{)46.5}$　③ $41\overline{)84.3}$

29 小数÷整数 の筆算③

1 次の計算をしましょう。

月　日

① $3 \overline{)\,9.6}$

② $9 \overline{)\,60.3}$

③ $7 \overline{)\,4.34}$

④ $2 \overline{)\,0.72}$

⑤ $17 \overline{)\,37.4}$

⑥ $15 \overline{)\,4.5}$

⑦ $73 \overline{)\,58.4}$

⑧ $32 \overline{)\,0.96}$

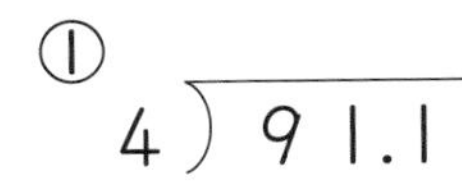

2 商を一の位まで求め、あまりも出しましょう。

月　日

① $4 \overline{)\,91.1}$

② $5 \overline{)\,16.5}$

③ $56 \overline{)\,95.2}$

30 小数÷整数 の筆算④

1 次の計算をしましょう。

月　日

① 7）9.1

② 8）21.6

③ 3）2.67

④ 6）0.342

⑤ 48）62.4

⑥ 23）9.2

⑦ 87）52.2

⑧ 84）5.04

2 商を一の位まで求め、あまりも出しましょう。

① 6）67.2

② 9）47.7

③ 35）76.4

31 わり進むわり算の筆算①

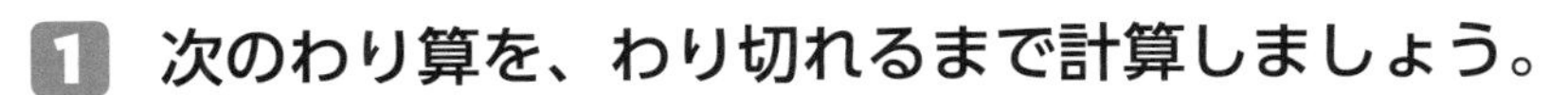

1 次のわり算を、わり切れるまで計算しましょう。

月　　日

① $5 \overline{)\,3.8}$

② $8 \overline{)\,60}$

③ $52 \overline{)\,80.6}$

2 次のわり算を、わり切れるまで計算しましょう。

月　　日

① $4 \overline{)\,2.3}$

② $36 \overline{)\,2.7}$

③ $40 \overline{)\,15}$

32 わり進むわり算の筆算②

★できた問題には、「た」をかこう！

1 でき　2 でき

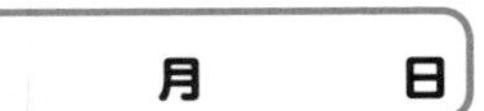

1 次のわり算を、わり切れるまで計算しましょう。　　月　日

① $8\overline{)\,3.6}$

② $6\overline{)\,45}$

③ $78\overline{)\,97.5}$

2 次のわり算を、わり切れるまで計算しましょう。　　月　日

① $4\overline{)\,3.5}$

② $75\overline{)\,89.4}$

③ $84\overline{)\,21}$

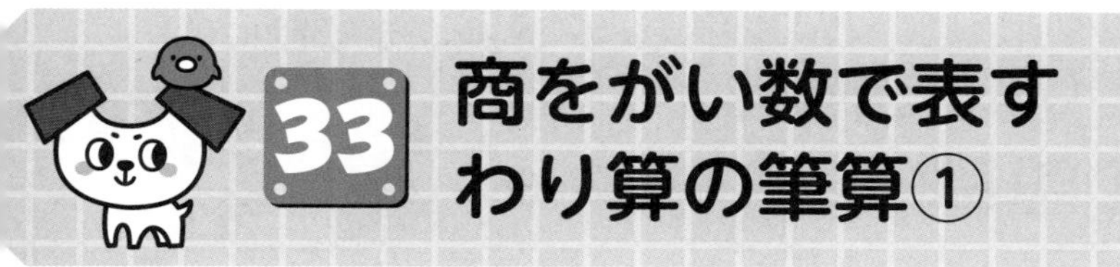

33 商をがい数で表すわり算の筆算①

★できた問題には、「た」をかこう！

1 でき　2 でき

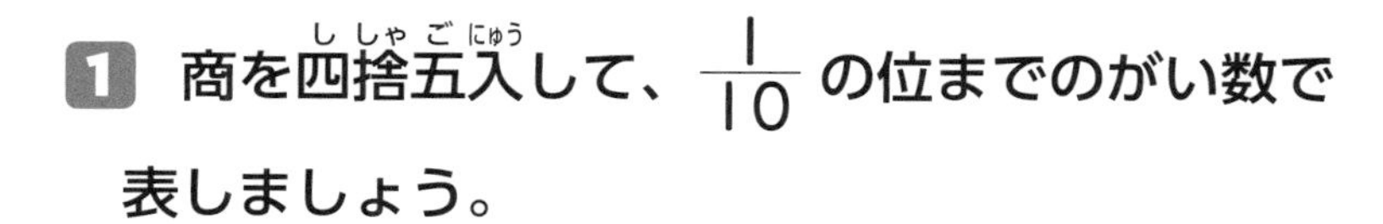

1 商を四捨五入(ししゃごにゅう)して、$\frac{1}{10}$の位までのがい数で表しましょう。

月　　日

① $7\overline{)\ 15}$　② $6\overline{)\ 19.6}$　③ $31\overline{)\ 169}$

2 商を四捨五入して、$\frac{1}{100}$の位までのがい数で表しましょう。

月　　日

① $7\overline{)\ 50}$　② $3\overline{)\ 5.03}$　③ $15\overline{)\ 56.3}$

34 商をがい数で表すわり算の筆算②

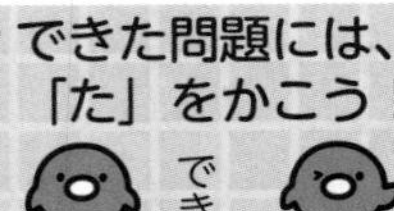

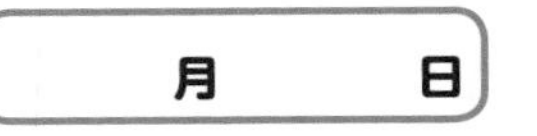

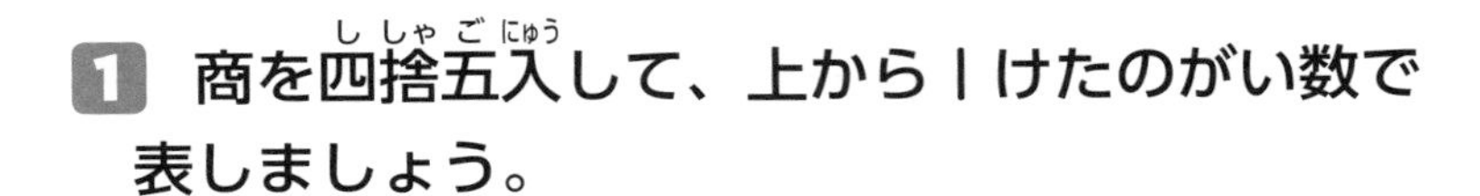

1 商を四捨五入(ししゃごにゅう)して、上から１けたのがい数で表しましょう。

① $7\overline{)\,8}$

② $6\overline{)\,46.1}$

③ $28\overline{)\,96}$

2 商を四捨五入して、上から２けたのがい数で表しましょう。

① $7\overline{)\,16}$

② $9\overline{)\,25.8}$

③ $31\overline{)\,80}$

35 仮分数の出てくる分数のたし算

★できた問題には、「た」をかこう！

月　日

1 次の計算をしましょう。

① $\frac{4}{5}+\frac{2}{5}$

② $\frac{2}{4}+\frac{3}{4}$

③ $\frac{5}{7}+\frac{3}{7}$

④ $\frac{3}{5}+\frac{4}{5}$

⑤ $\frac{6}{9}+\frac{8}{9}$

⑥ $\frac{5}{3}+\frac{2}{3}$

⑦ $\frac{9}{5}+\frac{2}{5}$

⑧ $\frac{9}{8}+\frac{9}{8}$

⑨ $\frac{5}{6}+\frac{7}{6}$

⑩ $\frac{8}{5}+\frac{7}{5}$

月　日

2 次の計算をしましょう。

① $\frac{5}{6}+\frac{2}{6}$

② $\frac{2}{7}+\frac{6}{7}$

③ $\frac{4}{9}+\frac{7}{9}$

④ $\frac{6}{8}+\frac{7}{8}$

⑤ $\frac{3}{4}+\frac{3}{4}$

⑥ $\frac{6}{5}+\frac{7}{5}$

⑦ $\frac{7}{4}+\frac{6}{4}$

⑧ $\frac{4}{3}+\frac{7}{3}$

⑨ $\frac{9}{8}+\frac{7}{8}$

⑩ $\frac{3}{2}+\frac{7}{2}$

36 仮分数の出てくる分数のひき算

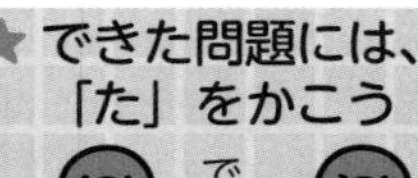

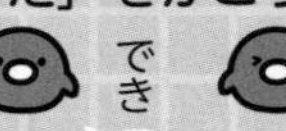

1 次の計算をしましょう。

月　　日

① $\frac{4}{3}-\frac{2}{3}$　　② $\frac{7}{6}-\frac{5}{6}$

③ $\frac{5}{4}-\frac{3}{4}$　　④ $\frac{12}{9}-\frac{8}{9}$

⑤ $\frac{9}{4}-\frac{3}{4}$　　⑥ $\frac{7}{5}-\frac{1}{5}$

⑦ $\frac{9}{6}-\frac{2}{6}$　　⑧ $\frac{18}{7}-\frac{2}{7}$

⑨ $\frac{10}{7}-\frac{3}{7}$　　⑩ $\frac{9}{8}-\frac{1}{8}$

2 次の計算をしましょう。

月　　日

① $\frac{12}{8}-\frac{9}{8}$　　② $\frac{11}{9}-\frac{10}{9}$

③ $\frac{7}{4}-\frac{5}{4}$　　④ $\frac{5}{3}-\frac{4}{3}$

⑤ $\frac{8}{3}-\frac{4}{3}$　　⑥ $\frac{19}{7}-\frac{8}{7}$

⑦ $\frac{13}{5}-\frac{6}{5}$　　⑧ $\frac{13}{4}-\frac{7}{4}$

⑨ $\frac{14}{6}-\frac{8}{6}$　　⑩ $\frac{15}{4}-\frac{7}{4}$

37 帯分数のたし算①

★できた問題には、「た」をかこう！

1 でき　2 でき

1 次の計算をしましょう。

月　日

① $1\frac{2}{6}+\frac{1}{6}$

② $\frac{3}{5}+1\frac{1}{5}$

③ $4\frac{3}{9}+\frac{8}{9}$

④ $2\frac{5}{8}+\frac{4}{8}$

⑤ $\frac{2}{8}+3\frac{7}{8}$

⑥ $\frac{2}{4}+1\frac{3}{4}$

2 次の計算をしましょう。

月　日

① $3\frac{2}{5}+2\frac{2}{5}$

② $5\frac{1}{3}+1\frac{1}{3}$

③ $2\frac{3}{7}+3\frac{6}{7}$

④ $5+2\frac{1}{4}$

⑤ $2\frac{5}{9}+\frac{4}{9}$

⑥ $\frac{8}{10}+1\frac{2}{10}$

38 帯分数のたし算②

★できた問題には、「た」をかこう！

できた 1　できた 2

1 次の計算をしましょう。

月　日

① $4\frac{3}{6}+\frac{2}{6}$

② $\frac{2}{9}+8\frac{4}{9}$

③ $1\frac{7}{10}+\frac{9}{10}$

④ $2\frac{7}{9}+\frac{5}{9}$

⑤ $\frac{2}{3}+1\frac{2}{3}$

⑥ $\frac{3}{4}+3\frac{3}{4}$

2 次の計算をしましょう。

月　日

① $1\frac{3}{8}+2\frac{4}{8}$

② $2\frac{2}{4}+5\frac{1}{4}$

③ $4\frac{2}{5}+3\frac{4}{5}$

④ $3\frac{1}{8}+1\frac{7}{8}$

⑤ $5\frac{4}{7}+\frac{3}{7}$

⑥ $\frac{2}{6}+3\frac{4}{6}$

39 帯分数のひき算①

★できた問題には、「た」をかこう！

でき 1　でき 2

1 次の計算をしましょう。

月　日

① $2\frac{4}{5}-1\frac{2}{5}$

② $3\frac{5}{7}-1\frac{3}{7}$

③ $2\frac{5}{6}-\frac{1}{6}$

④ $4\frac{7}{9}-\frac{2}{9}$

⑤ $4\frac{3}{5}-2$

⑥ $5\frac{8}{9}-\frac{8}{9}$

2 次の計算をしましょう。

月　日

① $3\frac{2}{9}-2\frac{4}{9}$

② $4\frac{1}{7}-2\frac{6}{7}$

③ $1\frac{1}{3}-\frac{2}{3}$

④ $1\frac{2}{4}-\frac{3}{4}$

⑤ $2\frac{3}{8}-\frac{7}{8}$

⑥ $2-\frac{3}{5}$

40 帯分数のひき算②

★できた問題には、「た」をかこう！

1 でき　2 でき

1 次の計算をしましょう。

月　日

① $4\frac{6}{7}-2\frac{3}{7}$

② $6\frac{8}{9}-3\frac{5}{9}$

③ $1\frac{2}{3}-\frac{1}{3}$

④ $1\frac{3}{8}-\frac{1}{8}$

⑤ $2\frac{2}{6}-1$

⑥ $3\frac{4}{5}-2\frac{4}{5}$

2 次の計算をしましょう。

月　日

① $3\frac{3}{6}-2\frac{5}{6}$

② $5\frac{2}{7}-2\frac{4}{7}$

③ $1\frac{7}{10}-\frac{9}{10}$

④ $3\frac{4}{6}-\frac{5}{6}$

⑤ $2\frac{1}{4}-\frac{2}{4}$

⑥ $2-1\frac{1}{4}$

答え

1 答えが何十・何百になるわり算

1
①20 ②10
③80 ④50
⑤90 ⑥30
⑦70 ⑧60
⑨60 ⑩50

2
①300 ②100
③400 ④900
⑤700 ⑥800
⑦900 ⑧400
⑨700 ⑩600

2 1けたでわるわり算の筆算①

1
①13 ②23
③10 あまり3 ④179
⑤168 あまり3 ⑥208 あまり3
⑦69 ⑧82 あまり1

2
①
```
   12
6)74
  6
  14
  12
   2
```
②
```
   122
7)856
  7
  15
  14
   16
   14
    2
```

3 1けたでわるわり算の筆算②

1
①12 ②43
③20 あまり2 ④129
⑤132 ⑥109
⑦28 ⑧68 あまり4

2
①
```
   18
4)73
  4
  33
  32
   1
```
②
```
   124
6)749
  6
  14
  12
   29
   24
    5
```

4 1けたでわるわり算の筆算③

1
①29 ②31
③20 あまり2 ④123
⑤108 あまり2 ⑥18 あまり2
⑦92 ⑧30 あまり6

2
①
```
   18
5)94
  5
  44
  40
   4
```
②
```
   102
9)918
  9
   18
   18
    0
```

5 1けたでわるわり算の筆算④

1
①46 ②20
③11 あまり4 ④101 あまり8
⑤93 ⑥65 あまり4
⑦32 ⑧82 あまり2

2
①
```
   27
3)83
  6
  23
  21
   2
```
②
```
    69
3)207
  18
   27
   27
    0
```

6 1けたでわるわり算の筆算⑤

1
①12 ②20
③32 あまり2 ④139
⑤309 ⑥49 あまり3
⑦41 ⑧30 あまり3

2
①
```
   12
8)99
  8
  19
  16
   3
```
②
```
    99
7)693
  63
   63
   63
    0
```

7 わり算の暗算

1
①12 ②31
③11 ④12
⑤18 ⑥12
⑦19 ⑧14
⑨35 ⑩12

2
①14 ②11
③21 ④42
⑤12 ⑥23
⑦14 ⑧12
⑨15 ⑩16

8 3けたの数をかける筆算①

1 ①77376　②72228
③323832　④361005
⑤591074　⑥8932
⑦154570　⑧215710

2
①
```
    245
   ×256
   1470
  1225
  490
  62720
```
②
```
     609
    ×705
    3045
  4263
  429345
```

9 3けたの数をかける筆算②

1 ①99297　②102396
③221534　④792702
⑤55470　⑥12460
⑦305805　⑧284115

2
①
```
     49
   ×241
     49
    196
    98
  11809
```
②
```
     841
    ×607
    5887
  5046
  510487
```

10 小数のたし算の筆算①

1 ①3.99　②8.21　③12.05　④14.21
⑤5.31　⑥10.46　⑦8.03　⑧6.9
⑨7　⑩7.532

2
①
```
   1.89
  +0.4
   2.29
```
②
```
   9.24
  +3
  12.24
```
③
```
   0.309
  +0.891
   1.200
```
④
```
   13.79
  + 0.072
   13.862
```

11 小数のたし算の筆算②

1 ①6.84　②9.94　③12.79　④17.92
⑤4.31　⑥7.34　⑦6.01　⑧8.6
⑨7　⑩12.751

2
①
```
   0.8
  +3.72
   4.52
```
②
```
   4.25
  +4
   8.25
```
③
```
   8.051
  +0.949
   9.000
```
④
```
   1.583
  +0.76
   2.343
```

12 小数のひき算の筆算①

1 ①7.71　②6.69　③3.78　④7.27
⑤0.88　⑥0.09　⑦2.81　⑧2.72
⑨0.098　⑩3.972

2
①
```
   1
  -0.81
   0.19
```
②
```
   3.67
  -0.6
   3.07
```
③
```
   0.855
  -0.72
   0.135
```
④
```
   4.23
  -0.125
   4.105
```

13 小数のひき算の筆算②

1 ①2.01　②2.07　③2.77　④1.86
⑤0.88　⑥0.78　⑦6.98　⑧0.46
⑨2.109　⑩0.913

2
①
```
   1
  -0.18
   0.82
```
②
```
   2.91
  -0.9
   2.01
```
③
```
   4.052
  -0.93
   3.122
```
④
```
   0.98
  -0.801
   0.179
```

14 何十でわるわり算

1 ①2　②4
③2　④3
⑤3　⑥4
⑦8　⑧9
⑨8　⑩9

2 ①4あまり10　②1あまり40
③1あまり10　④2あまり20
⑤6あまり40　⑥8あまり60
⑦9あまり80　⑧2あまり50
⑨2あまり60　⑩6あまり40

15 2けたでわるわり算の筆算①

1 ①3　②3あまり3
③4　④9あまり8
⑤14　⑥22あまり2
⑦30あまり11　⑧167

2 ①
```
      4
34)139
   136
     3
```
②
```
     20
49)980
    98
     0
```

16 2けたでわるわり算の筆算②

1 ①6　②3あまり5
③7　④7あまり43
⑤37　⑥44あまり7
⑦30あまり4　⑧217あまり25

2 ①
```
      7
44)310
   308
     2
```
②
```
     60
14)840
    84
     0
```

17 2けたでわるわり算の筆算③

1 ①4　②6あまり8
③8　④3あまり44
⑤36　⑥31あまり9
⑦40あまり6　⑧67あまり10

2 ①
```
      5
91)460
   455
     5
```
②
```
     40
18)720
    72
     0
```

18 2けたでわるわり算の筆算④

1 ①4　②3あまり10
③8　④8あまり10
⑤11　⑥42あまり11
⑦20あまり43　⑧219あまり38

2 ①
```
      3
65)200
   195
     5
```
②
```
     80
12)960
    96
     0
```

19 3けたでわるわり算の筆算

1 ①3　②4　③3
④6あまり4　⑤2あまり35　⑥3あまり121

2 ①
```
       3
309)927
    927
      0
```
②
```
       6
137)931
    822
    109
```

20 式とその計算の順じょ①

1 ①45　②49
③14　④2
⑤23　⑥0
⑦20　⑧7

2 ①7　②24
③16　④18

21 式とその計算の順じょ②

1 ①29　②45
③28　④24
⑤21　⑥47
⑦39　⑧72

2 ①31　②36
③15　④52

22 小数×整数 の筆算①

1 ①9.6　②31.5　③67.2　④329.4
⑤124.8　⑥12.6　⑦72　⑧413

2 ①4.34　②6.85　③15.19　④50.84
⑤106.92　⑥236.22　⑦29.4　⑧109

23 小数×整数 の筆算②

1 ①5.6　②32.4　③30.8　④357.7
⑤235.6　⑥653.6　⑦176　⑧378

2 ①13.08　②0.92　③18.13　④26.25
⑤620.84　⑥287.64　⑦9　⑧161.4

24 小数×整数 の筆算③

1 ①7.8　②125.6　③75.9　④142.5
⑤144.5　⑥360.4　⑦598　⑧1104

2 ①17.46　②0.78　③5.07　④36.48
⑤87.72　⑥158.75　⑦3.6　⑧207.6

25 小数×整数 の筆算④

1 ①9.6　②15　③51.6　④100.5
⑤429.2　⑥26.4　⑦615　⑧148

2 ①7.83 ②21.35 ③29.12 ④13.49 ⑤93.28 ⑥182.16 ⑦9.1 ⑧229.5

26 小数×整数 の筆算⑤

1 ①28.2 ②51.2 ③71.4 ④109.2 ⑤369.8 ⑥475.2 ⑦551 ⑧1096

2 ①4.13 ②28.8 ③31.16 ④39.95 ⑤95.81 ⑥326.04 ⑦11 ⑧281

27 小数÷整数の 筆算①

1 ①1.2 ②7.9 ③0.75 ④0.29 ⑤6.1 ⑥0.2 ⑦0.9 ⑧0.02

2 ①24 あまり 1.2 ②5 あまり 3.6 ③3 あまり 10.4

28 小数÷整数の 筆算②

1 ①1.7 ②9.9 ③0.13 ④0.051 ⑤2.3 ⑥0.4 ⑦0.3 ⑧0.06

2 ①12 あまり 1.6 ②9 あまり 1.5 ③2 あまり 2.3

29 小数÷整数の 筆算③

1 ①3.2 ②6.7 ③0.62 ④0.36 ⑤2.2 ⑥0.3 ⑦0.8 ⑧0.03

2 ①22 あまり 3.1 ②3 あまり 1.5 ③1 あまり 39.2

30 小数÷整数の 筆算④

1 ①1.3 ②2.7 ③0.89 ④0.057 ⑤1.3 ⑥0.4 ⑦0.6 ⑧0.06

2 ①11 あまり 1.2 ②5 あまり 2.7 ③2 あまり 6.4

31 わり進むわり算の筆算①

1 ①0.76 ②7.5 ③1.55

2 ①0.575 ②0.075 ③0.375

32 わり進むわり算の筆算②

1 ①0.45 ②7.5 ③1.25

2 ①0.875 ②1.192 ③0.25

33 商をがい数で表すわり算の筆算①

1 ①2.1 ②3.3 ③5.5

2 ①7.14 ②1.68 ③3.75

34 商をがい数で表すわり算の筆算②

1 ①1 ②8 ③3

2 ①2.3 ②2.9 ③2.6

35 仮分数の出てくる分数のたし算

1 ①$\frac{6}{5}\left(1\frac{1}{5}\right)$ ②$\frac{5}{4}\left(1\frac{1}{4}\right)$ ③$\frac{8}{7}\left(1\frac{1}{7}\right)$ ④$\frac{7}{5}\left(1\frac{2}{5}\right)$ ⑤$\frac{14}{9}\left(1\frac{5}{9}\right)$ ⑥$\frac{7}{3}\left(2\frac{1}{3}\right)$ ⑦$\frac{11}{5}\left(2\frac{1}{5}\right)$ ⑧$\frac{18}{8}\left(2\frac{2}{8}\right)$ ⑨$2\left(\frac{12}{6}\right)$ ⑩$3\left(\frac{15}{5}\right)$

2 ①$\frac{7}{6}\left(1\frac{1}{6}\right)$ ②$\frac{8}{7}\left(1\frac{1}{7}\right)$ ③$\frac{11}{9}\left(1\frac{2}{9}\right)$ ④$\frac{13}{8}\left(1\frac{5}{8}\right)$ ⑤$\frac{6}{4}\left(1\frac{2}{4}\right)$ ⑥$\frac{13}{5}\left(2\frac{3}{5}\right)$ ⑦$\frac{13}{4}\left(3\frac{1}{4}\right)$ ⑧$\frac{11}{3}\left(3\frac{2}{3}\right)$ ⑨$2\left(\frac{16}{8}\right)$ ⑩$5\left(\frac{10}{2}\right)$

36 仮分数の出てくる分数のひき算

1 ①$\frac{2}{3}$ ②$\frac{2}{6}$ ③$\frac{2}{4}$ ④$\frac{4}{9}$ ⑤$\frac{6}{4}\left(1\frac{2}{4}\right)$ ⑥$\frac{6}{5}\left(1\frac{1}{5}\right)$ ⑦$\frac{7}{6}\left(1\frac{1}{6}\right)$ ⑧$\frac{16}{7}\left(2\frac{2}{7}\right)$ ⑨$1\left(\frac{7}{7}\right)$ ⑩$1\left(\frac{8}{8}\right)$

2 ① $\frac{3}{8}$ ② $\frac{1}{9}$
③ $\frac{2}{4}$ ④ $\frac{1}{3}$
⑤ $\frac{4}{3}\left(1\frac{1}{3}\right)$ ⑥ $\frac{11}{7}\left(1\frac{4}{7}\right)$
⑦ $\frac{7}{5}\left(1\frac{2}{5}\right)$ ⑧ $\frac{6}{4}\left(1\frac{2}{4}\right)$
⑨ $1\left(\frac{6}{6}\right)$ ⑩ $2\left(\frac{8}{4}\right)$

37 帯分数のたし算①

1 ① $\frac{9}{6}\left(1\frac{3}{6}\right)$ ② $\frac{9}{5}\left(1\frac{4}{5}\right)$
③ $\frac{47}{9}\left(5\frac{2}{9}\right)$ ④ $\frac{25}{8}\left(3\frac{1}{8}\right)$
⑤ $\frac{33}{8}\left(4\frac{1}{8}\right)$ ⑥ $\frac{9}{4}\left(2\frac{1}{4}\right)$

2 ① $\frac{29}{5}\left(5\frac{4}{5}\right)$ ② $\frac{20}{3}\left(6\frac{2}{3}\right)$
③ $\frac{44}{7}\left(6\frac{2}{7}\right)$ ④ $\frac{29}{4}\left(7\frac{1}{4}\right)$
⑤ $3\left(\frac{27}{9}\right)$ ⑥ $2\left(\frac{20}{10}\right)$

38 帯分数のたし算②

1 ① $\frac{29}{6}\left(4\frac{5}{6}\right)$ ② $\frac{78}{9}\left(8\frac{6}{9}\right)$
③ $\frac{26}{10}\left(2\frac{6}{10}\right)$ ④ $\frac{30}{9}\left(3\frac{3}{9}\right)$
⑤ $\frac{7}{3}\left(2\frac{1}{3}\right)$ ⑥ $\frac{18}{4}\left(4\frac{2}{4}\right)$

2 ① $\frac{31}{8}\left(3\frac{7}{8}\right)$ ② $\frac{31}{4}\left(7\frac{3}{4}\right)$
③ $\frac{41}{5}\left(8\frac{1}{5}\right)$ ④ $5\left(\frac{40}{8}\right)$
⑤ $6\left(\frac{42}{7}\right)$ ⑥ $4\left(\frac{24}{6}\right)$

39 帯分数のひき算①

1 ① $\frac{7}{5}\left(1\frac{2}{5}\right)$ ② $\frac{16}{7}\left(2\frac{2}{7}\right)$
③ $\frac{16}{6}\left(2\frac{4}{6}\right)$ ④ $\frac{41}{9}\left(4\frac{5}{9}\right)$
⑤ $\frac{13}{5}\left(2\frac{3}{5}\right)$ ⑥ $5\left(\frac{45}{9}\right)$

2 ① $\frac{7}{9}$ ② $\frac{9}{7}\left(1\frac{2}{7}\right)$
③ $\frac{2}{3}$ ④ $\frac{3}{4}$
⑤ $\frac{12}{8}\left(1\frac{4}{8}\right)$ ⑥ $\frac{7}{5}\left(1\frac{2}{5}\right)$

40 帯分数のひき算②

1 ① $\frac{17}{7}\left(2\frac{3}{7}\right)$ ② $\frac{30}{9}\left(3\frac{3}{9}\right)$
③ $\frac{4}{3}\left(1\frac{1}{3}\right)$ ④ $\frac{10}{8}\left(1\frac{2}{8}\right)$
⑤ $\frac{8}{6}\left(1\frac{2}{6}\right)$ ⑥ $1\left(\frac{5}{5}\right)$

2 ① $\frac{4}{6}$ ② $\frac{19}{7}\left(2\frac{5}{7}\right)$
③ $\frac{8}{10}$ ④ $\frac{17}{6}\left(2\frac{5}{6}\right)$
⑤ $\frac{7}{4}\left(1\frac{3}{4}\right)$ ⑥ $\frac{3}{4}$

教科書ぴったりトレーニング

はなまるシール

- ★ ふろくの「がんばり表」に使おう！
- ★ はじめに、キミのおとも犬を選んで、がんばり表にはろう！
- ★ 学習が終わったら、がんばり表に「はなまるシール」をはろう！
- ★ 余ったシールは自由に使ってね。

キミのおとも犬

はなまるシール

ごほうびシール

教科書ぴったりトレーニング

算数 4年 がんばり表

シールの中からすきなぴた犬をえらぼう。

いつも見えるところに、この「がんばり表」をはっておこう。
この「ぴたトレ」を学習したら、シールをはろう！
どこまでがんばったかわかるよ。

おうちのかたへ

がんばり表のデジタル版「デジタルがんばり表」では、デジタル端末でも学習の進捗記録をつけることができます。1冊やり終えると、抽選でプレゼントが当たります。「ぴたサポシステム」にご登録いただき、「デジタルがんばり表」をお使いください。LINE または PC・ブラウザを利用する方法があります。

LINE用  PC・ブラウザ用  

★ ぴたサポシステムご利用ガイドはこちら ★
https://www.shinko-keirin.co.jp/shinko/news/pittari-support-system

スタート

1. 大きな数	2~3ページ	ぴったり12
	4~5ページ	ぴったり12
	6~7ページ	ぴったり3
2. わり算の筆算	8~9ページ	ぴったり12
	10~11ページ	ぴったり12
	12~13ページ	ぴったり12
	14~15ページ	ぴったり3
3. 折れ線グラフ	16~17ページ	ぴったり12
	18~19ページ	ぴったり3
4. 角	20~21ページ	ぴったり12
	22~23ページ	ぴったり12
	24~25ページ	ぴったり3
5. 2けたの数のわり算	26~27ページ	ぴったり12
	28~29ページ	ぴったり12
	30~31ページ	ぴったり12
	32~33ページ	ぴったり12
	34~35ページ	ぴったり12
6. がい数	36~37ページ	ぴったり3
	38~39ページ	ぴったり12
	40~41ページ	ぴったり12
	42~43ページ	ぴったり12
	44~45ページ	ぴったり3
7. 垂直、平行と四角形	46~47ページ	ぴったり12
	48~49ページ	ぴったり12
	50~51ページ	ぴったり12
	52~53ページ	ぴったり12
	54~55ページ	ぴったり3
8. 式と計算	56~57ページ	ぴったり12
	58~59ページ	ぴったり12
	60~61ページ	ぴったり3
9. 面積	62~63ページ	ぴったり12
	64~65ページ	ぴったり12
	66~67ページ	ぴったり12
	68~69ページ	ぴったり12
10. 整理のしかた	70~71ページ	ぴったり3
	72~73ページ	ぴったり12
	74~75ページ	ぴったり3
11. くらべ方	76~77ページ	ぴったり12
	78~79ページ	ぴったり3
12. 小数のしくみとたし算、ひき算	80~81ページ	ぴったり12
	82~83ページ	ぴったり12
	84~85ページ	ぴったり12
	86~87ページ	ぴったり3
13. 変わり方	88~89ページ	ぴったり12
	90~91ページ	ぴったり3
14. そろばん	92~93ページ	ぴったり12
★方眼で九九を考えよう	94~95ページ	
15. 小数と整数のかけ算、わり算	96~97ページ	ぴったり12
	98~99ページ	ぴったり12
	100~101ページ	ぴったり12
16. 立体	102~103ページ	ぴったり12
	104~105ページ	ぴったり3
	106~107ページ	ぴったり12
	108~109ページ	ぴったり12
	110~111ページ	ぴったり12
	112~113ページ	ぴったり12
	114~115ページ	ぴったり3
17. 分数の大きさとたし算、ひき算	116~117ページ	ぴったり12
	118~119ページ	ぴったり12
	120~121ページ	ぴったり12
	122~123ページ	ぴったり3
活用 算数を使って考えよう	124ページ	
4年のまとめ	125~127ページ	
★プログラミングにちょうせん	128ページ	プログラミング

（各欄）できたらシールをはろう

ゴール

さいごまでがんばったキミは「ごほうびシール」をはろう！

教科書ぴったりトレーニングの使い方

『ぴたトレ』は教科書にぴったり合わせて使うことができるよ。教科書も見ながら、勉強していこうね。
ぴた犬たちが勉強をサポートするよ。

ふだんの学習

ぴったり1 じゅんび

教科書のだいじなところをまとめていくよ。
めあて でどんなことを勉強するかわかるよ。
問題に答えながら、わかっているかかくにんしよう。
QR コードから「3 分でまとめ動画」が見られるよ。

※QR コードは株式会社デンソーウェーブの登録商標です。

ぴったり2 練習

「ぴったり１」で勉強したことが身についているかな？かくにんしながら、練習問題に取り組もう。

★できた問題には、「た」をかこう！★

ぴったり3 たしかめのテスト

「ぴったり１」「ぴったり２」が終わったら取り組んでみよう。
学校のテストの前にやってもいいね。
わからない問題は、ふりかえり を見て前にもどってかくにんしよう。

実力チェック

- 夏のチャレンジテスト
- 冬のチャレンジテスト
- 春のチャレンジテスト
- 4年 算数のまとめ 学力しんだんテスト

夏休み、冬休み、春休み前に使いましょう。
学期の終わりや学年の終わりのテストの前にやってもいいね。

ふだんの学習が終わったら、「がんばり表」にシールをはろう。

別冊 答えとてびき

うすいピンク色のところには「答え」が書いてあるよ。取り組んだ問題の答え合わせをしてみよう。わからなかった問題やまちがえた問題は、右の「てびき」を読んだり、教科書を読み返したりして、もう一度見直そう。

おうちのかたへ

本書『教科書ぴったりトレーニング』は、教科書の要点や重要事項をつかむ「ぴったり１ じゅんび」、おさらいをしながら問題に慣れる「ぴったり２ 練習」、テスト形式で学習事項が定着したか確認する「ぴったり３ たしかめのテスト」の３段階構成になっています。教科書の学習順序やねらいに完全対応していますので、日々の学習（トレーニング）にぴったりです。

「観点別学習状況の評価」について

学校の通知表は、「知識・技能」「思考・判断・表現」「主体的に学習に取り組む態度」の３つの観点による評価がもとになっています。

問題集やドリルでは、一般に知識・技能を問う問題が中心になりますが、本書『教科書ぴったりトレーニング』では、次のように、観点別学習状況の評価に基づく問題を取り入れて、成績アップに結びつくことをねらいました。

ぴったり３ たしかめのテスト　**チャレンジテスト**

- 「知識・技能」を問う問題か、「思考・判断・表現」を問う問題かで、それぞれに分類して出題しています。
- 「知識・技能」では、主に基礎・基本の問題を、「思考・判断・表現」では、主に活用問題を取り扱っています。

発展について

はってん … 学習指導要領では示されていない「発展的な学習内容」を扱っています。

別冊『答えとてびき』について

おうちのかたへ では、次のようなものを示しています。

- 学習のねらいやポイント
- 他の学年や他の単元の学習内容とのつながり
- まちがいやすいことやつまずきやすいところ

お子様への説明や、学習内容の把握などにご活用ください。

しあげの5分レッスン では、学習の最後に取り組む内容を示しています。

> しあげの5分レッスン
> まちがえた問題をもう１回やってみよう。

学習をふりかえることで学力の定着を図ります。

算数4年

教育出版版
小学算数

教科書ぴったりトレーニング

▶3分でまとめ動画

学習日　月　日

億と兆　整数のしくみ

教科書 上11～19ページ　答え 1ページ

次の□にあてはまる数を書きましょう。

めあて 億の位、兆の位の数をよめるようにしよう。 練習 1 2 →

億と兆

千万の10倍の数は一億です。

千億の10倍の数を一兆といい、1000000000000と書きます。

1 4032500800000をよみましょう。

とき方 いちばん左の位の数字4は、一兆の位の数字です。
4032500800000は、□とよみます。

めあて 大きな数のたし算、ひき算ができるようにしよう。 練習 3 →

32億と25億の和と差の求め方

32億＋25億＝57億　　32億－25億＝7億

1億が 32こ ＋ 25こ ＝ 57こ　　1億が 32こ － 25こ ＝ 7こ

たし算の答えを和、ひき算の答えを差というよ。

2 427億と298億の和と差を求めましょう。

とき方 427億＋298億＝□億　　427億－298億＝□億

1億が 427こ ＋ 298こ ＝ 725こ　　1億が 427こ － 298こ ＝ 129こ

めあて 整数のしくみを知り、10倍、100倍、$\frac{1}{10}$の数を求めよう。 練習 4 →

整数のしくみ

10倍すると、位が1けた上がります。

$\frac{1}{10}$にすると、位が1けた下がります。

千	百	十	一	千	百	十	一	千	百	十	一
			億				万				
			1	0	0	0	0	0	0	0	0
		1	0	0	0	0	0	0	0	0	0
	1	0	0	0	0	0	0	0	0	0	0

$\frac{1}{10}$　10倍

3 270億の10倍、100倍、$\frac{1}{10}$の数を数字で書きましょう。

とき方 270億を数字で書くと、27000000000です。
10倍の数は□です。100倍の数は
2700億
□です。$\frac{1}{10}$の数は□です。
2兆7000億　　27億

1 次の数をよみましょう。

教科書 13ページ1、14ページ2、16ページ3

① 578063000000　（　　　）

② 2815965000000000　（　　　）

2 次の数を数字で書きましょう。

教科書 17ページ4

① 1兆を40こと、1億を700こあわせた数　（　　　）

② 1億を250こあつめた数　（　　　）

③ 10億を1200こあつめた数　（　　　）

3 （　）の中の数の和と差を求めましょう。

教科書 17ページ5

① （720億、260億）

和（　　　）　差（　　　）

② （645億、90億）

和（　　　）　差（　　　）

③ （180兆、720兆）

和（　　　）　差（　　　）

4 次の数の10倍、100倍、$\frac{1}{10}$の数を書きましょう。

教科書 18ページ6

① 4060億

10倍（　　　）

100倍（　　　）

$\frac{1}{10}$（　　　）

② 396250000

10倍（　　　）

100倍（　　　）

$\frac{1}{10}$（　　　）

ヒント

4 整数を10倍、100倍すると、0が1こ、2こふえます。
整数を$\frac{1}{10}$にすると、0が1こへります。

1 大きな数

学習日　　月　　日

大きな数のかけ算

教科書 上20～21ページ　答え 2ページ

次の□にあてはまる数を書きましょう。

めあて 3けた×3けたのかけ算ができるようにしよう。　練習 1 2 →

```
   273
  ×457
  1911    ←273×7
 13650    ←273×50
109200    ←273×400
124761
```

```
   482
  ×609
  4338    ←482×9
289200    ←482×600
293538
```

1 248×304 の計算をしましょう。

とき方

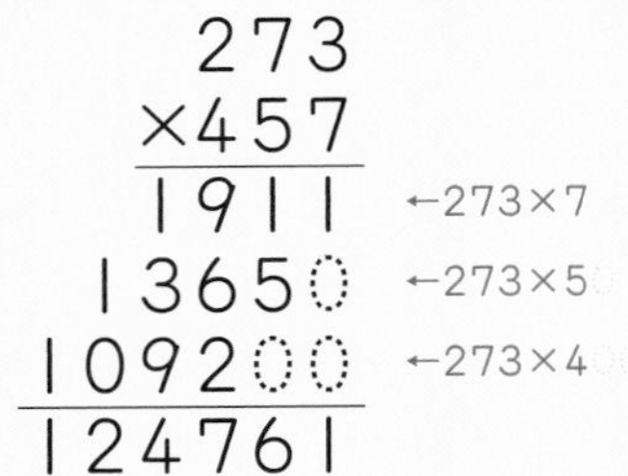

```
   248
  ×304
   992   ←248×4
 744     ←248×300
 □
```

めあて 終わりに0のあるかけ算はくふうをしよう。　練習 3 →

2300×40 の計算のしかた

2300×40＝23×4×100×10 より、
（2300＝23×100、40＝4×10、100×10＝×1000）
23×4 の 1000 倍になります。

```
 2300    ←0を2つ省く
×  40    ←0を1つ省く
 92000   ←省いた0を3つつける
（92＝23×4）
```

2 3700×40 の計算をしましょう。

とき方 3700×40＝37×4×100×10 より、
37×4 を計算し、その積の右に0を3つつけます。

```
 3700
×  40
 □
```

めあて 大きな数のかけ算ができるようにしよう。　練習 4 →

36億×20 の計算のしかた

36億(おく)は1億が 36 こ → 36億×20 は1億が(36×20)こ
（36×20＝720）
→ 36億×20＝720億

3 23億×30 の計算をしましょう。

とき方 23億は1億が 23 こ　23億×30 は1億が(23×30)こ
23×30＝□　23億×30＝□億

ぴったり2

練習

学習日　月　日

★できた問題には、「た」をかこう！★

❶ でき　❷ でき　❸ でき　❹ でき

教科書 上20〜21ページ　答え 2ページ

1 計算をしましょう。

教科書 20ページ 8

① 243 ×123

② 473 ×356

③ 328 ×415

! まちがい注意

2 計算をしましょう。

教科書 20ページ 9

① 285 ×304

② 653 ×807

③ 475 ×602

3 計算をしましょう。

教科書 21ページ 10

① 4300×30　② 2900×340　③ 58000×400

4 計算をしましょう。

教科書 21ページ 11

① 14億×60　② 78億×30　③ 3兆(ちょう)×600

ヒント

❸ ③ 58×4の積に、0を5こつけます。
❹ ③ 1兆が(3×600)こです。

1 大きな数

教科書 上11～24ページ　答え 3ページ

知識・技能　／85点

1 次の数をよみましょう。 各5点(10点)

① 600932000500　(　　　　)

② 90054072030000　(　　　　)

2 次の数を数字で書きましょう。 各5点(10点)

① 1000億(おく)を9こと、10億を8こと、1万を6こあわせた数　(　　　　)

② 10億を250こあつめた数　(　　　　)

3 (　)の中の数の和(わ)と差(さ)を求(もと)めましょう。 各5点(20点)

① (73億、8億)

和(　　　　)　差(　　　　)

② (647兆(ちょう)、276兆)

和(　　　　)　差(　　　　)

4 よく出る 2905億の10倍、100倍、$\frac{1}{10}$の数を数字で書きましょう。 各5点(15点)

10倍(　　　　)

100倍(　　　　)

$\frac{1}{10}$(　　　　)

5 次の計算をしましょう。

各5点(30点)

① 352×218　　② 629×483　　③ 542×307

④ 4900×70　　⑤ 270億×30　　⑥ 15兆×300

思考・判断・表現　　／15点

できたらスゴイ！

6 0、1、2、3、4、5、6、7、8の9この数字を1回ずつ使ってできる数で、1億にいちばん近い数を書きましょう。

(5点)

(　　　　)

7 次の問題に答えましょう。

各5点(10点)

① 1週間は何秒でしょうか。1週間は7日として計算しましょう。

(　　　　)

② 1か月は何秒でしょうか。1か月は30日として計算しましょう。

(　　　　)

はってん 千兆の位(くらい)より大きい位

教科書 上22ページ

1 千兆の位より上の位には、下のような名前がついています。

1	0000	0000	0000	0000	0000	0000	0000	0000	0000	0000	0000	0000	0000	0000	0000	0000	0	0	0	0
無量大数(むりょうたいすう)	不可思議(ふかしぎ)	那由他(なゆた)	阿僧祇(あそうぎ)	恒河沙(ごうがしゃ)	極(ごく)	載(さい)	正(せい)	澗(かん)	溝(こう)	穣(じょう)	秭(じょ)	垓(がい)	京(けい)	兆	億	万	千	百	十	一

① 1無量大数は、1のあとに0が何こならびますか。

(　　　　)

② 250極は、5のあとに0が何こならびますか。

(　　　　)

◀京、垓、秭、…、不可思議の位も、一、十、百、千の4けたごとのくり返しになっています。

ふりかえり　1がわからないときは、2ページの1にもどってかくにんしてみよう。

ふろくの「計算せんもんドリル」8～9もやってみよう！

2 わり算の筆算

2けた÷1けたの計算

教科書 上26～34ページ　答え 4ページ

次の□にあてはまる数を書きましょう。

めあて 2けた÷1けたの計算ができるようにしよう。 練習 1 3 4 →

45÷3 の筆算のしかた

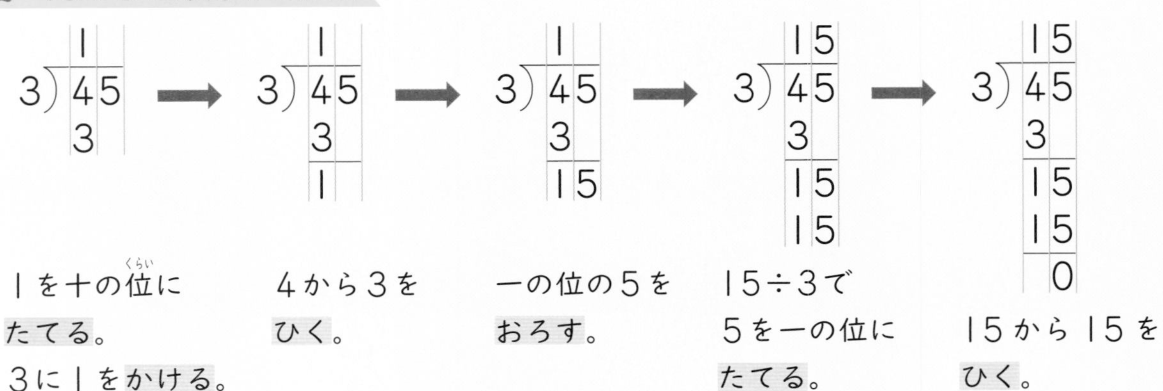

1を十の位にたてる。3に1をかける。 → 4から3をひく。 → 一の位の5をおろす。 → 15÷3で5を一の位にたてる。3に5をかける。 → 15から15をひく。

1 68÷5 の計算を筆算でしましょう。

とき方

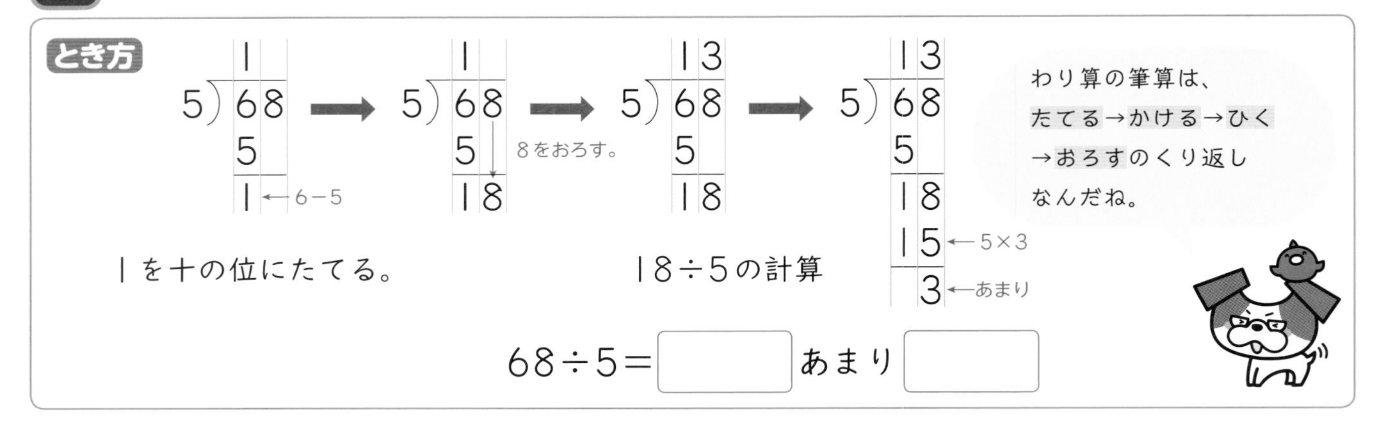

1を十の位にたてる。　18÷5の計算

68÷5＝□ あまり □

めあて わり算のたしかめができるようにしよう。 練習 2 →

わり算のたしかめの式

わる数 × 商 ＋ あまり ＝ わられる数

83÷3の答え　83÷3＝27（商） あまり 2

答えのたしかめ　3×27＋2＝83

27 のような数をわり算の商というよ。

2 74÷6の計算をして、答えのたしかめをしましょう。

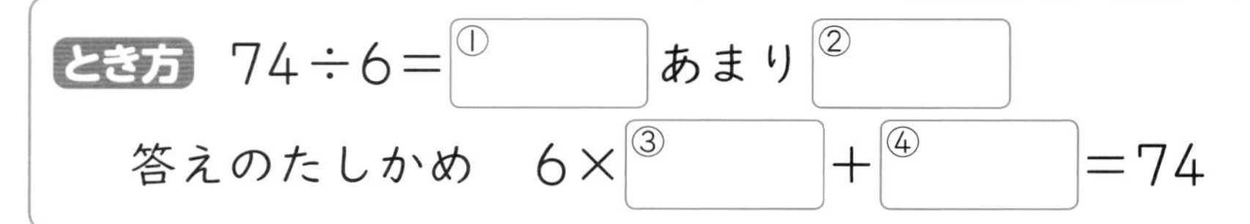

とき方 74÷6＝① あまり ②

答えのたしかめ　6×③ ＋④ ＝74

あまりはわる数より小さいよ。

練習

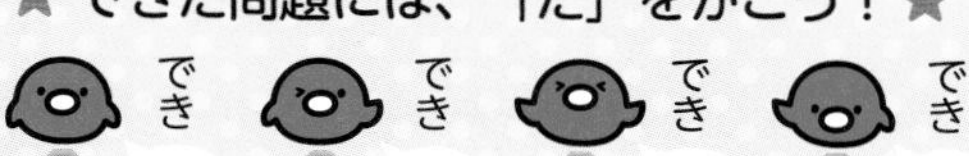

★できた問題には、「た」をかこう！★

でき 1　でき 2　でき 3　でき 4

学習日　月　日

教科書 上26～34ページ　答え 4ページ

1 計算をしましょう。

教科書 27ページ1、32ページ2

① 75÷5　② 98÷2　③ 78÷6

2 計算をしましょう。また、答えのたしかめをしましょう。

教科書 33ページ3

① 53÷2　② 92÷6

答えのたしかめ（　　　）　答えのたしかめ（　　　）

3 計算をしましょう。

教科書 34ページ4

① 96÷3　② 87÷2　③ 54÷8

4 計算をしましょう。

教科書 34ページ5

① 50÷5　② 75÷7　③ 61÷3

ヒント　4 計算は十の位で終わり、わられる数の一の位の数はあまりになります。

学習日　　月　　日

3けた÷1けたの計算(1)

教科書 上35～37ページ　答え 4ページ

次の□にあてはまる数を書きましょう。

めあて 何百÷１けたの計算ができるようにしよう。 

800÷2 の計算のしかた

8　÷2＝4
80　÷2＝40 ←10のまとまりが、8÷2＝4(こ)
800÷2＝400 ←100のまとまりが、8÷2＝4(こ)

1 (1) 500÷5＝□　　(2) 600÷3＝□

めあて 3けた÷１けたの計算ができるようにしよう。 練習 2 3

567÷3 の筆算のしかた

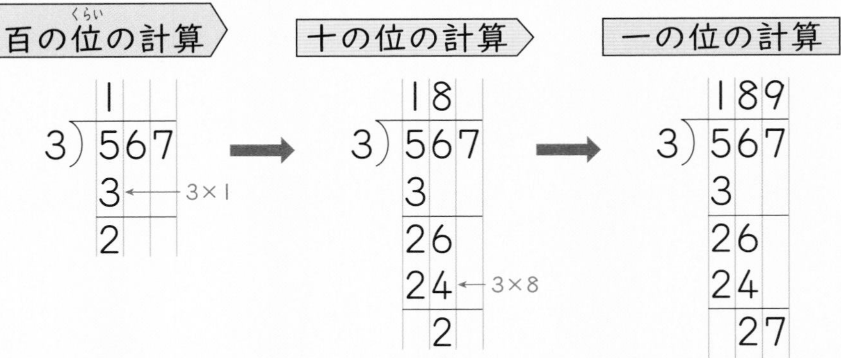

5÷3で、１を百の位にたてる。
26÷3で、8を十の位にたてる。
27÷3で、9を一の位にたてる。

百の位から順（じゅん）にわっていってね。

2 538÷5 の計算をしましょう。

とき方

```
   10          107          107
5)538  →   5)538   →   5)538
  5            5            5
   3            3           38
   0 ←5×0       0           35
               38            3
               35
                3
```

十の位に、商はたたないので、□を書く。

このように十の位の計算を省（はぶ）いて書いてもいいよ。

538÷5＝□ あまり□

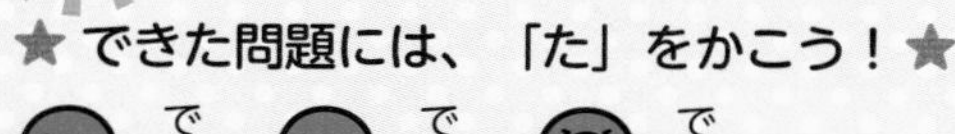

★できた問題には、「た」をかこう！★

できき 1　できき 2　できき 3

学習日　月　日

教科書 上35～37ページ　答え 5ページ

1 計算をしましょう。

教科書 35ページ 6

① $600 \div 2$　② $800 \div 4$　③ $900 \div 3$

2 計算をしましょう。

教科書 35ページ 7

① $2\overline{)826}$　② $4\overline{)584}$　③ $3\overline{)744}$

④ $3\overline{)713}$　⑤ $2\overline{)751}$　⑥ $5\overline{)894}$

3 計算をしましょう。

教科書 37ページ 8

① $3\overline{)722}$　② $4\overline{)963}$　③ $6\overline{)657}$

④ $4\overline{)829}$　⑤ $4\overline{)602}$　⑥ $5\overline{)803}$

ヒント　1 100のまとまりが何こになるか考えます。

3けた÷1けたの計算(2) わり算の暗算

学習日　　月　　日

教科書 上37～39ページ　答え 5ページ

 次の□にあてはまる数を書きましょう。

めあて 商が十の位からたつ計算ができるようにしよう。　練習 1 2 →

283÷6 の商

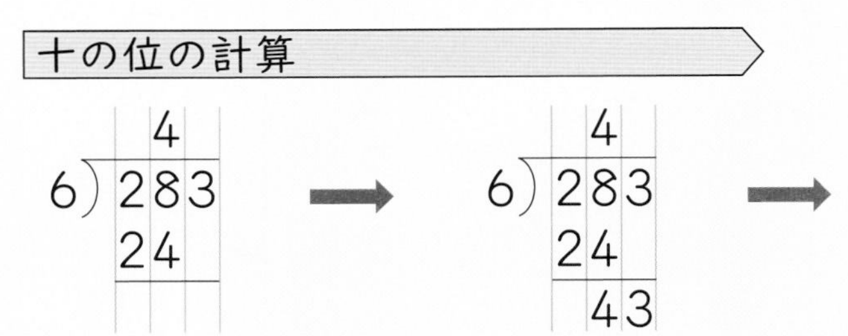

十の位の計算

百の位に
商はたたないね。

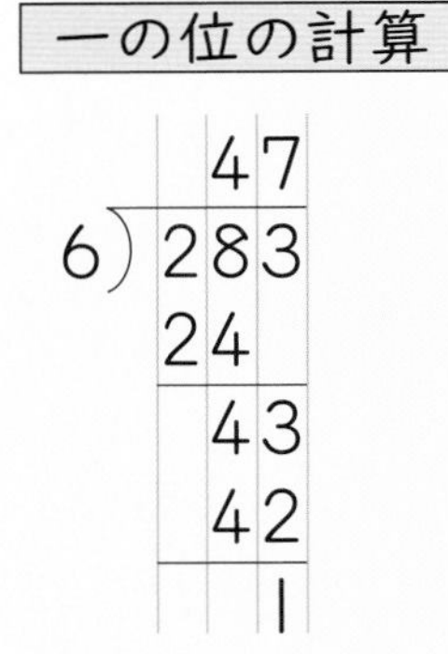

一の位の計算

28÷6 で、4を十の位にたてる。　28 から 24 をひく。一の位の3をおろす。　43÷6 で、7を一の位にたてる。

1 (1) 252÷4＝□　　(2) 380÷8＝□ あまり □

めあて わりきれる暗算ができるようにしよう。　練習 3 →

48÷3 の暗算

48÷3 は (30＋18)÷3 と考えられます。

48÷3＝16
30　18
❶　❷

❶ 30÷3＝10
❷ 18÷3＝ 6
あわせて 16

頭の中で計算する
ことを暗算という
んだよ。

2 84÷6 の暗算のしかたを考えましょう。

とき方 84÷6 のわられる数の 84 を、①□ と 24 に分けて考えます。

84÷6
②□　24
❶　❷

❶ ③□÷6＝④□
❷ ⑤□÷6＝⑥□
あわせて ⑦□

★できた問題には、「た」をかこう！★

できき 1　できき 2　できき 3

学習日　　月　　日

教科書 上37～39ページ　答え 6ページ

1 計算をしましょう。

教科書 37ページ 9

① $8\overline{)272}$　　② $9\overline{)504}$　　③ $5\overline{)485}$

④ $7\overline{)330}$　　⑤ $6\overline{)519}$　　⑥ $9\overline{)708}$

2 次のわり算で、商が2けたになるのはどれでしょうか。

教科書 37ページ 9

Ⓐ 518÷4　　Ⓘ 730÷4　　Ⓤ 396÷4　　Ⓔ 402÷4

（　　　　）

3 暗算でしましょう。

教科書 39ページ 10

① 46÷2　　② 84÷4

③ 84÷7　　④ 70÷5

ヒント　2 わられる数の百の位の数がわる数より小さいものがあてはまります。

2 わり算の筆算

教科書 上26～41ページ　答え 6ページ

知識・技能　／76点

1 次のわり算で、商が3けたになるのはどれでしょうか。 (4点)

㋐ 627÷6　㋑ 416÷6　㋒ 816÷6　㋓ 583÷6

(　　　)

2 よく出る 計算をしましょう。 各4点(12点)

① 4)68　② 7)86　③ 3)65

3 計算をしましょう。また、答えのたしかめをしましょう。 各3点(12点)

① 74÷5　② 86÷3

答えのたしかめ (　　　)　答えのたしかめ (　　　)

4 よく出る 計算をしましょう。 各4点(24点)

① 2)236　② 5)892　③ 7)904

④ 4)523　⑤ 8)872　⑥ 3)926

5 よく出る 計算をしましょう。　各4点(12点)

① $4\overline{)344}$

② $8\overline{)476}$

③ $6\overline{)543}$

6 暗算でしましょう。　各4点(12点)

① 69÷3　② 75÷5　③ 84÷6

思考・判断・表現　／24点

7 96 このおはじきを８人で同じ数ずつ分けます。１人分は何こになるでしょうか。　式・答え　各4点(8点)

式

答え（　　　）

できたらスゴイ!

8 画用紙が 460 まいあります。
１人に３まいずつ配ると、何人に配ることができて、何まいあまるでしょうか。　式・答え　各4点(8点)

式

答え（　　　）

9 あめが 235 こあります。
１ふくろに４こずつ入れると、何ふくろできて、何こあまるでしょうか。　式・答え　各4点(8点)

式

答え（　　　）

ふりかえり　1がわからないときは、12 ページの1にもどってかくにんしてみよう。

ふろくの「計算せんもんドリル」1～7もやってみよう！

(折れ線グラフのよみ方)
折れ線グラフのかき方

学習日　　月　　日

教科書 上42～54ページ　答え 7ページ

次の□にあてはまる数や言葉を書きましょう。

めあて 折れ線グラフがよめるようにしよう。　練習 1→

右のようなグラフを**折れ線グラフ**といいます。折れ線グラフは、変化の様子がよくわかるグラフです。

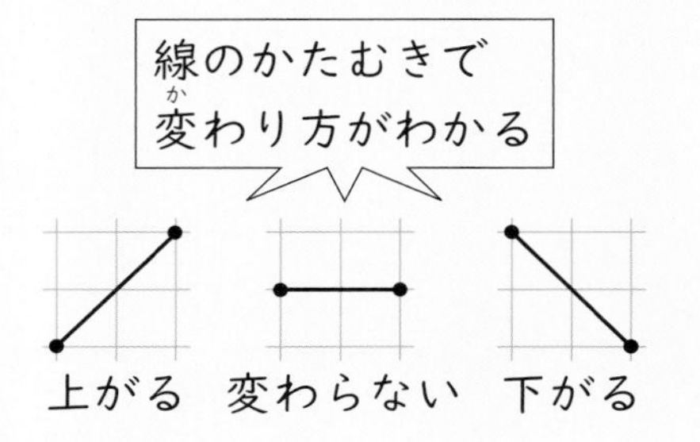

右の〰〰はとちゅうのめもりを省いてあるってことだね。

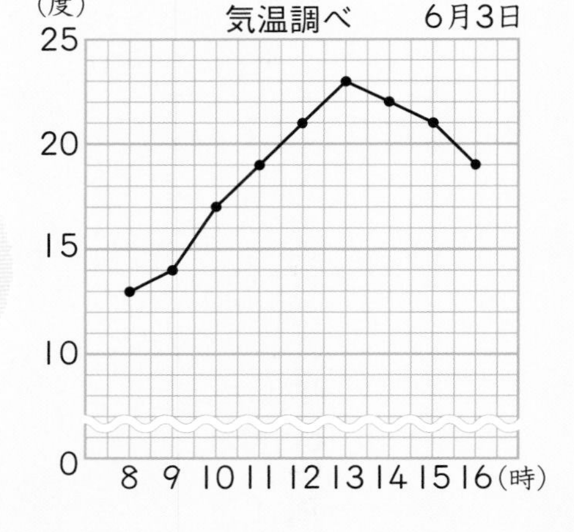

1 右上の折れ線グラフで、気温がいちばん高いのは何時でしょうか。

とき方 折れ線グラフがいちばん高くなっているところで、□時です。

めあて 折れ線グラフがかけるようになろう。　練習 2→

気温調べの折れ線グラフのかき方

❶ 横じくに時こく、たてじくに気温のめもりをつける。
❷ それぞれの時こくの気温を表す点をかく。
❸ 点を順に直線で結ぶ。
❹ 表題を書く。

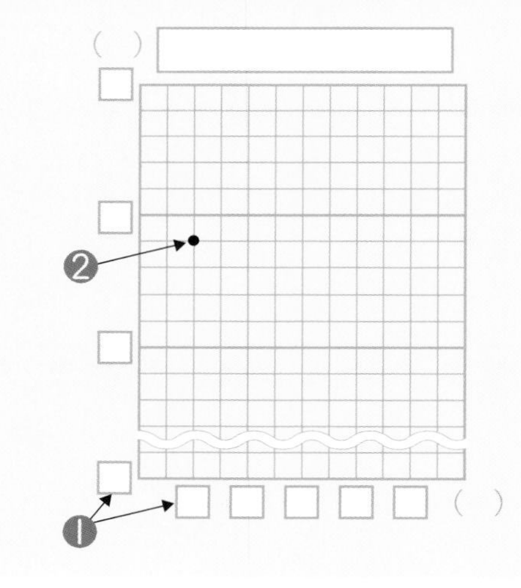

2 右の表は、気温を2時間ごとに調べたものです。
　これを右上の折れ線グラフに表しましょう。

気温調べ　6月20日

時こく(時)	8	10	12	14	16
気温　(度)	14	16	18	20	15

とき方 横じくに□、たてじくに□をとり、上の❶、❷、❸、❹の順に折れ線グラフをかきます。

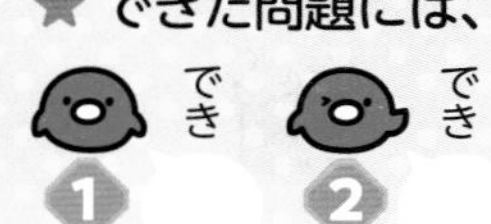

★できた問題には、「た」をかこう！★

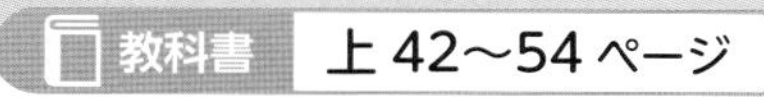

教科書　上42～54ページ　答え　7ページ

1 右のグラフは、7月1日の気温を1時間ごとに調べたものです。

教科書　43ページ 1

① 11時の気温は何度でしょうか。

（　　　　）

② 気温の下がり方がいちばん大きかったのは、何時から何時の間でしょうか。

（　　　　）

③ 気温が変わらなかったのは、何時から何時の間でしょうか。

（　　　　）

気温調べ　7月1日

(度) 30, 25, 20, 15, 0

8 9 10 11 12 13 14 15 16 17 (時)

2 下の表は、6月10日の水の温度を2時間ごとに調べたものです。

教科書　47ページ 2

水の温度調べ　6月10日

時こく（時）	7	9	11	13	15	17
水温　（度）	15	17	19	20	23	21

① 右の横じく、たてじくに、それぞれめもりをつけましょう。

② 水の温度調べを折れ線グラフに表しましょう。

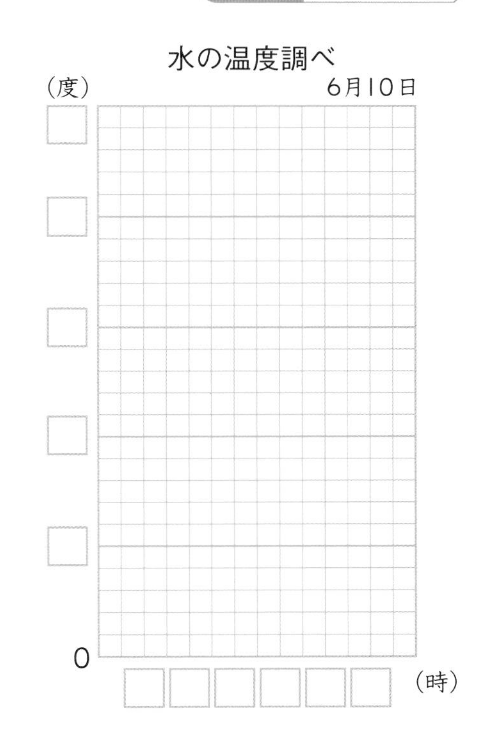

ヒント　1 ② 折れ線グラフが右下がりで、線のかたむきがいちばん急なところです。

③ 折れ線グラフ

／100
ごうかく 80 点

教科書 上 42〜57 ページ　答え 8 ページ

知識・技能 ／100点

1 よく出る 右の折(お)れ線グラフは、ゆかりさんが、かぜをひいたときの体温の変(か)わり方を表したものです。 各10点(30点)

① 8時の体温は何度何分でしょうか。

(　　　　)

② 体温の上がり方がいちばん大きかったのは、何時から何時の間でしょうか。

(　　　　)

③ 体温が下がりはじめたのは何時でしょうか。

(　　　　)

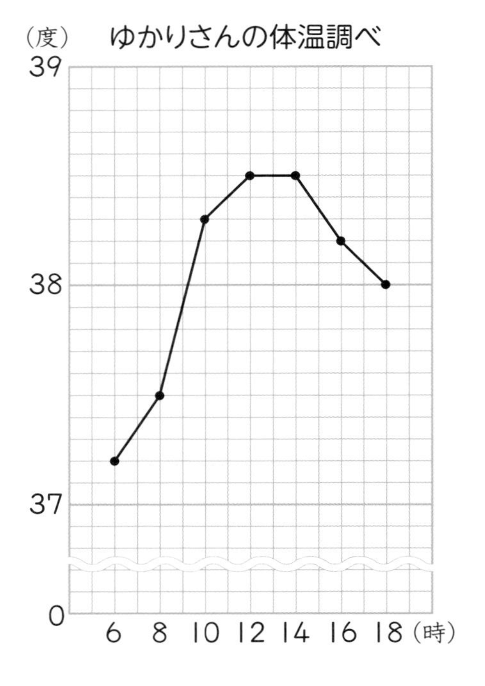

2 下の表は、さとしさんの身長を毎年たん生日に調べたものです。 各10点(20点)

さとしさんの身長

年令(ねんれい)　(才)	6	7	8	9	10
身長　(cm)	112	116	121	128	134

① 右の図で、たてじくの1めもりは何 cm を表しているでしょうか。

(　　　　)

② さとしさんの身長の変わり方を折れ線グラフに表しましょう。

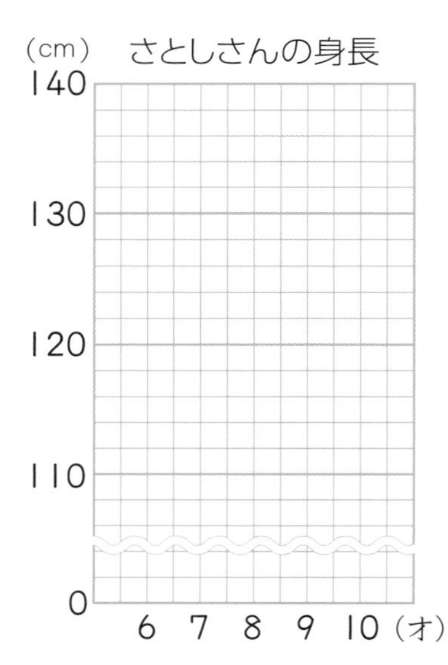

3 よく出る　右の折れ線グラフは、ひなたとひかげに置いた水の温度を表したものです。

各10点(30点)

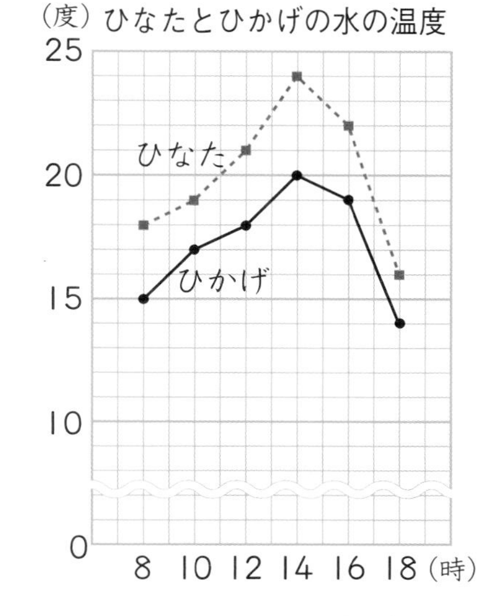

① ひなたでいちばん温度が高かったのは何時でしょうか。

（　　　　　）

② ひかげでいちばん温度が低かったときの水の温度は何度でしょうか。

（　　　　　）

③ ひなたとひかげに置いた水の温度のちがいがいちばん大きかったのは何時でしょうか。

（　　　　　）

4 活用　下の表は、名古屋市の月別の気温を表しています。
ぼうグラフは、月別の降水量を表しています。
ぼうグラフに重ねて、月別の気温を折れ線グラフに表しましょう。

(20点)

名古屋市の気温

月	1	2	3	4	5	6	7	8	9	10	11	12
気温　(度)	4	5	11	14	19	24	28	29	25	20	12	6

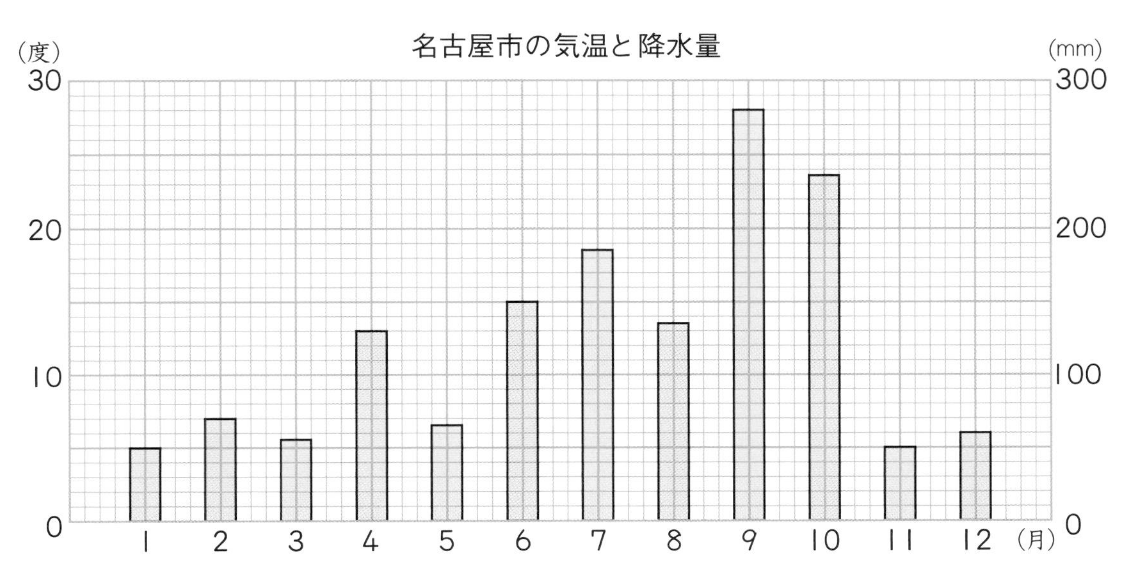

ふりかえり　**1**がわからないときは、16ページの**1**にもどってかくにんしてみよう。

4 角
(角の大きさの表し方、はかり方)

教科書 上59～66ページ　答え 9ページ

次の□にあてはまる数を書きましょう。

めあて 角の大きさの表し方がわかり、角の大きさをはかれるようにしよう。 練習 1 2 →

角の大きさ

直角を90等分した1こ分の大きさを**1度**(ど)といい、1°と書きます。

角の大きさのことを**角度**(かくど)ともいいます。

直角＝90°

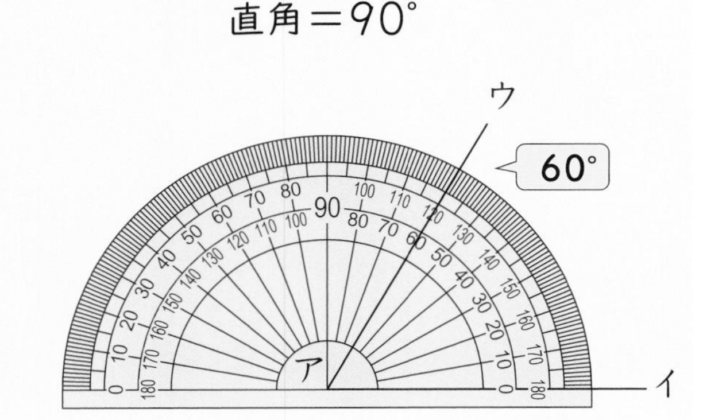

角度のはかり方

❶ 分度器(ぶんどき)の中心を頂点(ちょうてん)アに合わせる。

❷ 0°の線を辺(へん)アイに重ねる。

❸ 辺アウと重なっているめもりをよむ。

めあて 三角定規(じょうぎ)の角度を覚(おぼ)えよう。 練習 3 →

三角定規の角度

覚えておこう。

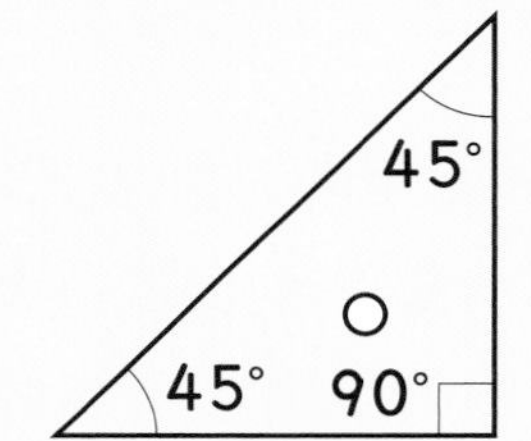

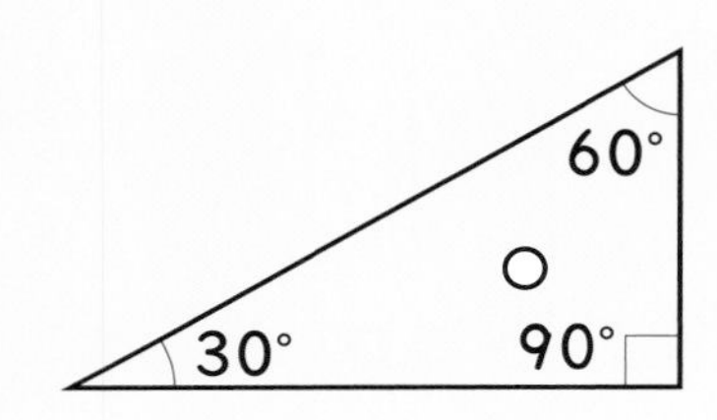

めあて 180°より大きい角度をはかれるようにしよう。 練習 4 →

180°より大きい角度のはかり方

180°と、あと何度あるか考えます。

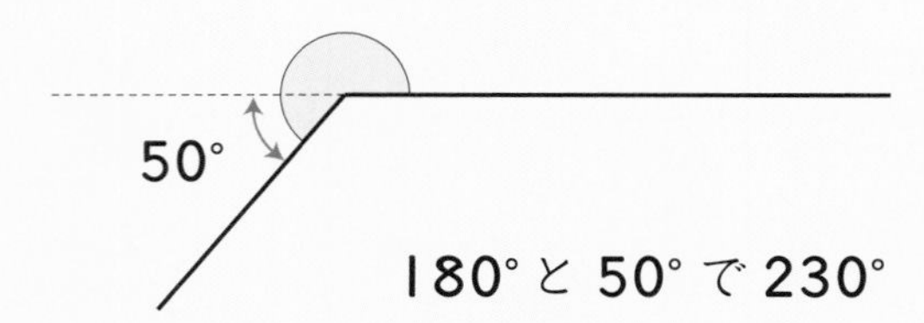

360°より何度小さいか考えます。

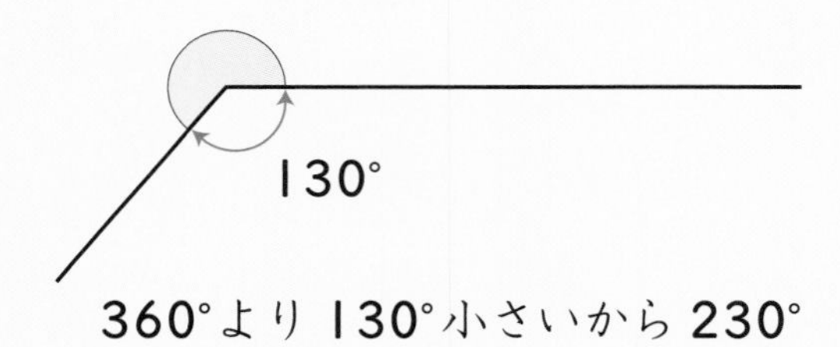

1 右のあの角度をはかりましょう。

とき方 ❶ 180°と、あと ① °だから、② °です。

❷ 360°より ③ °小さいから、④ °です。

あ

1 分度器を使って、下のあ、いの角度を、それぞれはかりましょう。

教科書 60ページ 1

①

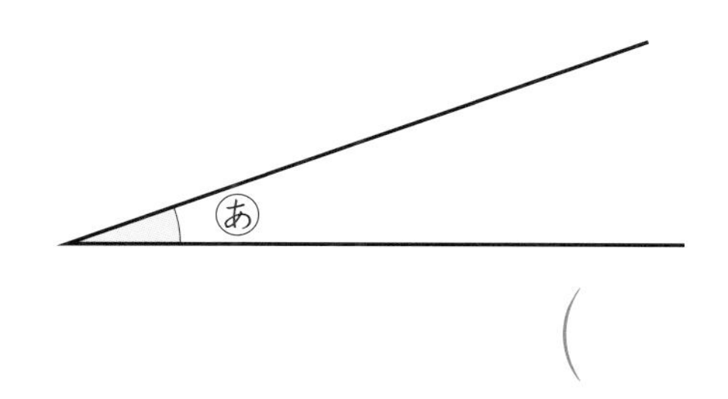

（　　　　）

②

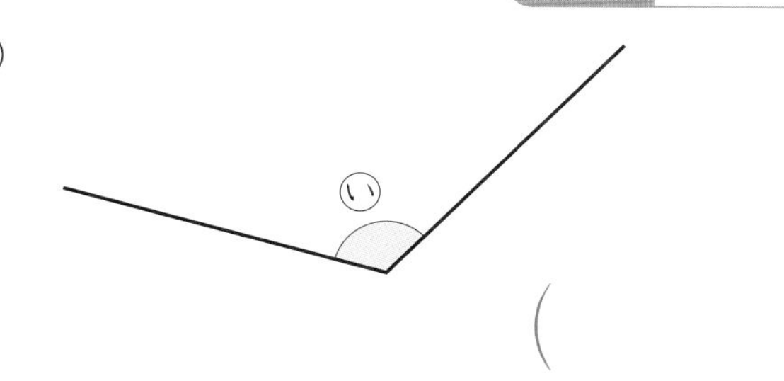

（　　　　）

2 □にあてはまる数を書きましょう。

教科書 64ページ 2

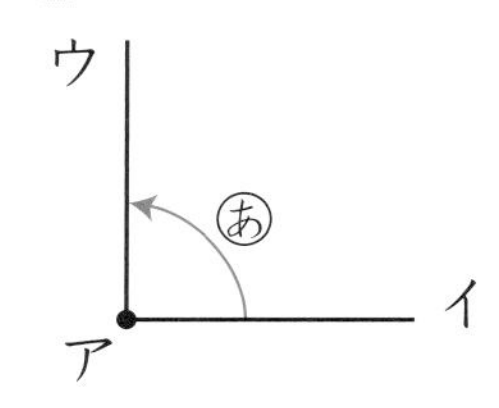

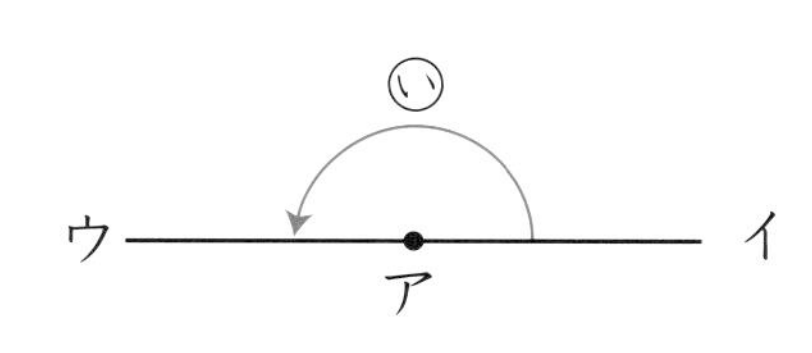

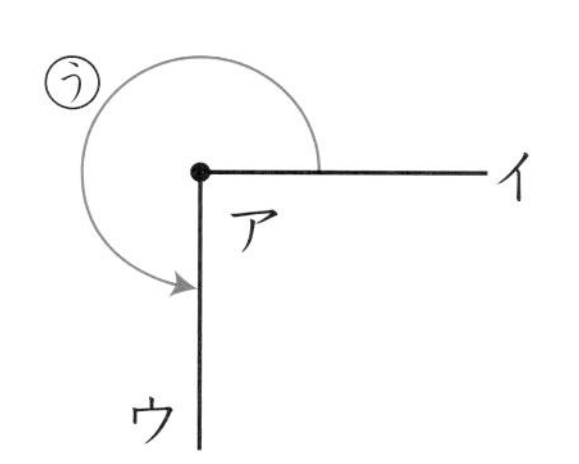

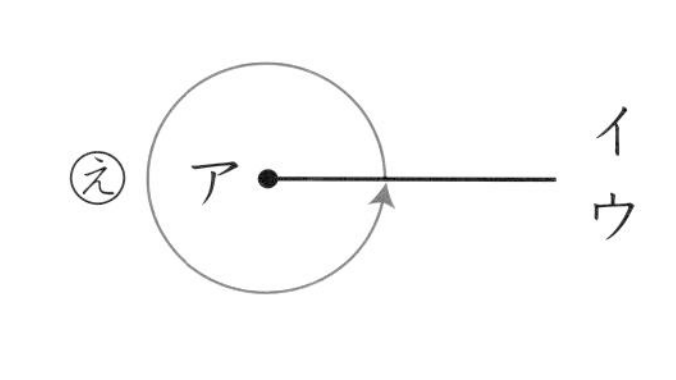

① あの角は１直角で、□°です。

② いの角は辺アイを半回転させた角です。□直角で、180°です。

③ うの角は３直角で、□°です。

④ えの角は辺アイを１回転させた角です。□直角で、□°です。

3 右の図のように、１組の三角定規を組み合わせました。あの角度を求(もと)めましょう。

教科書 64ページ 3

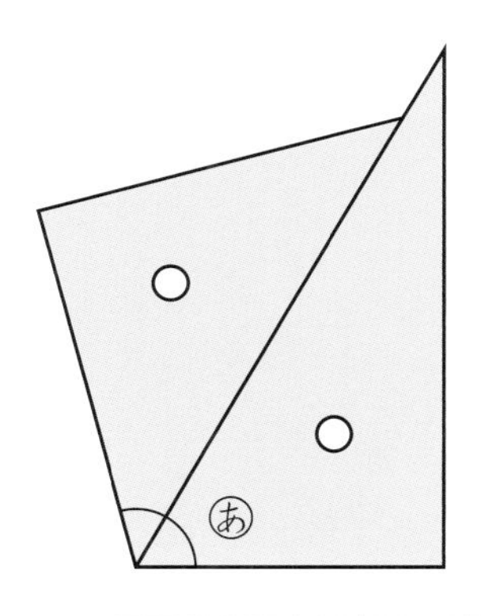

（　　　　）

4 下のあの角度をはかりましょう。

教科書 65ページ 4

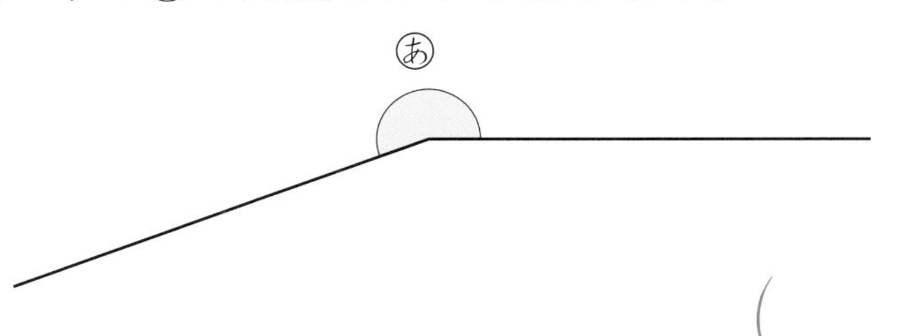

辺の長さをのばすと
はかりやすくなるよ。

（　　　　）

ヒント

4 180°とあと何度あるか考えます。
または、360°より何度小さいか、小さいほうの角度をはかって考えます。

ぴったり1 じゅんび

4 角
角のかき方

学習日　月　日

教科書 上67～69ページ　答え 9ページ

次の□にあてはまる記号や数を書きましょう。

めあて 角をかけるようにしよう。　練習 1→

30°の角のかき方

1. 辺アイをかく。
2. 分度器の中心を点アに合わせて、0°の線を辺アイに重ねる。
3. 30°を表すめもりのところに、点ウをうつ。
4. 点アと点ウを通る直線をかく。

1 右の図はどんな角をかこうとしているでしょうか。

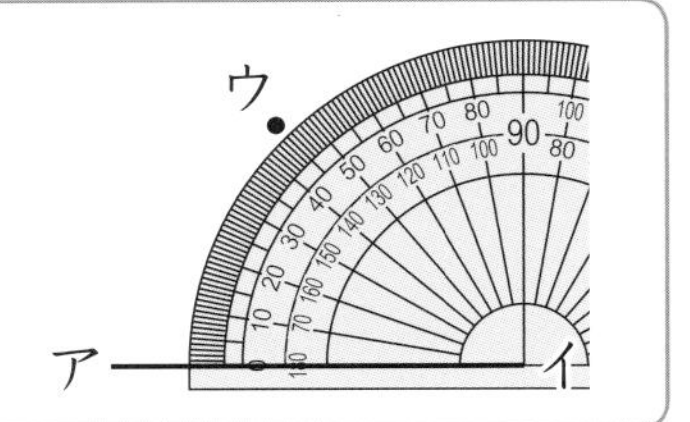

とき方 点□を中心にして、□°（分度器のめもり）の角をかこうとしています。

めあて 辺の長さと角の大きさがわかっている三角形がかけるようになろう。　練習 2→

三角形のかき方

1. 5cmの辺アイをかく。
2. 点アを中心にして、40°の角をかく。
3. 点イを中心にして、60°の角をかく。交わった点を、点ウとする。

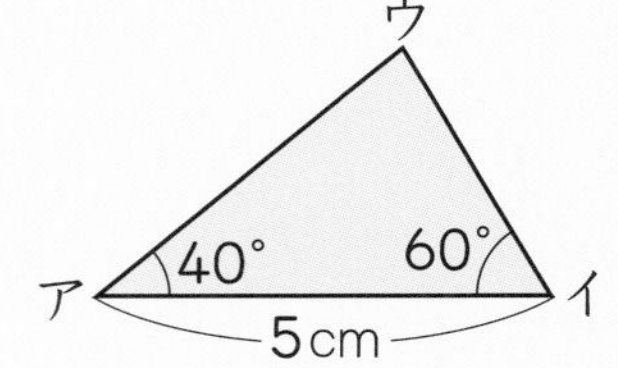

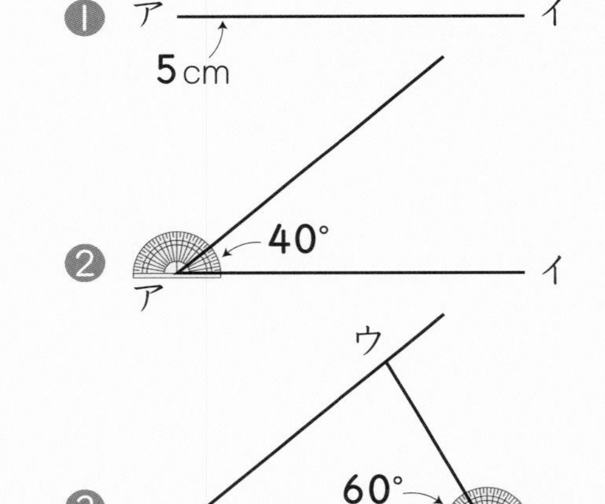

2 右のような三角形は、どのようにかけばよいでしょうか。

とき方
1. 4cmの辺アイをかく。
2. 点イを中心にして、□°の角をかく。
3. □cmの辺イウをかき、点アと点ウを直線で結ぶ。

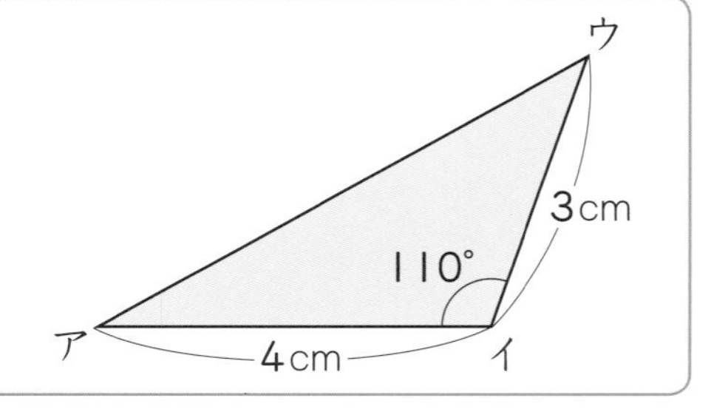

★できた問題には、「た」をかこう！★
1 でき 2 でき
学習日 月 日

1 分度器を使って、点アを頂点とする次の大きさの角をかきましょう。

教科書 67ページ5・68ページ6

① 75°

ア イ

② 280°

ア イ

2 右のような三角形をかきましょう。

教科書 69ページ7

①

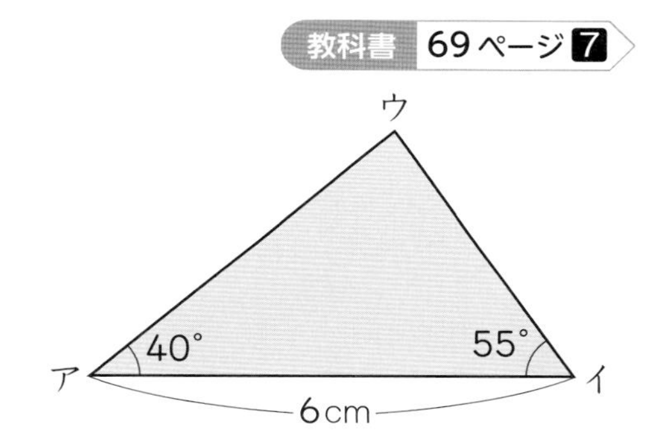

点ア、点イを中心にして
角をかけばできるよ。

②

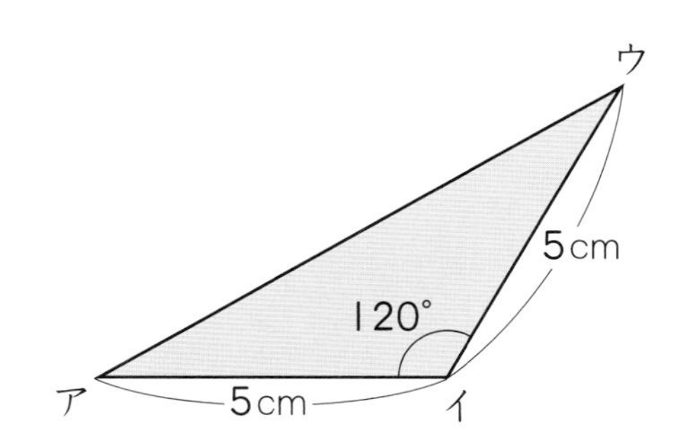

ヒント 2 ① 辺アイをかいて、次に40°の角、55°の角をかきます。

4 角

教科書 上59～72ページ　答え 10ページ

知識・技能　／85点

1 次の□にあてはまる数を書きましょう。　各4点(8点)

右のあの角度は、180°と、

あと①□°だから、②□°です。

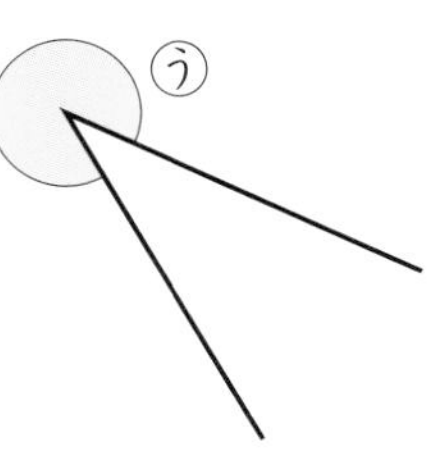

2 よく出る 下のあからうの角度を、それぞれはかりましょう。　各6点(18点)

①
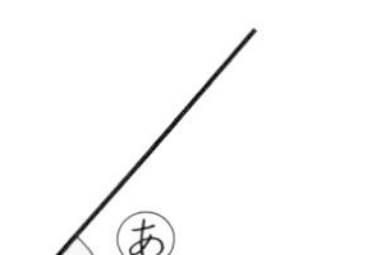

②
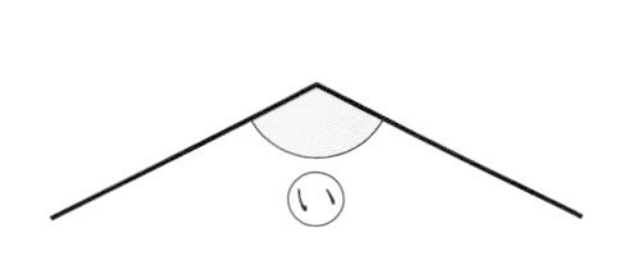

③

(　　　)　(　　　)　(　　　)

3 下の図のように、1組の三角定規を組み合わせました。
あ、いの角度を求めましょう。　各5点(20点)

①
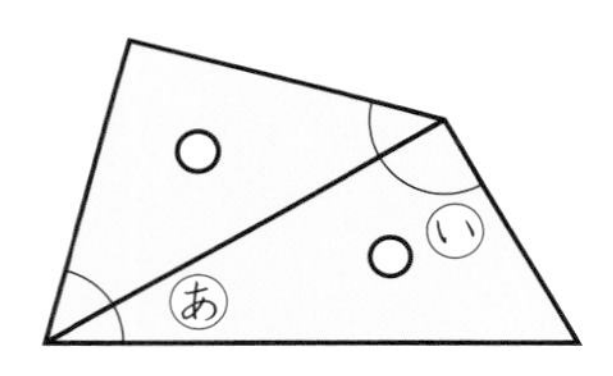

②
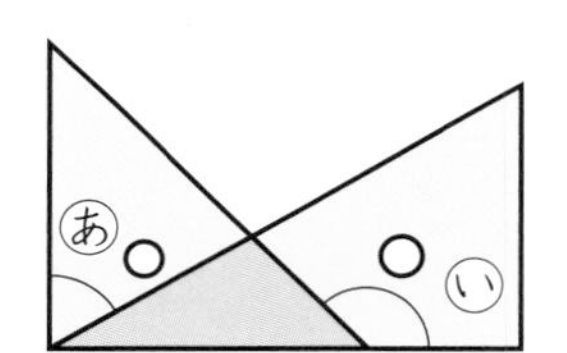

あ(　　　)　あ(　　　)
い(　　　)　い(　　　)

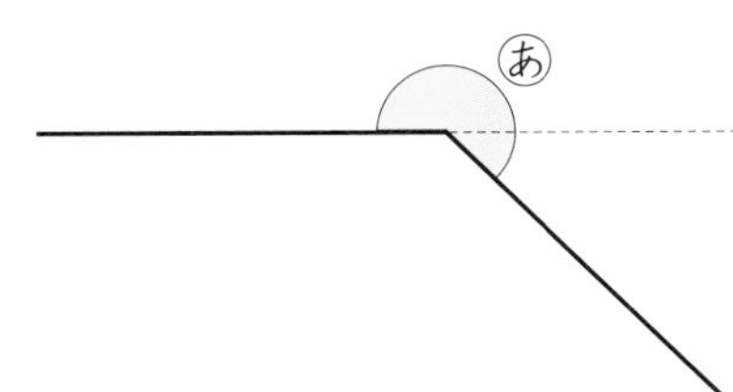

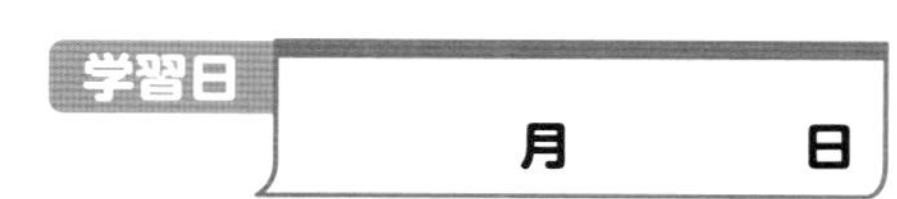

4 よく出る 点アを頂点(ちょうてん)とする次の大きさの角をかきましょう。 各6点(24点)

① 45°

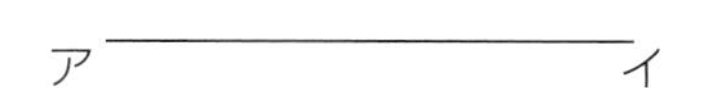

② 135°

ア　イ

③ 205°

ア　イ

④ 330°

5 右のような三角形をかきましょう。 (15点)

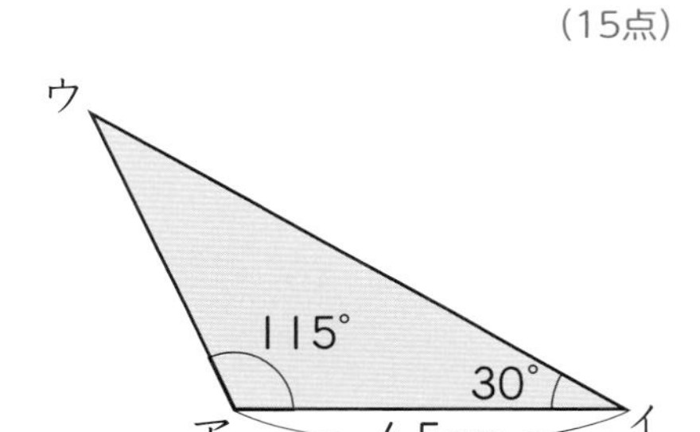

思考・判断・表現 ／15点

6 右の形は二等辺三角形(にとうへん)です。
辺の長さや角度をはかって、形も大きさも同じ二等辺三角形をかきましょう。
(15点)

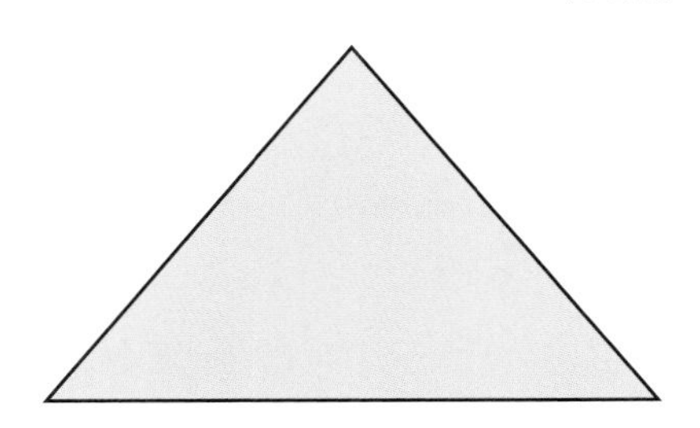

1がわからないときは、20ページの1にもどってかくにんしてみよう。

何十でわる計算

学習日　　月　　日

教科書 上74～76ページ　答え 11ページ

次の□にあてはまる数を書きましょう。

めあて 何十でわる計算ができるようにしよう。

練習 1 3 →

10をもとにしたわり算

60÷20は、10をもとにすると、6÷2とみることができます。

6　÷2　=3 ┐
60÷20=3 ┘ 等しい

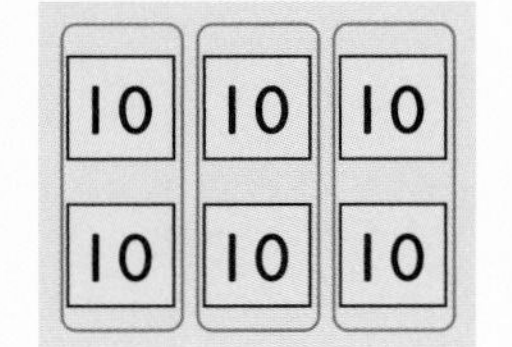

1 折(お)り紙が60まいあります。
1人に30まいずつ配ると、何人に分けられるでしょうか。

とき方 式　60÷30を、10をもとにして計算すると、

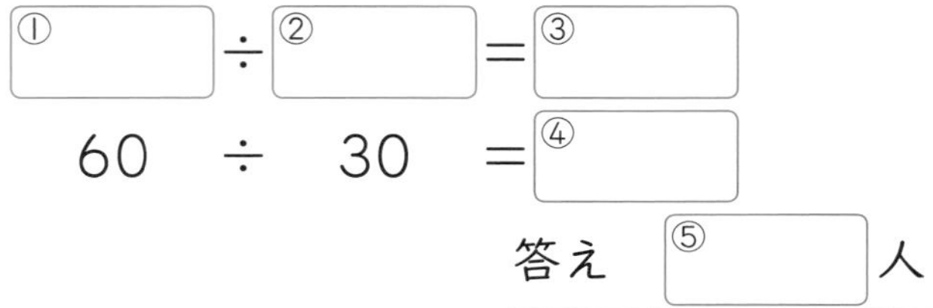
①□ ÷ ②□ = ③□
60 ÷ 30 = ④□

答え ⑤□ 人

60は10が6こ、30は10が3こだね。

めあて 何十でわるあまりのある計算ができるようにしよう。

練習 2 4 →

10をもとにしてあまりを求めるわり算

230÷50は、10をもとにすると、23÷5とみることができます。

23　÷5　=4あまり3
230÷50=4あまり30

たしかめ　50×4+30=230
わる数 × 商 + あまり = わられる数

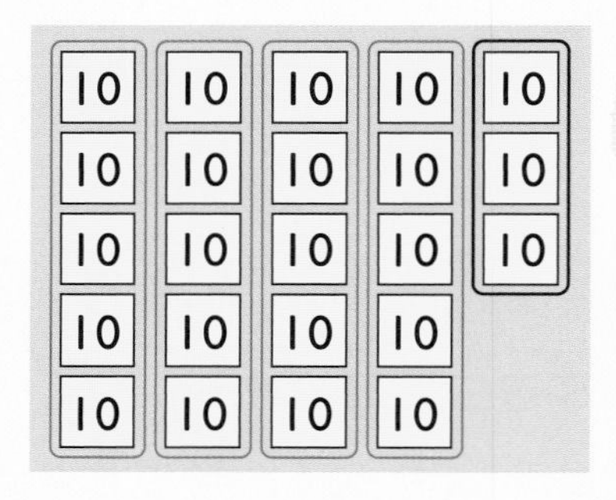

あまりの3は10が3こということだね。

2 折り紙が200まいあります。
1人に30まいずつ配ると、何人に分けられて、何まいあまるでしょうか。

とき方 式　200÷30を、10をもとにして計算すると、

20　÷3　=6あまり①□
200÷30=6あまり②□ ←10まいが2たば

たしかめもしておくといいよ。

答え ③□ 人に分けられて、④□ まいあまる。

★できた問題には、「た」をかこう！★

学習日　　月　　日

教科書 上74～76ページ　答え 11ページ

1 計算をしましょう。 教科書 74ページ 1

① 40÷20　　② 150÷50

③ 120÷30　　④ 160÷20

⑤ 480÷60　　⑥ 630÷70

2 計算をしましょう。 教科書 75ページ 2

① 160÷50　　② 520÷60

③ 220÷30　　④ 90÷20

⑤ 300÷40　　⑥ 800÷90

3 おはじきが 180 こあります。
1人に 30 こずつ配ると、何人に分けられるでしょうか。 教科書 74ページ 1

式

答え（　　　　）

4 折り紙が 260 まいあります。
1人に 40 まいずつ配ると、何人に分けられて、何まいあまるでしょうか。 教科書 75ページ 2

式

答え（　　　　　　　　）

ヒント **2** 10 をもとにして計算します。あまりは 10 が何こ分か考えます。

2けた÷2けたの計算

教科書 上77～78ページ　答え 12ページ

次の□にあてはまる数を書きましょう。

 2けた÷2けたの計算ができるようにしよう。　練習 ❶❷→

76÷23 の計算のしかた

23)76 → 23)76（商3） → 23)76（商3、69） → 23)76（商3、69、7）

十の位(くらい)に商はたたない。

わる数の 23 を 20 とみて、76÷20→3 3を一の位にたてる。

23に3をかける。23×3＝69

76から69をひく。76−69＝7

1 87÷21 の計算をしましょう。また、答えのたしかめもしましょう。

とき方 ❶ 商がたつ位を決める。

21)87 → 21)87

十の位に商はたたない。　商は一の位からたつ。

❷ わる数の 21 を 20 とみて、商の見当をつける。　87÷20→4

❸ 4を一の位にたてる。

❹ 21に4をかける。　21×4＝84

❺ 87から84をひく。　87−84＝3

❻ 答えのたしかめをする。　21×④□＋⑤□＝⑥□

わる数×商＋あまり＝わられる数

21)87（①□、②□、③□）

2 98÷32 の計算をしましょう。

とき方

32)98 → 32)98（商3） → 32)98（商3、96） → 32)98（□、□、□）

十の位に商はたたない。　98÷30→3　32×3＝96　98−96＝2

練習

★できた問題には、「た」をかこう！★

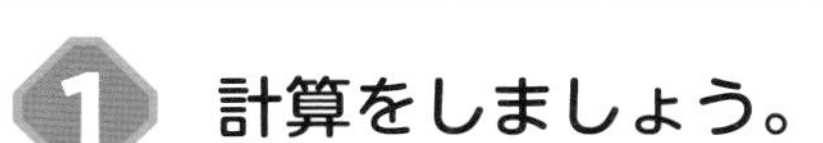

学習日　月　日

教科書 上77～78ページ　答え 12ページ

1 計算をしましょう。

教科書 77ページ3

① $12\overline{)36}$　② $32\overline{)64}$　③ $24\overline{)96}$

④ $42\overline{)84}$　⑤ $11\overline{)77}$　⑥ $33\overline{)99}$

商の見当をつけよう。

2 計算をしましょう。また、答えのたしかめをしましょう。

教科書 78ページ④

① $49 \div 23$

答えのたしかめ
(　　　　)

② $67 \div 21$

答えのたしかめ
(　　　　)

③ $76 \div 24$

答えのたしかめ
(　　　　)

④ $98 \div 42$

答えのたしかめ
(　　　　)

⑤ $86 \div 32$

答えのたしかめ
(　　　　)

⑥ $90 \div 43$

答えのたしかめ
(　　　　)

ヒント
2 商がたつ位を決めて、商の見当をつけて計算しましょう。

学習日　　月　　日

商の見つけ方①
商の見つけ方②

教科書 上79～80ページ　答え 12ページ

次の□にあてはまる数を書きましょう。

めあて 見当をつけた商が大きすぎたときは、商を小さくして計算できるようにしよう。　練習 1 2 →

98÷34 の計算のしかた

わる数の 34 を 30 とみて、商の見当をつけます。

98÷30 → 3

```
     3    1小さくする→    2
34) 98               34) 98
   102                   68
                         30
```

98 から 102 はひけない。

見当をつけた商が大きすぎたときは、商を１ずつ小さくしていって、正しい商を見つけます。

1　86÷13 の計算をしましょう。

とき方 わる数を 10 とみて商の見当をつけます。

```
     8   1小さくする→    7   1小さくする→   ①
13) 86              13) 86             13) 86
   104                  91                 ②
                                           ③
```

１ずつ小さくしていって正しい商を見つけよう。

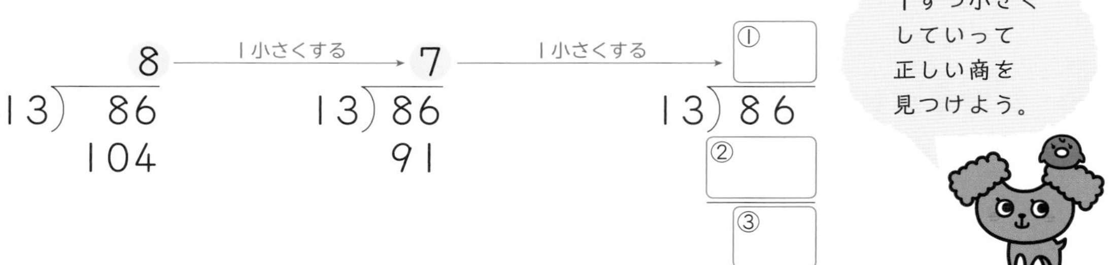

めあて 見当をつけた商が小さすぎたときは、商を大きくして計算できるようにしよう。　練習 3 →

78÷18 の計算のしかた

わる数の 18 を 20 とみて、商の見当をつけます。

78÷20 → 3

```
     3    1大きくする→    4
18) 78               18) 78
    54                   72
    24                    6
```

あまりが、わる数の 18 より大きい

見当をつけた商が小さすぎたときは、商を大きくしていって、正しい商を見つけます。

2　69÷17 の計算をしましょう。

とき方 わる数の 17 を 20 とみて、商の見当をつけます。

69÷20 → 3

```
     3    1大きくする→    ①
17) 69               17) 69
    51                   ②
    18                   ③
```

18＞17

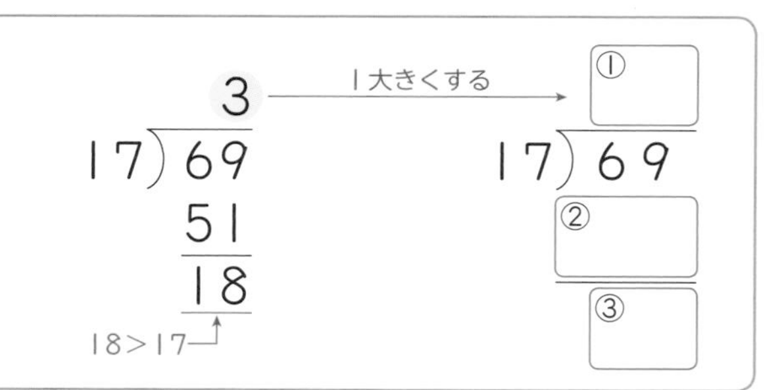

学習日 月 日

★できた問題には、「た」をかこう！★

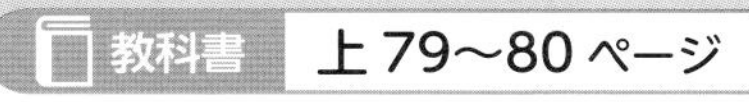

教科書 上79～80ページ　答え 12ページ

1 商の見当をつけて、筆算をしましょう。

教科書 79ページ 4

① 24)87

② 23)63

③ 12)43

④ 28)85

⑤ 33)96

⑥ 14)56

2 商の見当をつけて、筆算をしましょう。

教科書 79ページ 5

① 12)82

② 13)51

③ 14)98

3 商の見当をつけて、筆算をしましょう。

教科書 80ページ 6

① 17)94

② 16)53

③ 26)79

ヒント

3 ③ わる数の 26 を 30 とみて、商の見当をつけます。
あまり>わる数　のときは、商を 1 大きくしてみます。

ぴったり1 じゅんび

5 2けたの数のわり算

3けた÷2けたの計算

学習日　月　日

教科書 上81～84ページ　答え 13ページ

次の□にあてはまる数を書きましょう。

めあて 3けた÷2けたの計算ができるようにしよう。　練習 1 2 3 →

258÷32 の計算のしかた

```
     8              8
32)258   →   32)258
                256
                  2
```

商は一の位(くらい)からたつ。
わる数の 32 を
30 とみて、
258÷30 → 8

32×8＝256
258－256＝2

496÷12 の計算のしかた

```
     4              41
12)496   →   12)496
    48           48
     1            16
                  12
                   4
```

商は十の位からたつ。
十の位の計算をする。
49÷12＝4 あまり 1
6 をおろす。

一の位の計算をする。
16÷12＝1 あまり 4

1 計算をしましょう。

(1) 169÷28　　(2) 766÷23

とき方

(1) わる数の 28 を 30 とみて商の見当をつけます。見当をつけた商が小さすぎたときは、商を大きくしていって、正しい商を見つけます。

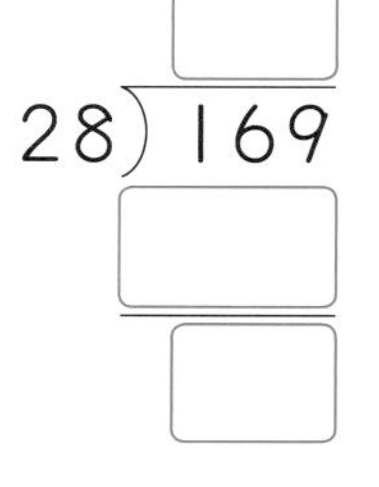

```
     □
28)169
    □
    □
```

(2) わる数の 23 を 20 とみて商の見当をつけます。
76÷20 → 3

```
     □
23)766
   69
    76
    69
     □
```

めあて 4けた÷2けたの計算ができるようにしよう。　練習 4 5 →

4けた÷2けたの筆算

まず、商が百の位からたつのか、十の位からたつのかを考えます。

2 3253÷38 の計算をしましょう。

とき方 4けた÷2けたの筆算は、3けた÷2けたの筆算と同じような手順(てじゅん)で計算します。

商は十の位からたちます。
わる数の 38 を 40 とみて商の見当をつけます。

```
      □
38)3253
   304
    213
    190
      □
```

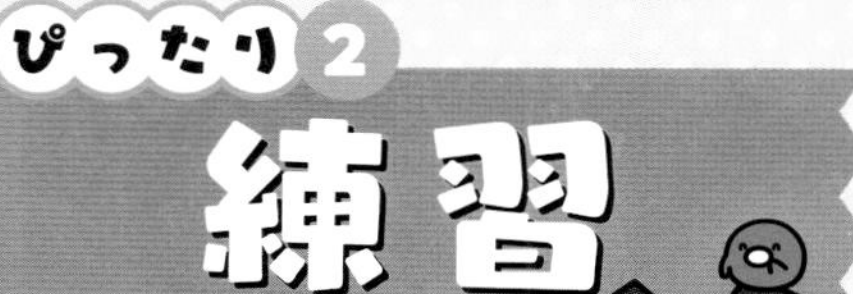

学習日　月　日

★できた問題には、「た」をかこう！★

できき 1　できき 2　できき 3　できき 4　できき 5

教科書 上81～84ページ　答え 13ページ

1 計算をしましょう。

教科書 81ページ 7

① 53)425　② 42)385　③ 78)627

2 計算をしましょう。

教科書 81ページ 8

① 67)500　② 24)156　③ 35)324

3 計算をしましょう。

教科書 82ページ 9

① 34)723　② 27)336　③ 18)512

4 計算をしましょう。

教科書 84ページ 10

① 42)9835　② 38)5980　③ 54)2566

5 計算をしましょう。

教科書 84ページ 11

① 27)810　② 32)2253　③ 43)4711

ヒント

4 商が何の位からたつか考え、商の見当をつけます。
あまりの数はわる数より小さくなります。

5 2けたの数のわり算

学習日 月 日

わり算のきまり

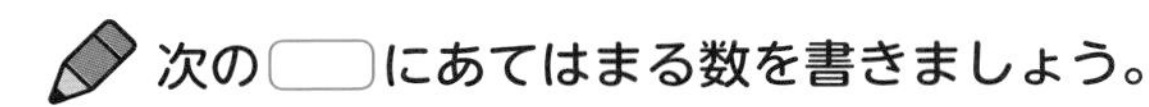

教科書 上85〜88ページ　答え 14ページ

次の□にあてはまる数を書きましょう。

めあて わり算のきまりを使って、くふうして計算できるようにしよう。 練習 1→

わり算のきまり

わり算では、わられる数とわる数に同じ数をかけても、同じ数でわっても、商は変(か)わりません。

$32 \div 8 = 4$
↓×3　↓×3　等しい
$96 \div 24 = 4$

$32 \div 8 = 4$
↓÷4　↓÷4　等しい
$8 \div 2 = 4$

めあて かけ算やわり算の式の数を変えたときの答えを調べよう。 練習 2→

かけ算

$60 \times 3 = 180$

$\underset{60\times10}{600} \times 3 = \underset{180\times10}{1800}$　←かけられる数を10倍する

$60 \times \underset{3\times10}{30} = \underset{180\times10}{1800}$　←かける数を10倍する

$\underset{60\times10}{600} \times \underset{3\times10}{30} = \underset{180\times100}{18000}$　←両方の数を10倍する

わり算

$60 \div 3 = 20$

$\underset{60\times10}{600} \div 3 = \underset{20\times10}{200}$　←わられる数を10倍する

$60 \div \underset{3\times10}{30} = \underset{20\div10}{2}$　←わる数を10倍する

$\underset{60\times10}{600} \div \underset{3\times10}{30} = \underset{20\times1}{20}$　←両方の数を10倍する

めあて わり算のきまりを使って計算できるようにしよう。 練習 3 4→

4200÷800の計算のしかた

$4200 \div 800 = 5$ あまり 200
↓÷100　↓÷100　↑あまりは100が2こ分
$42 \div 8 = 5$ あまり 2

筆算では

```
        5
800)4200
    40↓↓
     200
```

1 計算をしましょう。

とき方 (1) $7200 \div 90 = $ □
↓÷10　↓÷10　↑
$720 \div 9 = 80$

(2) $5600 \div 600 = $ □ あまり □（100が2こ）
↓÷100　↓÷100　↑　↑
$56 \div 6 = 9$ あまり 2

わられる数とわる数を10や100でわって計算しよう。

★できた問題には、「た」をかこう！★

教科書 上85〜88ページ 答え 14ページ

1 □にあてはまる数を書きましょう。 教科書 86ページ⑳

① $640 \div 80 = 64 \div$ □　② $600 \div 150 = 60 \div$ □

③ $160 \div 20 =$ □ $\div 100$　④ $81 \div 27 =$ □ $\div 3$

2 □にあてはまる言葉を、ア〜エから選(えら)びましょう。 教科書 87ページ13

① かけ算では、かけられる数を 10 倍すると、答えは □。

② わり算では、わられる数とわる数の両方の数を 10 倍すると、答えは □。

ア　10 倍になる　イ　100 倍になる　ウ　$\frac{1}{10}$ になる　エ　変わらない

3 計算をしましょう。 教科書 88ページ14

① $2700 \div 90$　② $4800 \div 600$

③ 49 万 ÷ 7 万　④ 180 億(おく) ÷ 30 億

4 計算をしましょう。 教科書 88ページ15

① $2900 \div 500$　② $8000 \div 300$

③ $2600 \div 80$　④ $16000 \div 300$

ヒント　3 ③　49 万 ÷ 7 万のわられる数とわる数を、それぞれ 1 万でわってみましょう。

5 2けたの数のわり算

時間 30 分

／100

ごうかく 80 点

教科書 上74～91 ページ　答え 15 ページ

知識・技能　／84点

1 計算をしましょう。また、答えのたしかめもしましょう。　各4点(16点)

① 800÷40

答えのたしかめ
(　　　　　　)

② 410÷90

答えのたしかめ
(　　　　　　)

2 □にあてはまる数を書きましょう。　各4点(16点)

① 400÷50＝40÷□

② 750÷150＝75÷□

③ 200÷25＝□÷100

④ 96÷16＝□÷4

3 よく出る 計算をしましょう。　各4点(20点)

① 13)94

② 31)76

③ 17)80

④ 25)98

⑤ 29)63

学習日　　月　　日

4 よく出る 計算をしましょう。

各4点(24点)

① 31)186

② 36)258

③ 63)550

④ 43)885

⑤ 42)909

⑥ 54)790

5 くふうして計算しましょう。

各4点(8点)

① 7200÷1200

② 210億÷70億

思考・判断・表現　／16点

できたらスゴイ!

6 荷物が546こあります。

トラックで1回に75こずつ運ぶと、何回で全部運び終えるでしょうか。

式・答え　各4点(8点)

式

答え（　　　　）

7 活用 ゆいさんは、牛にゅうパックのいすをできるだけたくさん作りたいと思っています。

このいすを1こ作るには、右の材料を使います。

ゆいさんは、正方形の色紙を47まい、長方形の色紙を71まい、牛にゅうパックを275こ持っています。

いすを何こ作ることができるでしょうか。(8点)

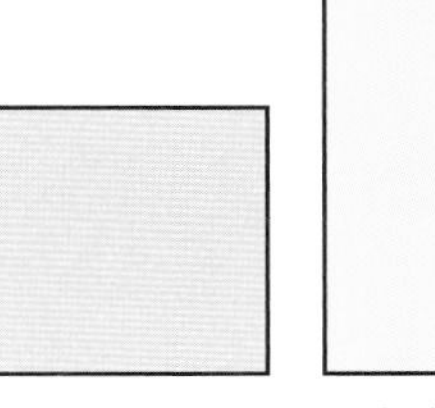

正方形の色紙 2まい

長方形の色紙 4まい

牛にゅうパック 24こ

（　　　　）

ふろくの「計算せんもんドリル」14～18もやってみよう!

ふりかえり 1がわからないときは、26ページの2にもどってかくにんしてみよう。

ぴったり1 じゅんび

3分でまとめ

6 がい数

(がい数)

学習日 月 日

教科書 上92～98ページ　答え 16ページ

次の□にあてはまる数を書きましょう。

めあて 四捨五入して、数をがい数で表せるようになろう。　練習 1 2 3 →

およその数のことを**がい数**といいます。

7000と8000の間にある数を約何千と表すには、百の位の数字が、

・0、1、2、3、4のとき、約7000

・5、6、7、8、9のとき、約8000

とします。このようにしてがい数で表す方法を**四捨五入**といいます。四捨五入するときは、表したい位の1つ下の位の数字に着目します。

千の位までのがい数

7253 → 7000

千の位　百の位の数字を四捨五入する。

1 28740を四捨五入して、千の位までのがい数で表しましょう。

とき方 千の位の1つ下の位の数字を四捨五入します。

百の位の数字が7だから、

28740（9000）→ 約□

四捨五入した位とそれより下の位は0で表すよ。

めあて 四捨五入したがい数のもとの数のはんいがわかるようにしよう。　練習 4 →

数のはんい

✪350 **以上**…350と等しいか、それよりも大きい。

✪350 **以下**…350と等しいか、それよりも小さい。

✪350 **未満**…350よりも小さいことを表し、350は入らない。

四捨五入して百の位までのがい数にしたとき、400になる数は、350以上450未満の数です。

2 四捨五入して百の位までのがい数にしたとき、2700になる数のはんいを、以上、未満を使って表しましょう。

とき方 十の位を四捨五入して2700になればよいから、

□以上□未満

2600　2650　2700　2750　2800

2600になるはんい　2700になるはんい　2800になるはんい

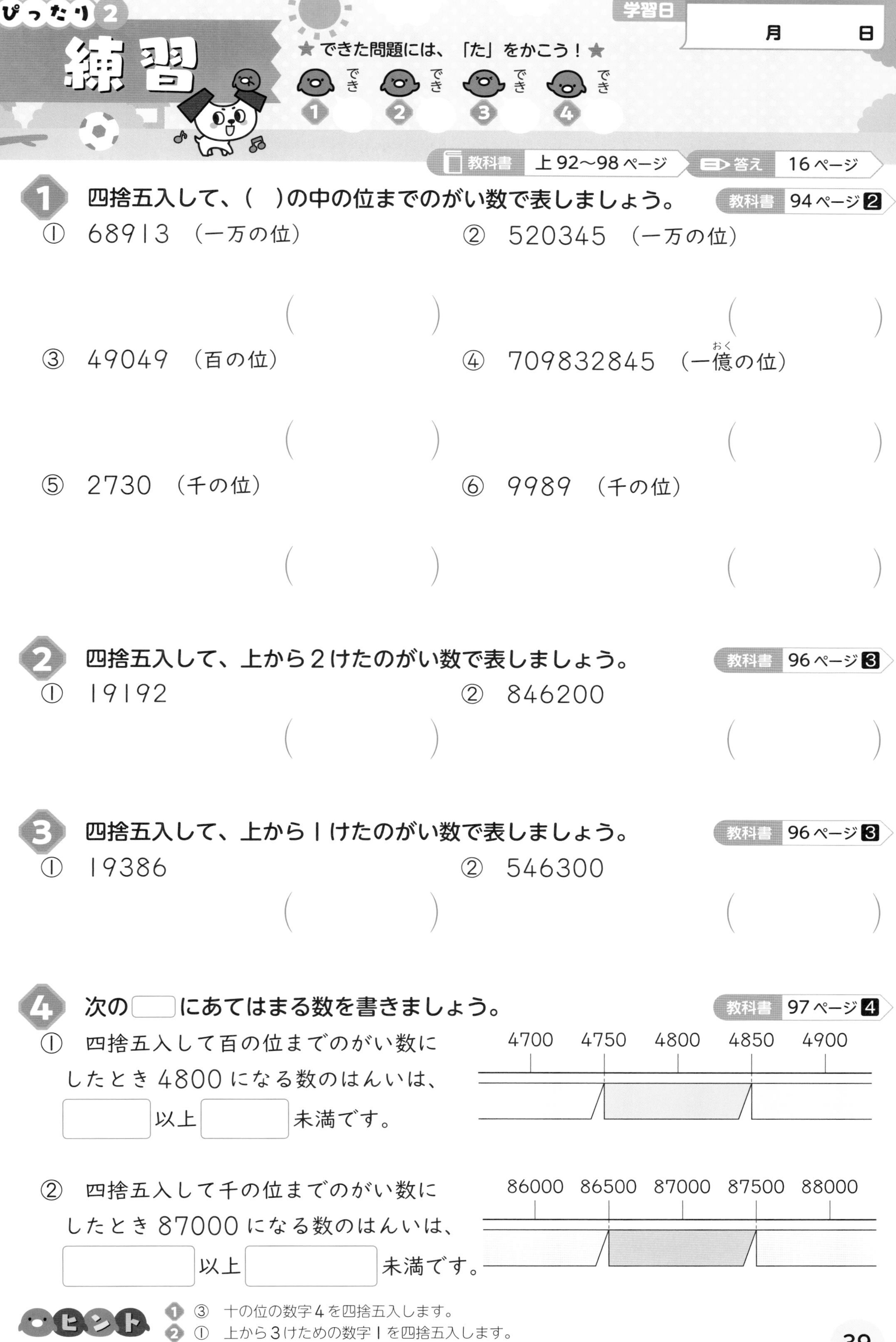

ぴったり2 練習

★できた問題には、「た」をかこう！★

学習日 月 日

教科書 上92〜98ページ　答え 16ページ

1 四捨五入して、(　)の中の位までのがい数で表しましょう。 教科書 94ページ2

① 68913 (一万の位)　(　　)

② 520345 (一万の位)　(　　)

③ 49049 (百の位)　(　　)

④ 709832845 (一億の位)　(　　)

⑤ 2730 (千の位)　(　　)

⑥ 9989 (千の位)　(　　)

2 四捨五入して、上から2けたのがい数で表しましょう。 教科書 96ページ3

① 19192　(　　)

② 846200　(　　)

3 四捨五入して、上から1けたのがい数で表しましょう。 教科書 96ページ3

① 19386　(　　)

② 546300　(　　)

4 次の□にあてはまる数を書きましょう。 教科書 97ページ4

① 四捨五入して百の位までのがい数にしたとき4800になる数のはんいは、□以上□未満です。

4700　4750　4800　4850　4900

② 四捨五入して千の位までのがい数にしたとき87000になる数のはんいは、□以上□未満です。

86000　86500　87000　87500　88000

ヒント

1 ③ 十の位の数字4を四捨五入します。

2 ① 上から3けためての数字1を四捨五入します。

がい数を使った計算

教科書 上99～101ページ　答え 16ページ

次の□にあてはまる数を書きましょう。

めあて 和や差をがい数で求められるようにしよう。　練習 1 2 →

和や差の見積もり

和や差をがい数で求めるときは、もとの数を、求めたい位までのがい数にして計算することがあります。

合計を求めてから、四捨五入する。

$$\begin{array}{r} 217 \\ 388 \\ +192 \\ \hline 797 \end{array} \longrightarrow 約800$$

四捨五入して、がい数にしてから計算する。

217 → 200
388 → 400
192 → 200
約800

1 次の計算を、四捨五入して百の位までのがい数にして計算しましょう。

(1) $117+162+243$　　(2) $1000-(294+184)$

とき方 それぞれの数を百の位までのがい数にして計算します。

(1) $117+162+243$
→ □ + □ + □ = □

(2) $1000-(294+184)$
→ 1000 − (□ + □) = □

めあて 積や商をがい数で求められるようにしよう。　練習 3 4 →

積や商の見積もり

積や商をがい数で求めるときは、それぞれの数を、上から１けたのがい数にして計算します。

198×52 の積の見積もり

198 → 200　52 → 50
$200\times50=10000$

6100÷34 の商の見積もり

6100 → 6000　34 → 30
$6000\div30=200$

2 上から１けたのがい数で表して、積や商を見積もりましょう。

(1) 254×79　　(2) $7931\div41$

とき方 それぞれの数を上から１けたのがい数にして計算します。

(1) 254×79

→ □ × □ = □

(2) $7931\div41$
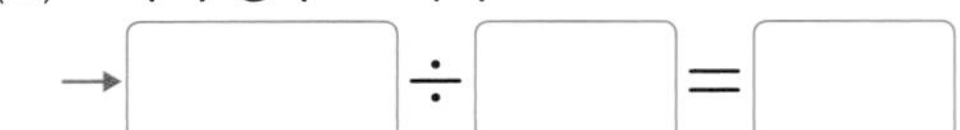
→ □ ÷ □ = □

学習日　月　日

★できた問題には、「た」をかこう！★

1 でき　2 でき　3 でき　4 でき

教科書 上99～101ページ　答え 16ページ

1 右の3つの品物を買うと、代金の合計は何円ぐらいになるでしょうか。
四捨五入して、百の位までのがい数で求めましょう。

教科書 99ページ 5

ぎょうざ	298円
肉だんご	212円
さんま	99円

(　　　　)

2 右の3つの品物を買って、500円玉ではらいます。おつりは、約何円になるでしょうか。
四捨五入して、百の位までのがい数で求めましょう。

教科書 99ページ 5

ボールペン	182円
消しゴム	98円
ノート	135円

(　　　　)

3 上から1けたのがい数で表して、積を見積もりましょう。　教科書 101ページ 6

① 104×390　　② 186×511

(　　　　)　(　　　　)

4 上から1けたのがい数で表して、商を見積もりましょう。　教科書 101ページ 6

① $9120 \div 296$　　② $7970 \div 189$

(　　　　)　(　　　　)

ヒント 3 4 上から1けたのがい数にして、がい算して考えましょう。

6 がい数

（切り上げ、切り捨て）

教科書 上 102～103 ページ　答え 17 ページ

次の□にあてはまる数を書きましょう。

めあて がい数を使って、多めに見積もるがい算ができるようになろう。 練習 1→

多めに見積もるがい算

ある金額で足りることをたしかめたい場合などは、右のようにそれぞれの代金を**切り上げ**て計算することがあります。

切り上げて計算する。

273 → 280
116 → 120
約 400

1 138 円のヨーグルトと 345 円のソーセージを買います。
500 円で足りるでしょうか。

とき方 足りるかどうか見積もるので、切り上げて計算します。

138 → 140　←ヨーグルトの代金を切り上げる。
345 → □　←ソーセージの代金を切り上げる。
約 □　←多めに見積もった代金

多めに考えて、500 円をこえなければいいんだね。

切り上げて計算した代金は 500 円より少ないので、500 円で足ります。

めあて がい数を使って、少なめに見積もるがい算ができるようになろう。 練習 2 3→

少なめに見積もるがい算

ある金額以上になることをたしかめたい場合などは、右のようにそれぞれの代金を**切り捨て**て計算することがあります。

切り捨てて計算する。

286 → 280
125 → 120
約 400

2 193 円のレタスと 328 円のドレッシングを買います。
500 円以上になるでしょうか。

とき方 500 円以上になるかどうか見積もるので、切り捨てて計算します。

193 → 190　←レタスの代金を切り捨てる。
328 → □　←ドレッシングの代金を切り捨てる。
約 □　←少なめに見積もった代金

切り捨てて計算した代金は 500 円より多いので、500 円以上になります。

教科書 上102〜103ページ　答え 17ページ

1 右の買い物をします。

教科書 102ページ 7

しょうゆ	138円
のり	196円
さとう	155円

① 500円で足りるでしょうか。

（　　　　）

② ほかに、498円のソースを買います。1000円で足りるでしょうか。

（　　　　）

2 215円のチョコレートと123円のクッキーを買います。右のおかしの中から、あと1つ、好(す)きなおかしを買って、代金の合計が500円以上になるようにしたいと思います。

教科書 103ページ 8

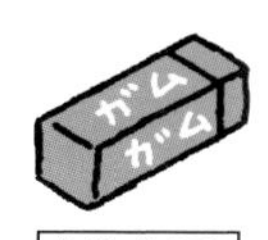

120円　　96円

185円　　158円

① チョコレート、クッキーは、それぞれ何円と見積もって計算すればよいでしょうか。

チョコレート（　　　　）　クッキー（　　　　）

② どのおかしを買えばよいでしょうか。

（　　　　）

3 子ども会で遠足に行きます。参加者(さんかしゃ)は1年生から6年生まであわせて300人をこえるでしょうか。

教科書 103ページ 8

遠足の参加者

学年	1年生	2年生	3年生	4年生	5年生	6年生
人数(人)	32	49	71	65	51	62

（　　　　）

ヒント

❶ ① 500円で足りるかどうかを知りたいので、それぞれの代金を切り上げて十の位までのがい数にして計算します。

ぴったり3 たしかめのテスト

6 がい数

教科書 上92〜107ページ　答え 18ページ

知識・技能　／80点

1 よく出る 四捨五入して、(　)の中の位までのがい数で表しましょう。　各5点(20点)

① 7328 (百の位)　(　　　)

② 56790 (百の位)　(　　　)

③ 42165 (千の位)　(　　　)

④ 9974 (千の位)　(　　　)

2 よく出る 四捨五入して百の位までのがい数にしたとき、次の数になる数のはんいを、以上、未満を使って表しましょう。　各8点(24点)

① 300　(　　　)

② 7200　(　　　)

③ 4000　(　　　)

3 よく出る 右の２つの品物を買います。　各8点(16点)

① 代金の合計は約何円になるでしょうか。
四捨五入して、百の位までのがい数で求めましょう。

ミニトマト	189円
ジャム	298円

(　　　)

② ほかに、肉を買います。肉は、218円、396円、488円の３つの中から選びます。
代金の合計が約1000円になるのは、何円の肉を買うときでしょうか。

(　　　)

4 よく出る　1まい19円の画用紙があります。

各10点(20点)

① この画用紙を38まい買うと、代金の合計は約何円になるでしょうか。

（　　　　　）

② 2000円では、約何まい買うことができるでしょうか。

（　　　　　）

この本の終わりにある「夏のチャレンジテスト」をやってみよう！

思考・判断・表現　　／20点

できたらスゴイ!

5 活用　下の表は、ある学校で4月から7月までの間に集めたエコキャップのこ数を調べたものです。まさきさんは、この表の4月と5月のエコキャップのこ数をがい数で表して、ぼうグラフに表しました。

各5点(20点)

月	4月	5月	6月	7月
こ数(こ)	208	272	192	118

① まさきさんは、4月と5月のエコキャップのこ数を、四捨五入して何の位までのがい数で表したと考えられるでしょうか。

（　　　　　）

② まさきさんと同じようにして6月と7月のエコキャップのこ数もぼうグラフに表しましょう。

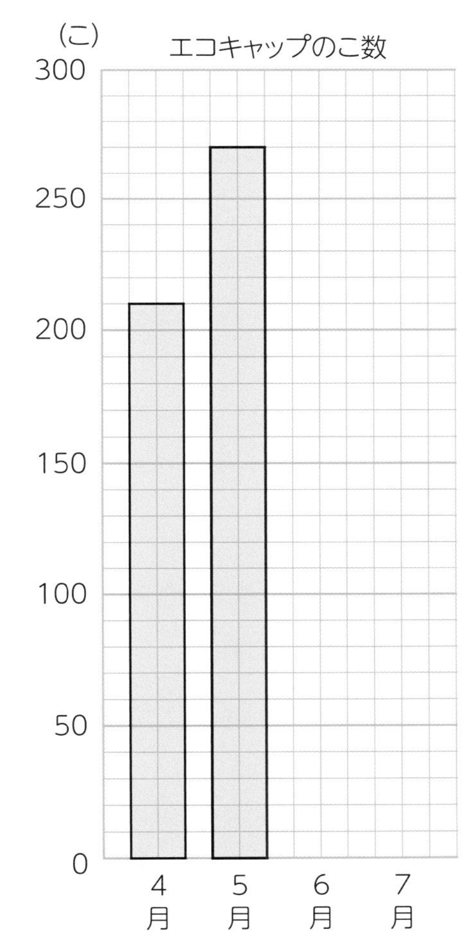

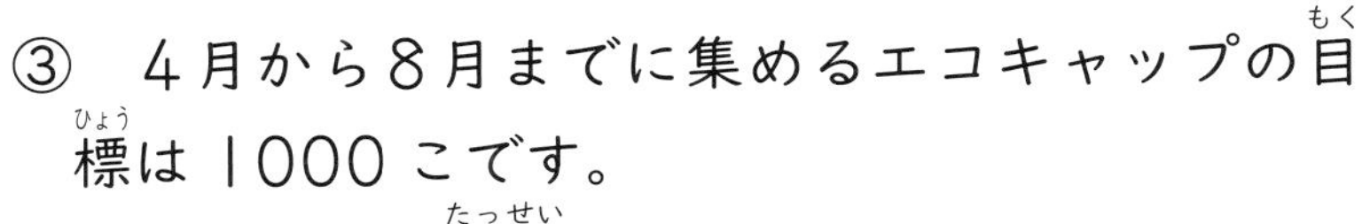
③ 4月から8月までに集めるエコキャップの目標(もくひょう)は1000こです。
この目標を達成(たっせい)するために、8月は約何このエコキャップを集める必要(ひつよう)があるでしょうか。

（　　　　　）

ふりかえり　1がわからないときは、38ページの1にもどってかくにんしてみよう。

垂直と平行／垂直、平行な直線のかき方

教科書 上110～119ページ　答え 19ページ

次の□にあてはまる記号や言葉を書きましょう。

めあて 垂直の意味がわかるようにしよう。　練習 1 2

垂直　2本の直線が交わってできる角が直角のとき、この2本の直線は、**垂直**であるといいます。

右の①～④で、直線㋐と㋑は垂直であるといいます。

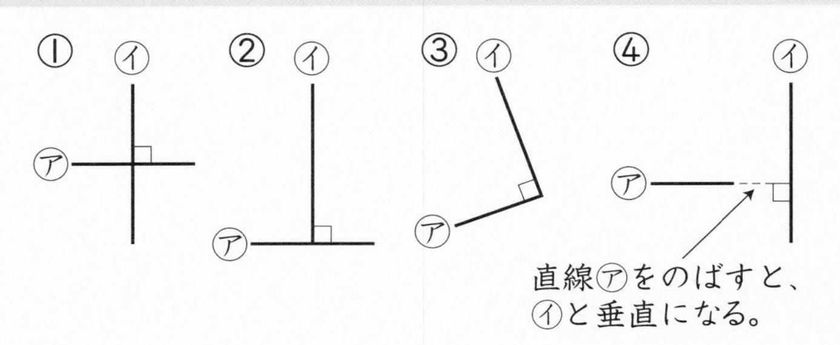

1 右の図で、垂直な直線の組を書きましょう。

とき方 2本の直線が交わって直角ができるのは、直線㋐と直線①□です。この2本の直線は②□であるといえます。

答え　直線㋐と直線③□

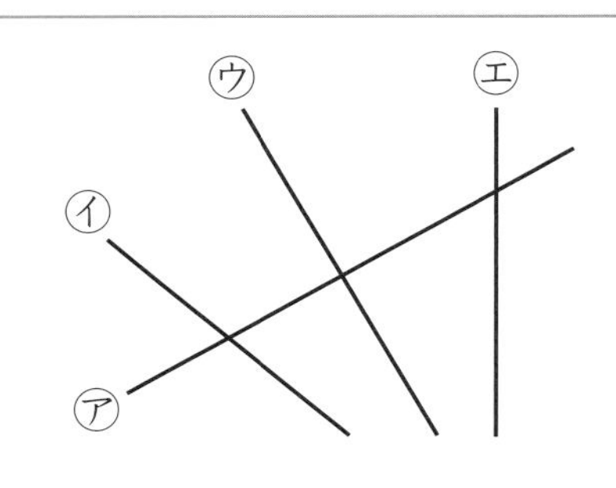

三角定規のかどを使って調べてみよう。

めあて 平行の意味がわかるようにしよう。　練習 1 3

平行　1本の直線に垂直な2本の直線は、**平行**であるといいます。

平行な2本の直線のはばは、どこも等しくなっています。また、ほかの直線と等しい角度で交わります。

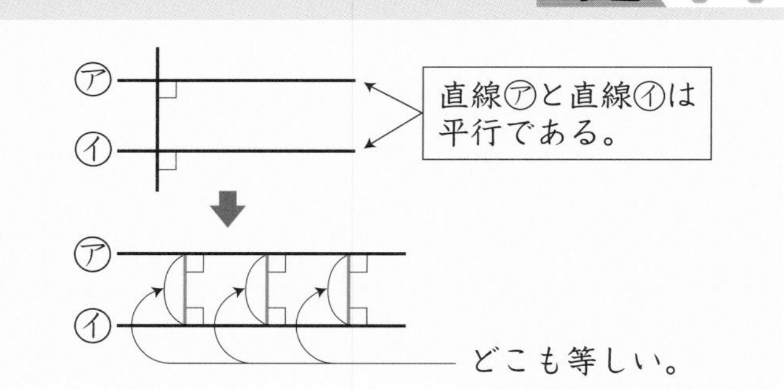

2 右の図で、平行な直線の組を書きましょう。

とき方 直線㋐と直角に交わっているのは、直線㋒と直線①□です。

1本の直線に②□だから、この2本の直線は③□であるといえます。

答え　直線㋒と直線④□

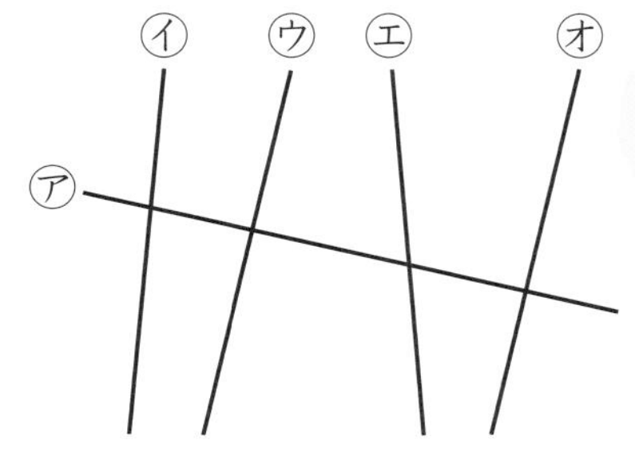

直線㋐に垂直な2本の直線を見つけよう。

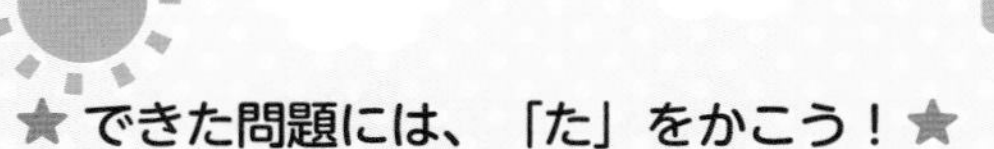

学習日　月　日

★できた問題には、「た」をかこう！★

できた 1　できた 2　できた 3

教科書 上110〜119ページ　答え 19ページ

1 右の図で、垂直な直線の組をすべて書きましょう。また、平行な直線の組をすべて書きましょう。

教科書 111ページ 1、113ページ 2

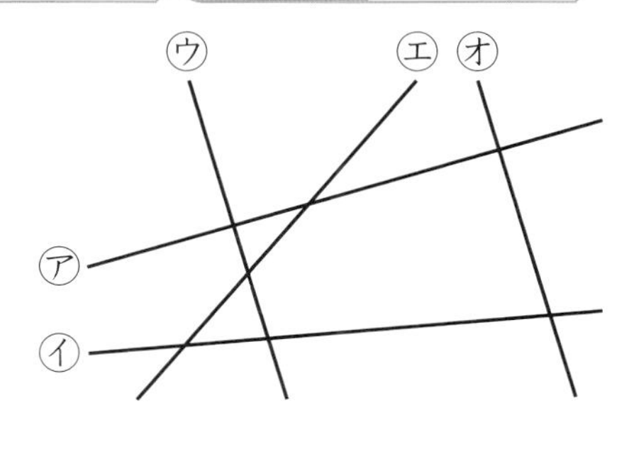

垂直（　　　　　　）

平行（　　　　　　）

2 点アを通って、直線イに垂直な直線をかきましょう。

教科書 117ページ 6

①

②

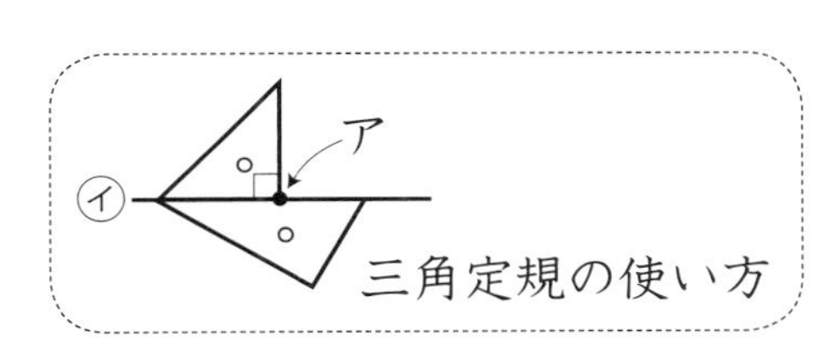

3 点アを通って、直線イに平行な直線をかきましょう。

教科書 118ページ 7

①

②

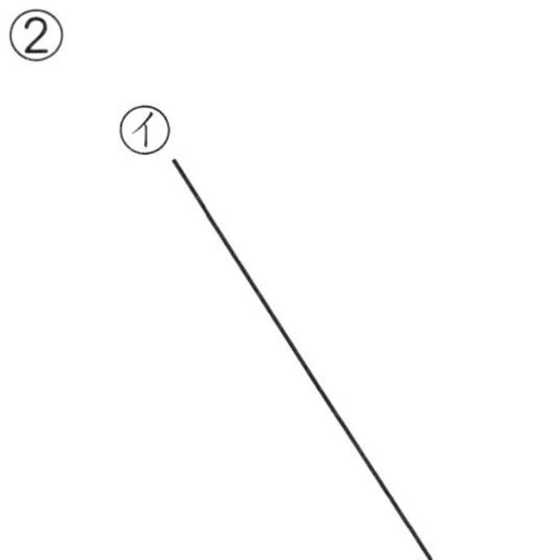

1 三角定規の直角のかどを使って調べます。
垂直や平行な直線をかくときと同じように、三角定規をあてて調べましょう。

四角形

教科書 上120～125ページ　答え 20ページ

次の□にあてはまる数や言葉を書きましょう。

めあて 台形と平行四辺形を理かいしよう。

練習 1 2 →

台形　向かい合った1組の辺が平行な四角形を、**台形**といいます。

平行四辺形　向かい合った2組の辺が平行な四角形を、**平行四辺形**といいます。

そのせいしつは、
- 向かい合った辺の長さは等しい。
- 向かい合った角の大きさは等しい。

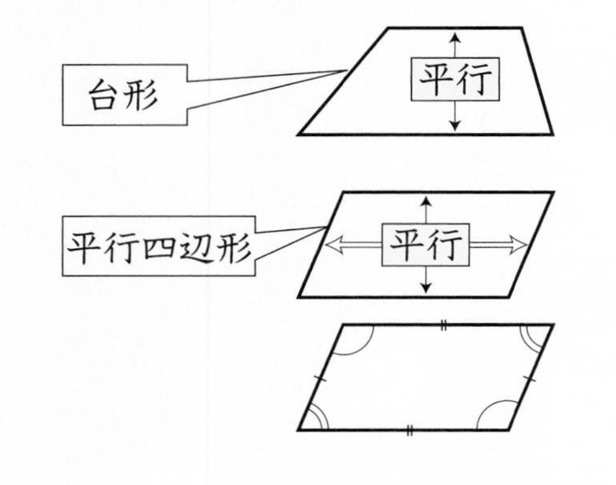

1 右のあ、いの四角形の名前を書きましょう。

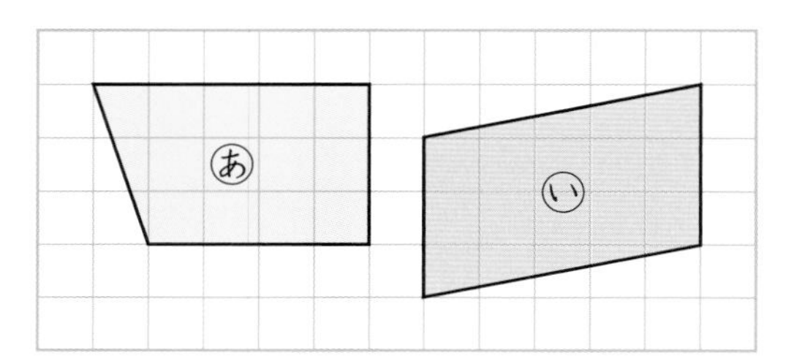

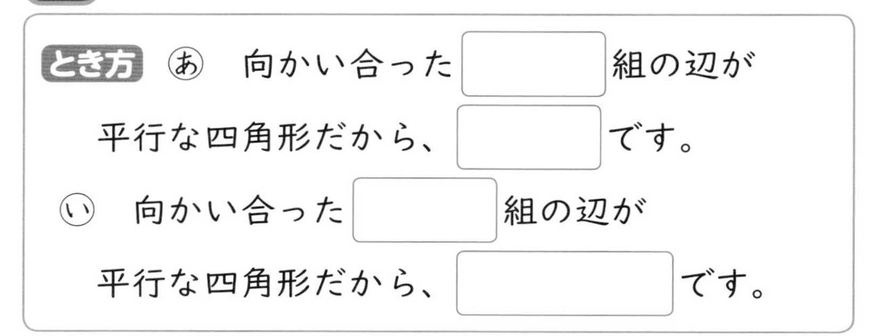

とき方　あ　向かい合った□組の辺が平行な四角形だから、□です。

い　向かい合った□組の辺が平行な四角形だから、□です。

めあて ひし形を理かいしよう。

練習 3 →

ひし形　4つの辺の長さがすべて等しい四角形を、**ひし形**といいます。

そのせいしつは、
- 向かい合った辺は平行になる。
- 向かい合った角の大きさは等しい。

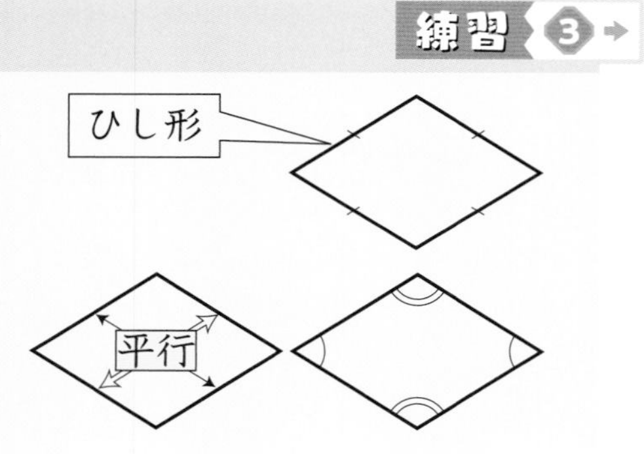

2 右のひし形の辺アイの長さは何cmでしょうか。
また、えの角度を求めましょう。

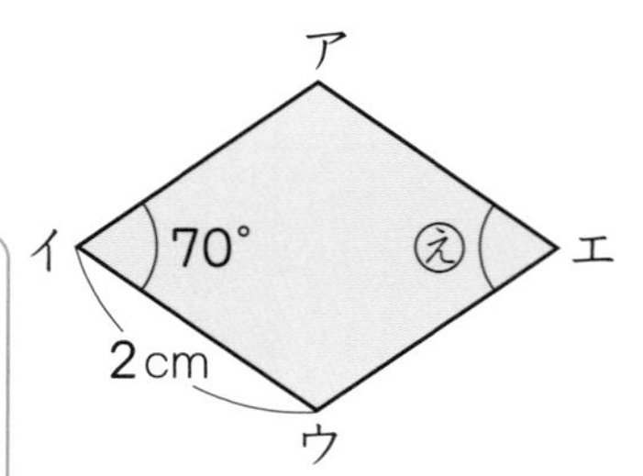

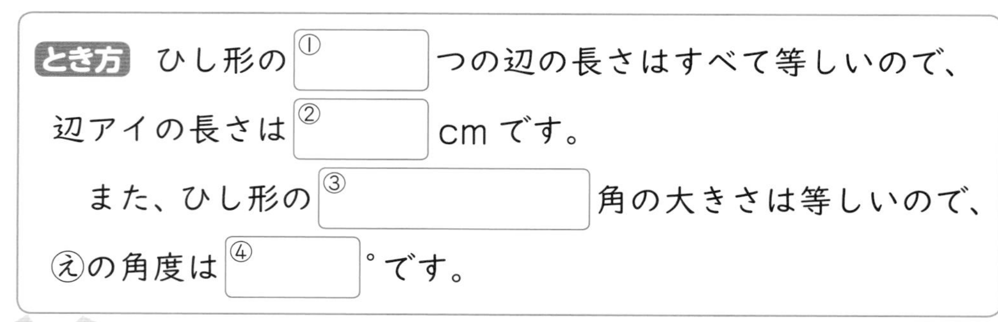

とき方　ひし形の①□つの辺の長さはすべて等しいので、辺アイの長さは②□cmです。

また、ひし形の③□角の大きさは等しいので、えの角度は④□°です。

★できた問題には、「た」をかこう！★

できでき 1　できでき 2　できでき 3

学習日　月　日

教科書 上120～125ページ　答え 20ページ

1 下の図で、台形はどれでしょうか。
また、平行四辺形はどれでしょうか。
すべて書きましょう。

教科書 123ページ⑥

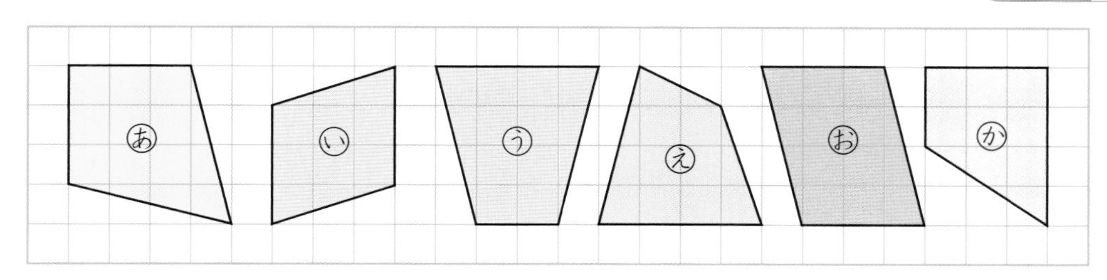

何組の辺が平行かを調べよう。

台形（　　　）　平行四辺形（　　　）

2 右の平行四辺形について答えましょう。

教科書 124ページ⑦

① 辺アエ、辺エウの長さは、それぞれ何cmでしょうか。

辺アエ（　　　）　辺エウ（　　　）

② あの角度、えの角度をそれぞれ求めましょう。

あ（　　　）

え（　　　）

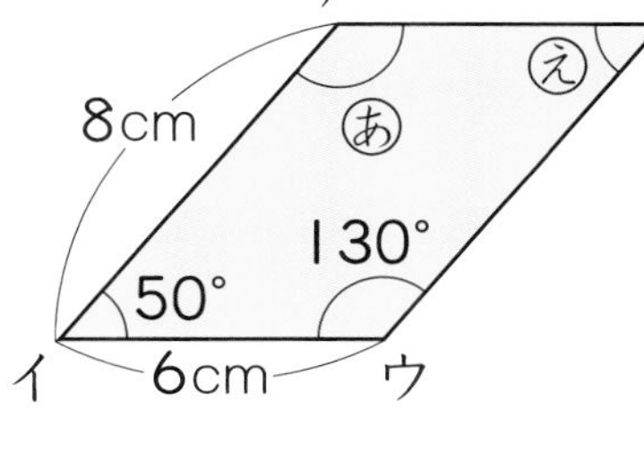

3 右のひし形について答えましょう。

教科書 125ページ⑧

① 辺アエの長さは何cmでしょうか。

（　　　）

② 辺アイと平行な辺を書きましょう。

（　　　）

③ いの角度、うの角度をそれぞれ求めましょう。

い（　　　）

う（　　　）

ア
7cm
120°
イ
い
60°
エ
う
ウ

3 ① ひし形は、4つの辺の長さがすべて等しいです。
② ひし形の向かい合った辺は平行です。

いろいろな四角形のかき方

教科書 上126〜128ページ　答え 20ページ

次の□にあてはまる記号や数、言葉を書きましょう。

めあて 台形や平行四辺形がかけるようにしよう。

練習 1 3 →

台形や平行四辺形のかき方　右の平行四辺形は、次のようにしてかきます。

❶　長さ5cmの辺イウをかく。

❷　点イを頂点とする角を60°にして、4cmの辺イアをかく。

❸　点アを通り辺イウに平行な直線と、点ウを通り辺イアに平行な直線をひき、交わった点をエとする。

（点アを中心とする半径5cmの円と、点ウを中心とする半径4cmの円の交わった点をエとしてかくこともできる。）

ア　エ　4cm　60°　イ　5cm　ウ

わかっている辺の長さや角の大きさと、平行四辺形のせいしつを使ってかくんだよ。

1　右のような台形をかきましょう。

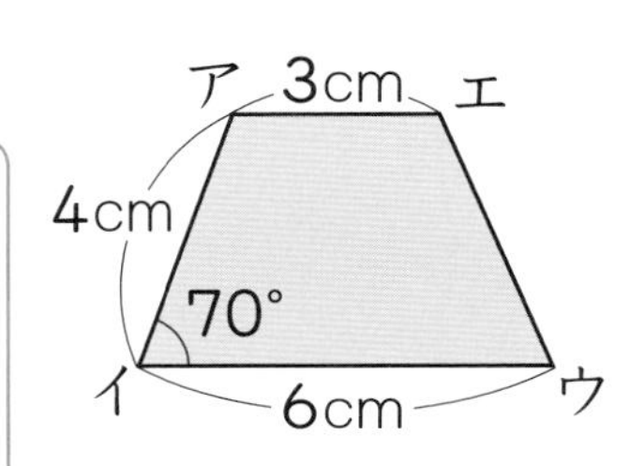

とき方　上の❶、❷のかき方で、辺イウ、辺イアをかきます。次に、点アを通り辺□に平行な□cmの直線アエをひき、エとウを直線で結びます。

めあて ひし形がかけるようにしよう。

練習 2 3 →

ひし形のかき方　右のひし形は、次のようにしてかきます。

❶　点イを中心として半径3cmの円をかく。

❷　間の角を50°にして、辺イアと辺イウをかく。

点アと点ウは❶でかいた円の上にとる

❸　点アと点ウをそれぞれ中心として、半径3cmの円をかき、2つの円が交わった点をエとする。

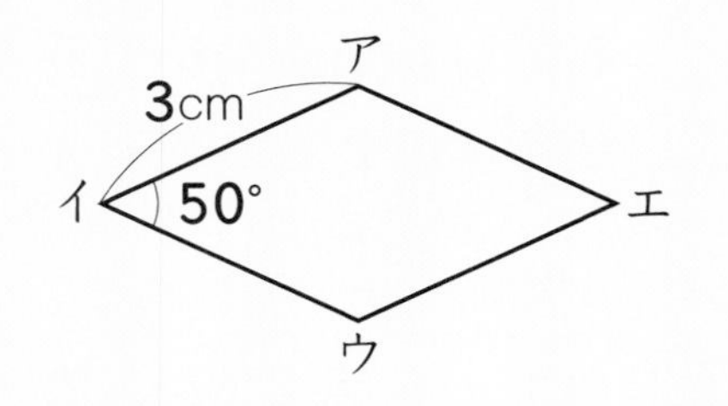

2　上のひし形を、ちがうかき方でかきましょう。

とき方　上の❶、❷のかき方で、辺イア、辺イウをかきます。

次に、点アを通り辺イウに平行な直線と、点ウを通り辺イアに□な直線をひき、交わった点を□とします。

★できた問題には、「た」をかこう！★

教科書 上126〜128ページ　答え 21ページ

1 下のような平行四辺形と台形をかきましょう。

教科書 126ページ12、128ページ13

①

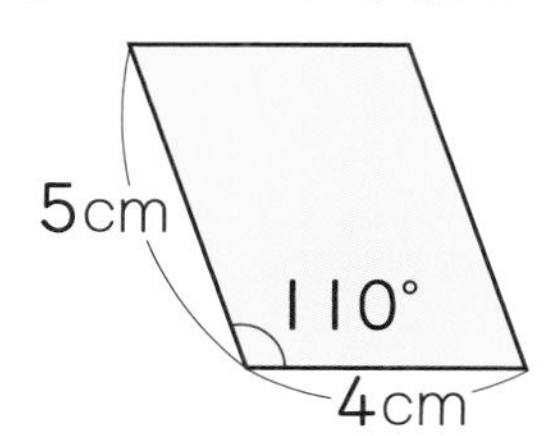

②

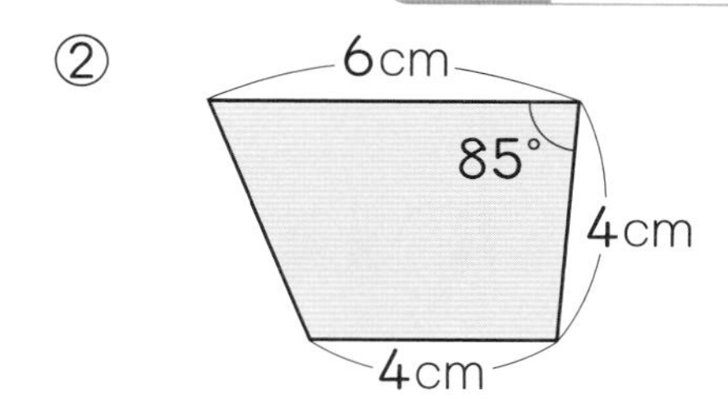

2 下のようなひし形をかきましょう。

教科書 128ページ13、14

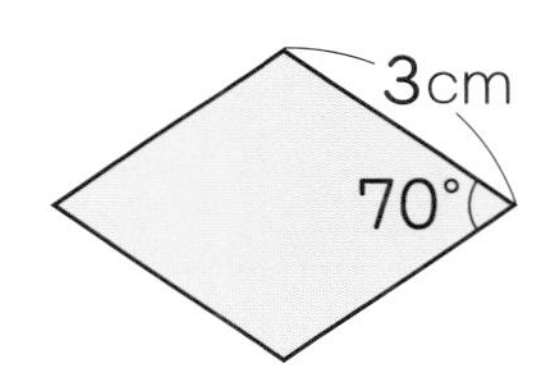

もとにする辺を最初(さいしょ)にかこう。

3 下の図は、それぞれの四角形の２つの辺です。三角定規(じょうぎ)だけを使って、四角形を完成(かんせい)させましょう。

教科書 126ページ12、128ページ13、14

① 平行四辺形

② ひし形

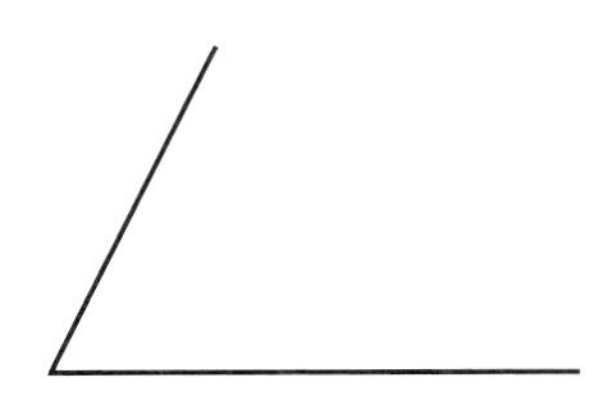
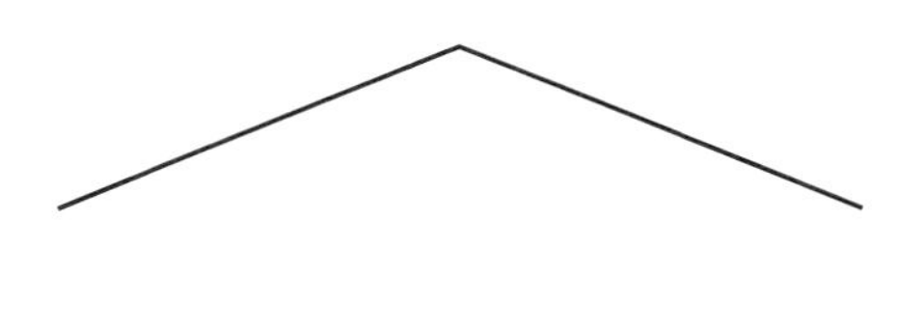

ヒント
2 まず、１つの点を中心として半径3cmの円をかきます。
次に、中心にした点から3cmの辺をひき、この辺と70°の角をつくります。

四角形の対角線

教科書 上129～131ページ　答え 21ページ

次の□にあてはまる記号や言葉を書きましょう。

めあて 対角線を覚えよう。

練習 1→

対角線

向かい合った頂点を結ぶ直線を、**対角線**といいます。

どんな四角形でも、対角線は2本ひけます。

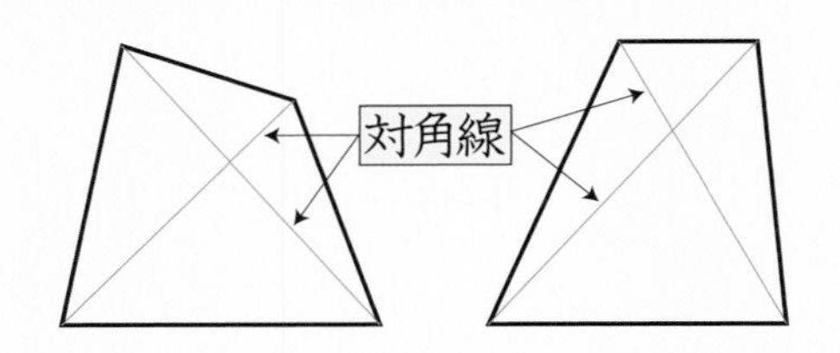

1 右の平行四辺形に対角線をかきましょう。

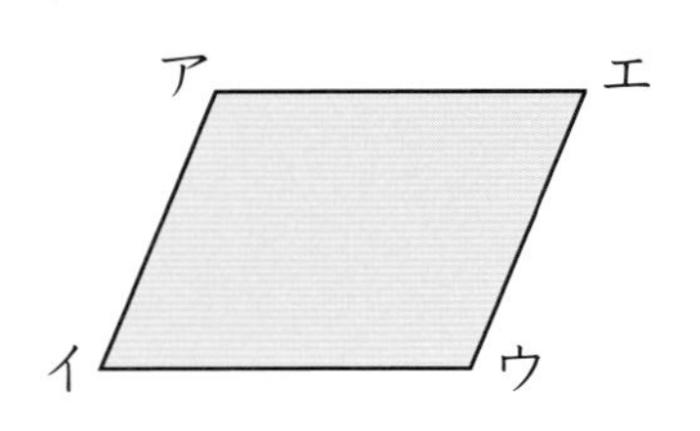

とき方 頂点アと頂点□を結ぶ直線と、頂点イと頂点□を結ぶ直線をかきます。

めあて いろいろな四角形の対角線の長さや交わり方を理かいしよう。

練習 2 3 4→

四角形の対角線

四角形の対角線の長さや交わり方は、下のようになっています。

特ちょう ＼ 名前	台形	平行四辺形	ひし形	長方形	正方形
2本の対角線の長さが等しい。				○	○
2本の対角線が交わった点で、それぞれが2等分されている。		○	○	○	○
2本の対角線が交わった点から、4つの頂点までの長さが等しい。				○	○
2本の対角線が垂直になっている。			○		○

2 表の5つの四角形のうち、2本の対角線の長さが等しく、垂直になっているのはどんな四角形でしょうか。

とき方 2本の対角線の長さが等しいのは、長方形と□です。
また、2本の対角線が垂直になっているのは、ひし形と□です。

両方にあてはまる四角形

答え □

学習日　月　日

教科書 上129〜131ページ　答え 21ページ

1 □にあてはまる言葉や数を書きましょう。

教科書 129ページ15

① 四角形で、向かい合った頂点を結ぶ直線を、□といいます。

② 四角形では、対角線は□本ひけます。

2 ２本の対角線の長さが等しく、対角線が交わった点で、それぞれが２等分されている四角形の名前を全部書きましょう。

教科書 130ページ3

（　　　　）

3 下の図は、ある四角形の対角線です。それぞれ何という四角形の対角線ですか。

教科書 131ページ11

①
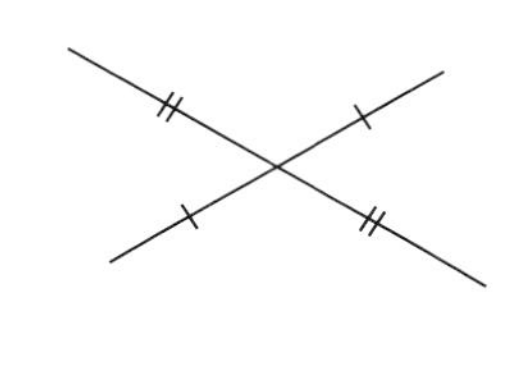
（　　　）

②
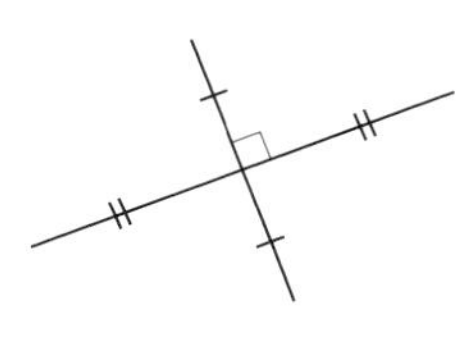
（　　　）

③
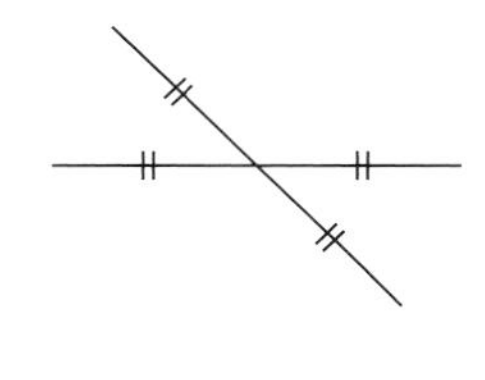
（　　　）

4 下のようなひし形をかきましょう。

教科書 131ページ11

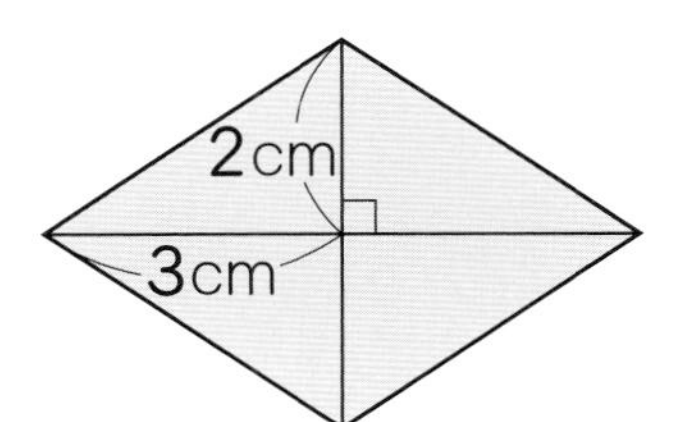

まず、対角線をひこう。

4 ２本の対角線の長さは６cmと４cmです。
まず６cmの線をひき、この線のまん中を通る垂直な線をかきます。

7 垂直、平行と四角形

時間 30分
／100
ごうかく 80点

教科書 上110～133ページ　答え 22ページ

知識・技能　／85点

1 右の図で、垂直な直線の組を書きましょう。
また、平行な直線の組を書きましょう。　各4点(8点)

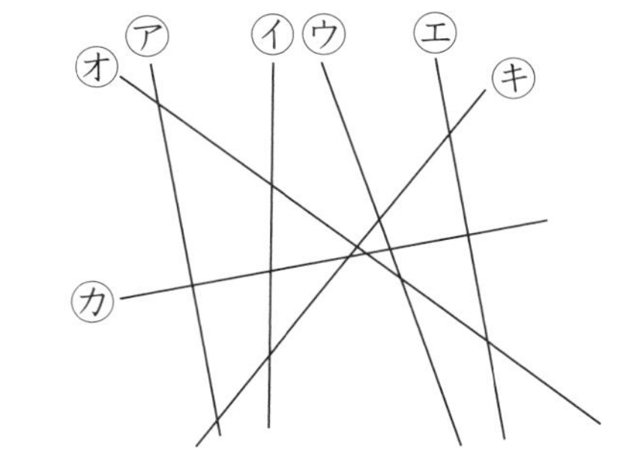

① 垂直（　　　　　　　　　）

② 平行（　　　　　　　　　）

2 よく出る 下の四角形の名前を書きましょう。　各4点(32点)

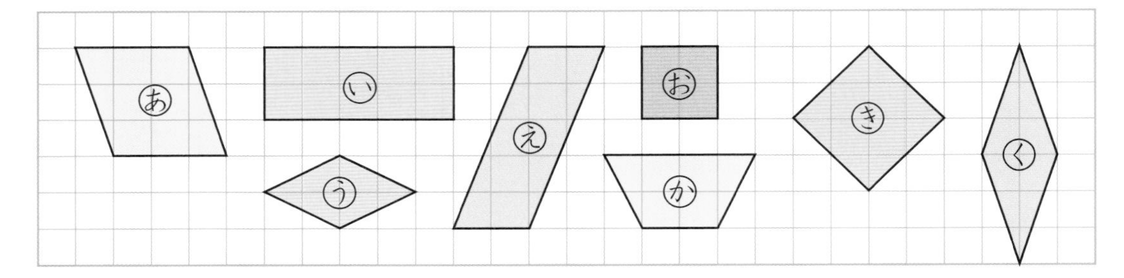

あ（　　　　）　い（　　　　）　う（　　　　）

え（　　　　）　お（　　　　）　か（　　　　）

き（　　　　）　く（　　　　）

3 下の４つの四角形の中から、次の対角線についてあてはまるものをすべて選びましょう。　各5点(10点)

平行四辺形　ひし形　長方形　正方形

① ２本の対角線の長さが等しい。

（　　　　　　）

② ２本の対角線が垂直になっていて、対角線が交わった点で、それぞれが２等分されている。

（　　　　　　）

4 次の直線をかきましょう。

各5点(10点)

① 点アを通って、直線㋑に垂直な直線

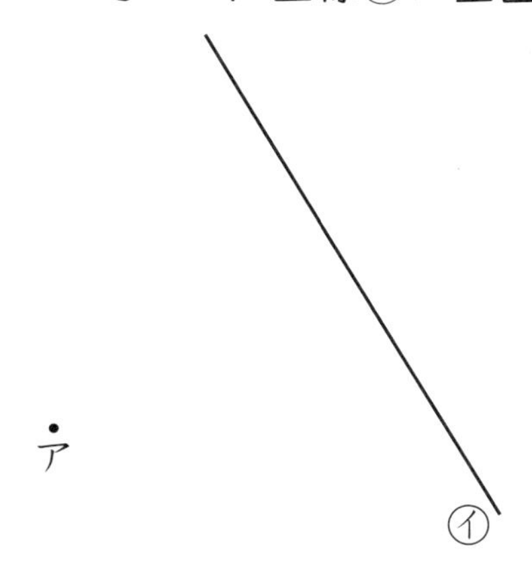

② 点アを通って、直線㋑に平行な直線

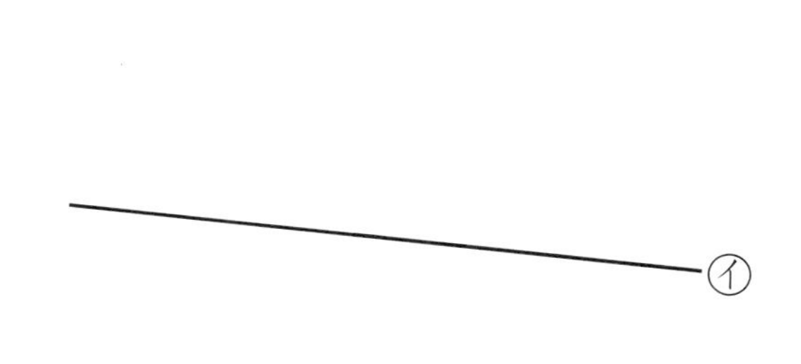

5 よく出る 右の平行四辺形について答えましょう。

各5点(15点)

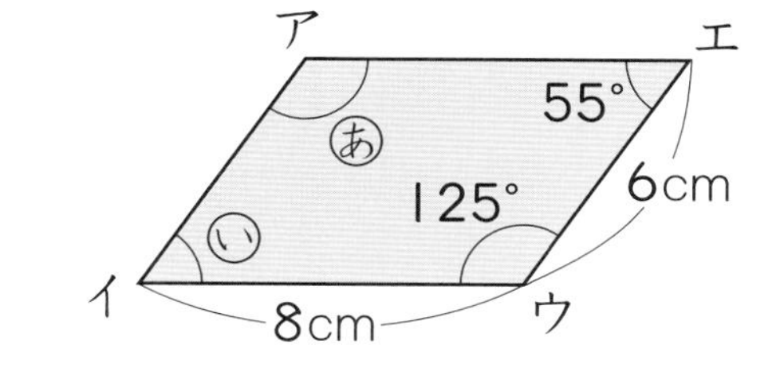

① 辺アイの長さは何cmでしょうか。

(　　　　)

② ㋐、㋑の角度を、それぞれ求(もと)めましょう。

㋐(　　　　)　㋑(　　　　)

6 下の図のような台形をかきましょう。

(10点)

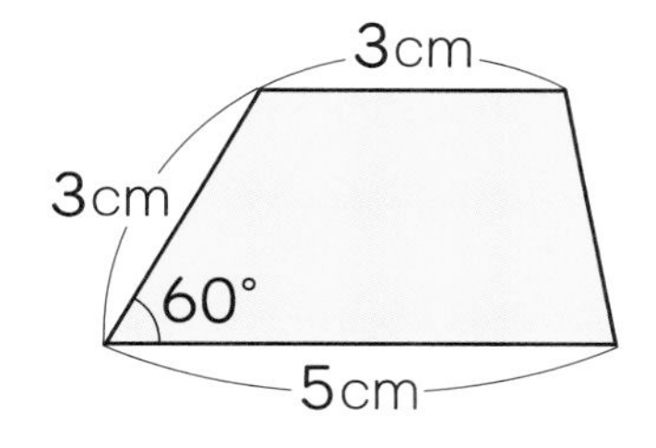

思考・判断・表現　／15点

できたらスゴイ!

7 下のそれぞれの図は、１つの同じ点を中心とする大小の円に、２本の直線をかいたものです。直径(ちょっけい)のはしをア→イ→ウ→エ→アの順(じゅん)につないでできる四角形の名前を書きましょう。

各5点(15点)

①

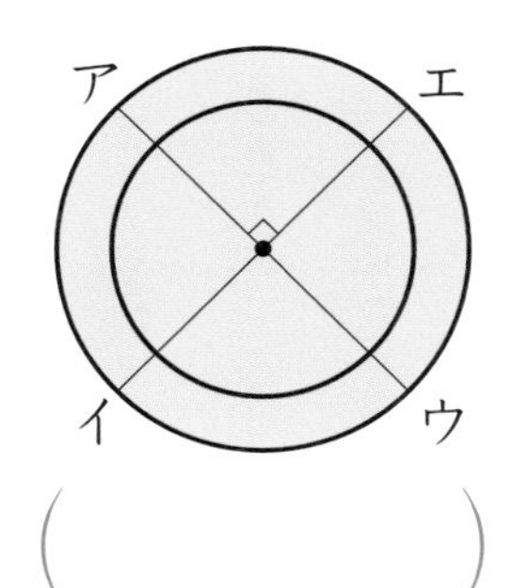

(　　　　)

②

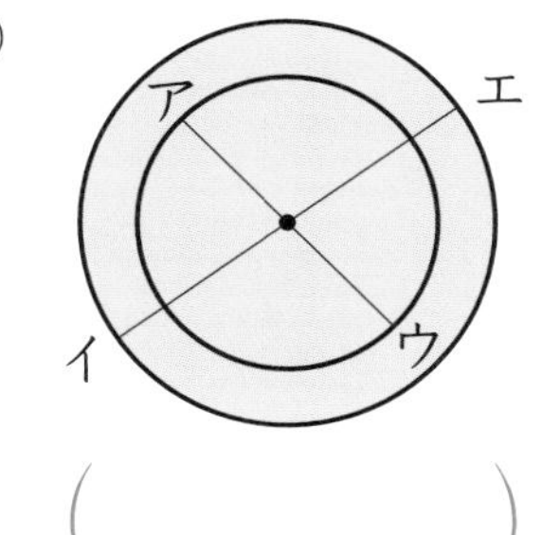

(　　　　)

③

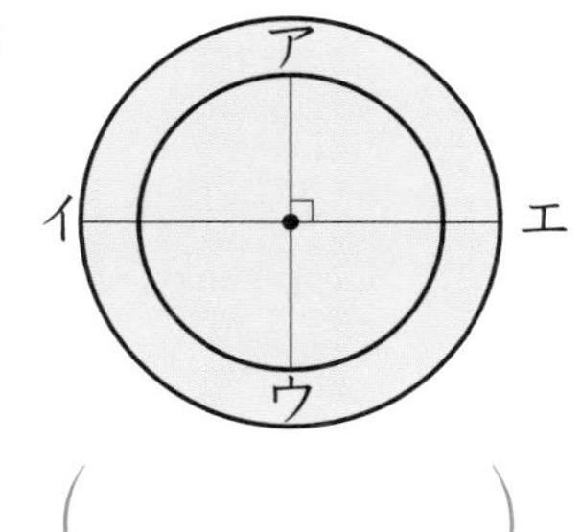

(　　　　)

ふりかえり　1①がわからないときは、46ページの1にもどってかくにんしてみよう。

ぴったり1 じゅんび

3分でまとめ

8 式と計算 （1つの式に表す）

学習日　　月　　日

教科書 上134〜139ページ　答え 23ページ

次の□にあてはまる数や記号を書きましょう。

めあて （　）のある式の計算のしかたを覚えよう。　練習 1 2 →

（　）を使った式

（　）のある式では、（　）の中をひとまとまりとみて、先に計算します。

1 500円玉で、150円のノートと80円のえんぴつを1つずつ買いました。おつりは何円でしょうか。

とき方 持っていたお金 − 代金 ＝ おつり

500 −（□＋□）＝ 270

150＋80＝230
500−230＝270

答え　270円

2 1こ120円のおにぎりと1本70円のお茶を、6つずつ買います。代金は何円になるでしょうか。

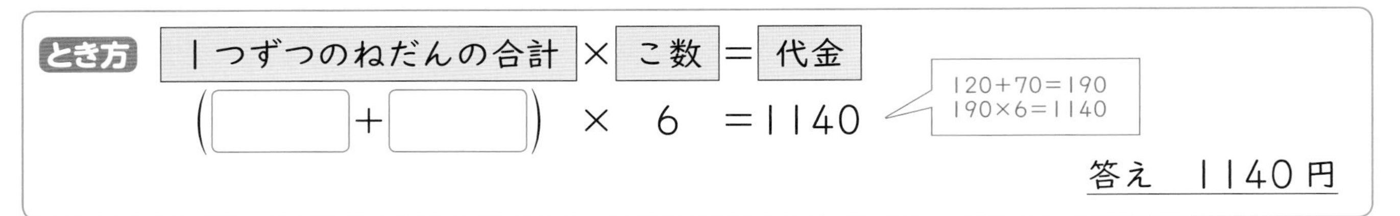

とき方 1つずつのねだんの合計 × こ数 ＝ 代金

（□＋□）× 6 ＝1140

120＋70＝190
190×6＝1140

答え　1140円

めあて 計算の順序を覚えよう。　練習 1 2 3 4 5 →

計算の順序

- ふつうは、左から順に計算します。
- （　）があるときは、（　）の中を先に計算します。
- ＋、−、×、÷がまじっているときは、×、÷を先に計算します。

3 40×(15＋30÷6)の計算をしましょう。

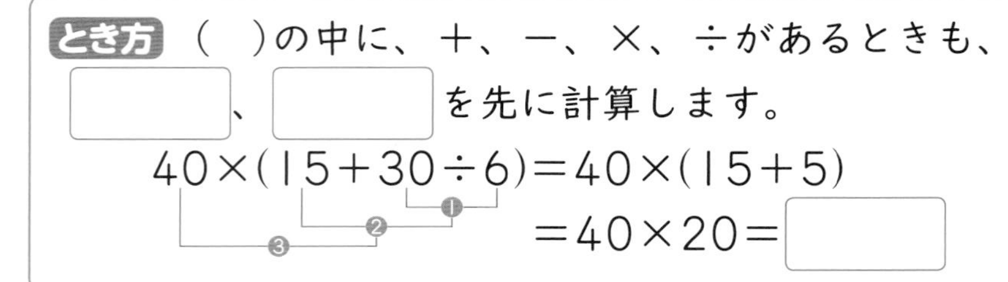

とき方 （　）の中に、＋、−、×、÷があるときも、□、□を先に計算します。

40×(15＋30÷6)＝40×(15＋5)
＝40×20＝□

練習

★できた問題には、「た」をかこう！★

教科書 上134～139ページ　答え 23ページ

1 計算をしましょう。 教科書 135ページ 1

① $600-(170+200)$　　② $1000-(530-140)$

③ $700-(130+70)+200$　　④ $1200-(400-250+150)$

2 計算をしましょう。 教科書 137ページ ◇3

① $(42-18)\div6$　　② $25\times(32\div4)$

3 計算をしましょう。 教科書 138ページ ◇5

① $150+30\times9$　　② $120-160\div4$

4 計算をしましょう。 教科書 139ページ 4

① $20\times4-32\div4$　　② $360\div(20+5\times8)$

5 1本60円のえんぴつを12本と、1さつ180円のノートを5さつ買います。代金は何円になるでしょうか。 教科書 139ページ 4

式

答え（　　　　）

ヒント

4 ① ×、÷を先に計算するので、20×4と32÷4をそれぞれ計算してからひき算をします。

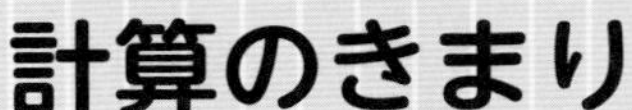

8 式と計算

計算のきまり

教科書 上140〜142ページ　答え 24ページ

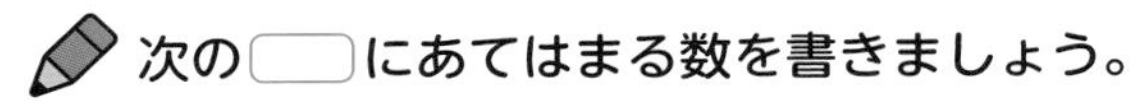
次の□にあてはまる数を書きましょう。

めあて　分配のきまりを使いこなせるようにしよう。　練習 1 2 3 →

分配のきまり

たし算とかけ算、ひき算とかけ算には、次のような**分配のきまり**があります。

(○＋△)×□＝○×□＋△×□　　(6＋4)×8＝6×8＋4×8

(○－△)×□＝○×□－△×□　　(6－4)×8＝6×8－4×8

1　5まいのふうとうに、52円切手と30円切手を1まいずつはりました。切手代は、全部で何円になるか計算します。2とおりの式で表してみましょう。

とき方　式1　(52＋①□)×5（1まいのふうとうにはる切手の代金）

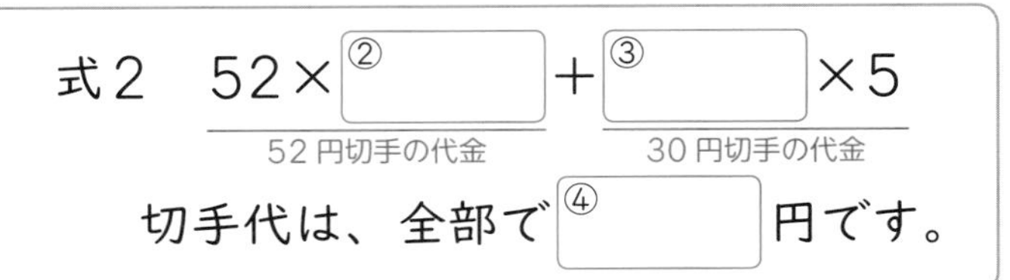

式2　52×②□＋③□×5（52円切手の代金／30円切手の代金）

切手代は、全部で④□円です。

めあて　交かんのきまり、結合のきまりを使いこなせるようにしよう。　練習 2 3 4 →

交かんのきまり

たし算、かけ算では、次のような**交かんのきまり**があります。

○＋△＝△＋○　　○×△＝△×○

結合のきまり

たし算だけやかけ算だけのとき、次のような**結合のきまり**があります。

(○＋△)＋□＝○＋(△＋□)　　(○×△)×□＝○×(△×□)

2　くふうして計算しましょう。

(1)　93＋64＋36　　(2)　25×28

とき方　(1)　結合のきまりを使います。

93＋64＋36＝93＋(□＋36)
＝93＋□
＝□

(2)　結合のきまりを使います。

25×28＝25×(□×7)
＝(25×□)×7
＝□×7
＝□

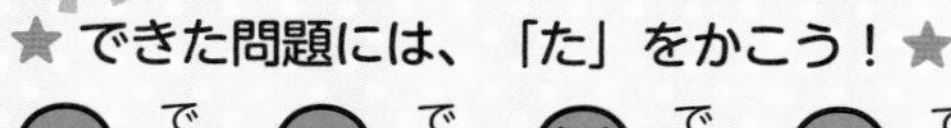

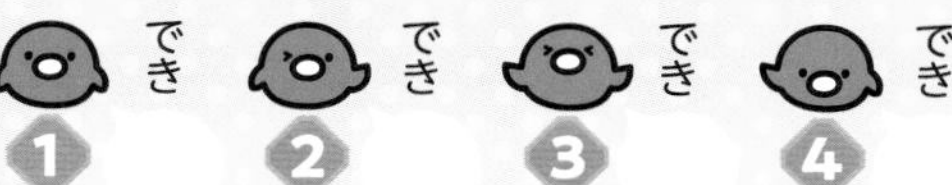

学習日　月　日

教科書 上140〜142ページ　答え 24ページ

1 □にあてはまる数や記号を書きましょう。

教科書 140ページ5・6

① (16+9)×8=□×8+□×8

② (17−8)×4=17□4−8□4

2 □にあてはまる数を書きましょう。

教科書 142ページ7

① 56+27+73=56+(□+73)

② 7×99=7×(100−1)=7×□−7×□

③ 25×12=25×(□×3)=(25×□)×3

3 くふうして計算しましょう。

教科書 142ページ7

① 47+58+42　② 68+85+32

③ 7×104　④ 99×9

⑤ 83×9+17×9　⑥ 64×8−14×8

きりのよい
数をつくろう。

4 下のあからかの中から、16−9と等号で結べる式をすべて選びましょう。

教科書 142ページ7

あ 16−(10+1)　い 16−(8−1)
う 16−(8+1)　え 16−3×3
お (16−3)×3　か 16−(12−3)

(　　　　)

ヒント
3 分配のきまり、交かんのきまり、結合のきまりのどれが使えるか考えます。
③ 104を100+4とみます。④ 99を100−1とみます。

⑧ 式と計算

教科書 上 134～144 ページ　答え 25 ページ

知識・技能　／78点

1 よく出る 次の□にあてはまる数を書きましょう。　全部できて 1問4点(16点)

① $75+40=\square+75$

② $(4\times9)\times\square=4\times(9\times3)$

③ $(86+14)\times7=\square\times7+\square\times7$

④ $(\square-15)\times8=21\times\square-15\times8$

2 下のあからかの中から、23－8と等号で結べる式をすべて選びましょう。　(6点)

㋐ $23-(6+2)$　　㋑ $23-(6-2)$

㋒ $23-6+2$　　㋓ $23-2\times4$

㋔ $(23-16)\div2$　　㋕ $23-16\div2$

(　　　　)

3 よく出る 計算をしましょう。　各4点(32点)

① $25\times(13+7)$　　② $(84-76)\times4$

③ $640\div(4\times5)$　　④ $(6+2)\times5\div4$

⑤ $300-81\div9$　　⑥ $20\times6-32\div8$

⑦ $48\div8-30\div5$　　⑧ $36\div(8-2)\times5$

4 よく出る くふうして計算をしましょう。
各4点(24点)

① 49+38+62　② 79+26+21

③ 3×99　④ 198×5

⑤ 83×7+17×7　⑥ 29×4−14×4

思考・判断・表現　／22点

5 次の問題を、それぞれ１つの式に表して、答えを求めましょう。
式・答え　各4点(16点)

① 150ページの本を、１日に12ページずつ１週間読むと、残(のこ)りは何ページになるでしょうか。

式

答え（　　　）

② １こ180円のりんご3こと、１こ40円のみかん6こを買うと、代金は全部で何円になるでしょうか。

式

答え（　　　）

できたらスゴイ!

6 活用 右のような電車のきっぷがあります。
きっぷの下の4この数字と＋、−、×、÷のどれかを使って、答えが10になる計算をつくりましょう。
(6点)

8 □ 6 □ 3 □ 1=10

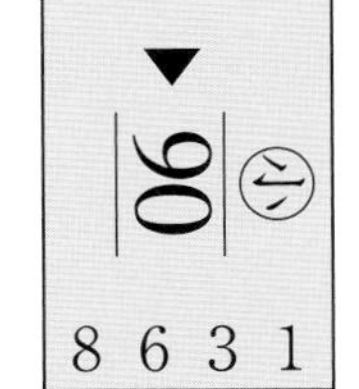

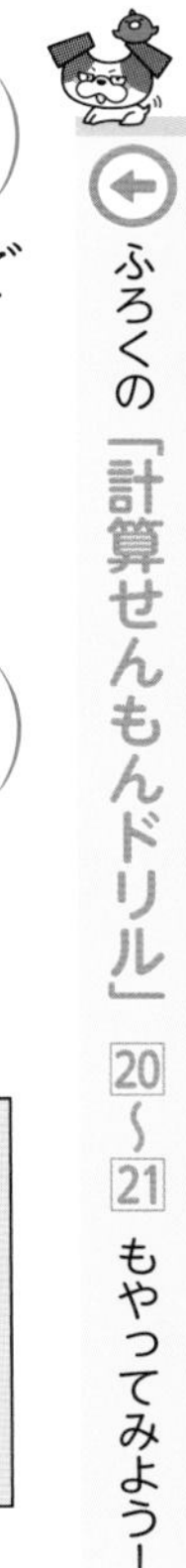

ふりかえり　1①②がわからないときは、58ページの2にもどってかくにんしてみよう。

(広さくらべ)

学習日　　月　　日

教科書 下4〜7ページ　答え 26ページ

次の□にあてはまる数を書きましょう。

めあて 面積と面積の単位 cm^2 を覚えよう。　練習 1 2 →

面積　広さのことを**面積**といいます。

面積の単位　1辺が1cmの正方形の面積を**1平方センチメートル**といい、**1 cm^2** と書きます。

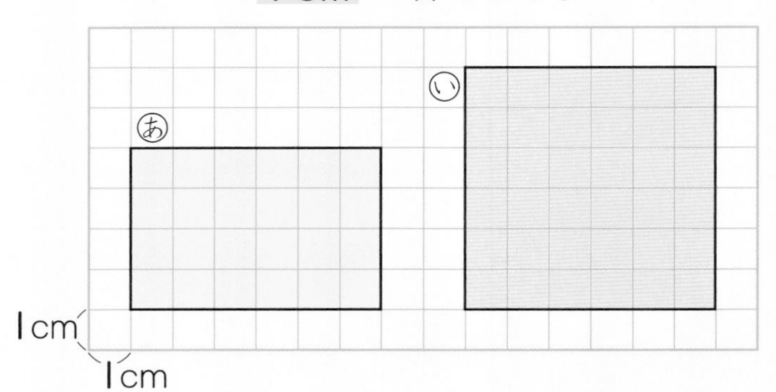

cm² を使って
面積をくらべる
ことができるね。

1 上のあ、いの面積は、それぞれ何 cm^2 でしょうか。

とき方　あ　1 cm^2 が□こ分で□ cm^2 です。

　　　　い　1 cm^2 が□こ分で□ cm^2 です。

2 下のあ、いの面積は、それぞれ何 cm^2 でしょうか。

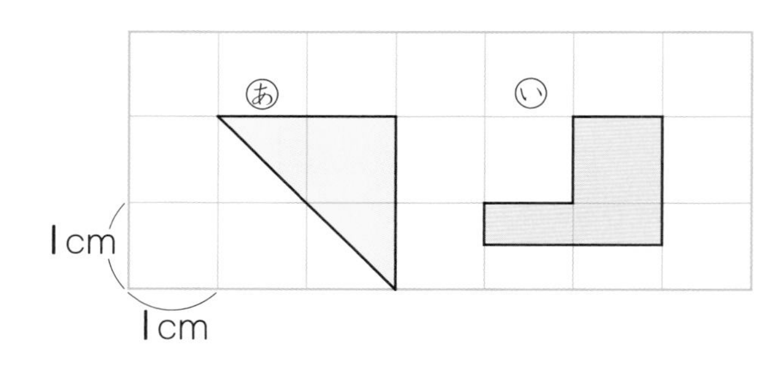

とき方

あ　◹が2つ分で□となります。

　　あの面積は1 cm^2 が2こ分で□ cm^2 です。

い　▭が2つ分で□となります。

　　いの面積は1 cm^2 が□こ分で□ cm^2 です。

形はちがうけど、
面積は同じなんだね。

★できた問題には、「た」をかこう！★

でき 1　でき 2

教科書 下4〜7ページ　答え 26ページ

1 右の図は、あ、いの四角形の上に、1めもりが1cmの方眼(ほうがん)を重ねたものです。

教科書 5ページ 1

① あの面積は1辺(いっぺん)が1cmの正方形の何こ分でしょうか。

(　　　　)

② あ、いの面積は、それぞれ何cm²でしょうか。

あ (　　　　)

い (　　　　)

1cm　1cm

③ どちらが何cm²大きいでしょうか。

(　　　　)

2 次の①から⑤の面積は、それぞれ何cm²でしょうか。

教科書 7ページ ①

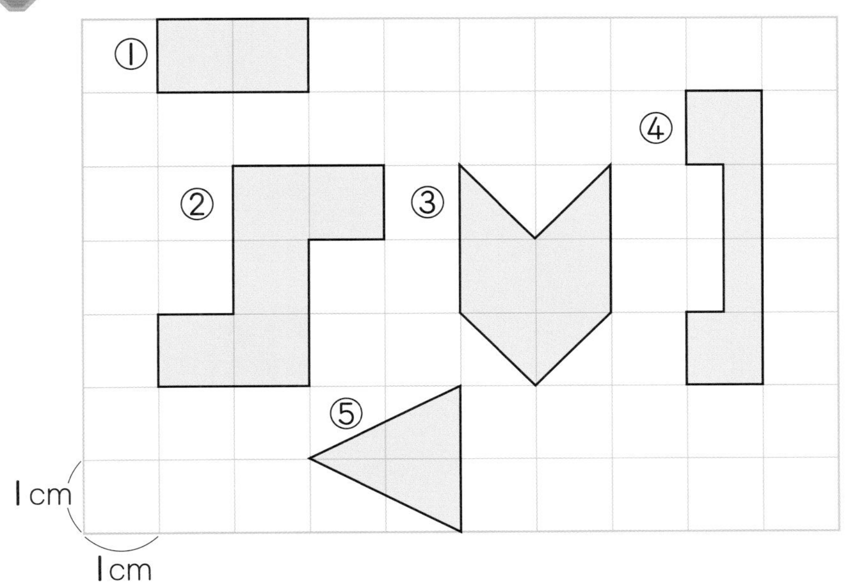

① (　　　　)

② (　　　　)

③ (　　　　)

④ (　　　　)

⑤ (　　　　)

ヒント　2 ⑤ ◺と◸をあわせると、□1つ分になります。

長方形や正方形の面積

教科書 下8～9ページ　答え 26ページ

次の□にあてはまる数を書きましょう。

めあて 長方形や正方形の面積を求められるようにしよう。　練習 1 2 3 4 →

長方形の面積の公式

長方形の面積＝たて×横

右の長方形の面積

$4\times6=24$　　24 cm²
（たて×横＝面積）

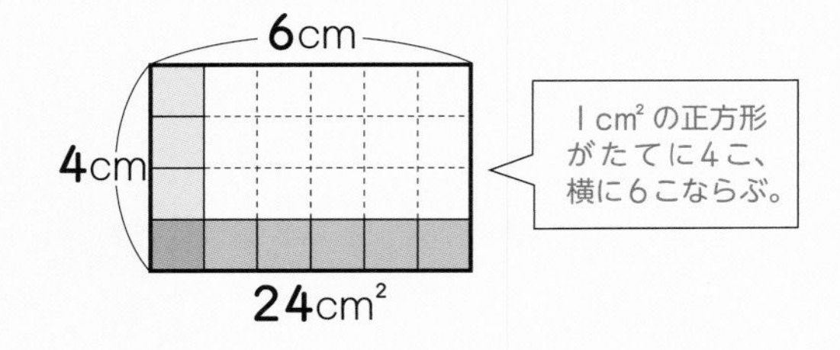

正方形の面積の公式

正方形の面積＝１辺（いっぺん）×１辺

右の正方形の面積

$5\times5=25$　　25 cm²
（１辺×１辺＝面積）

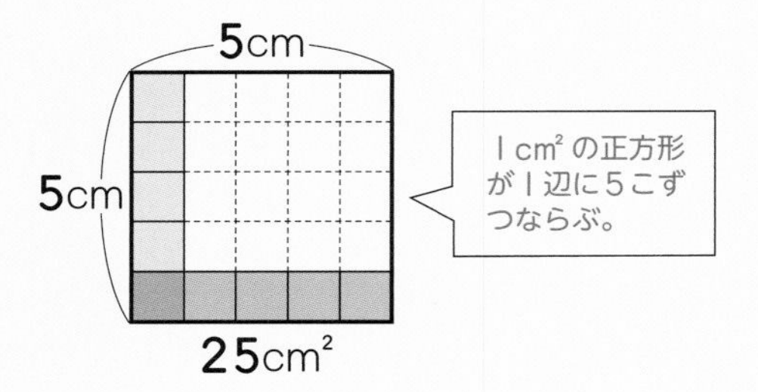

1 右のような長方形の面積を求めましょう。

とき方 長方形の面積の公式にあてはめます。

式 □（たて）×6（横）＝□（長方形の面積）

答え □ cm²

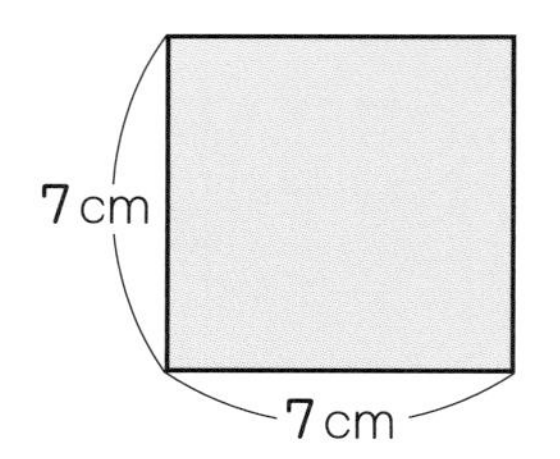

2 右のような正方形の面積を求めましょう。

とき方 正方形の面積の公式にあてはめます。

式 □（１辺）×□（１辺）＝□（正方形の面積）

答え □ cm²

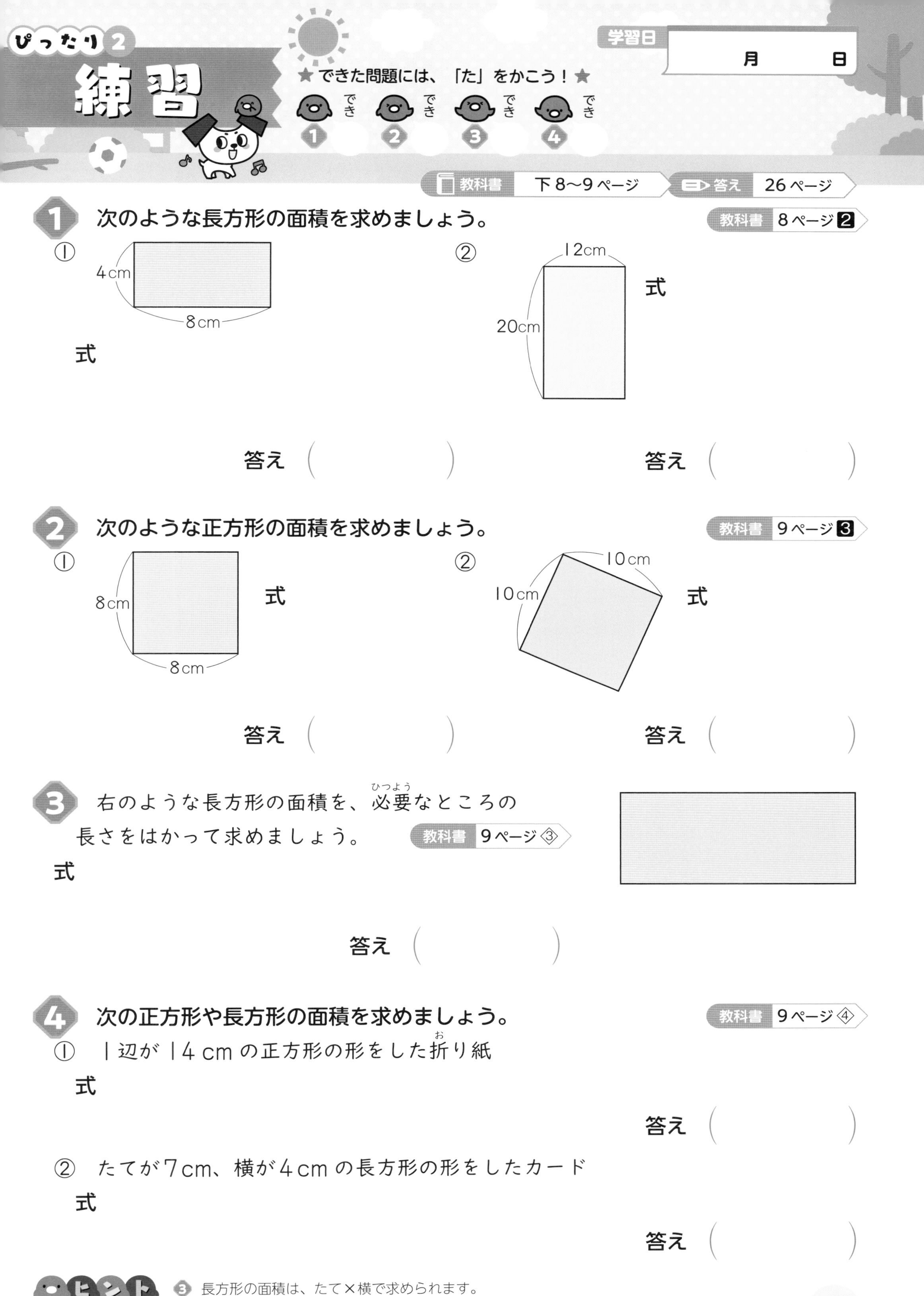

1 次のような長方形の面積を求めましょう。 教科書 8ページ 2

① 4cm 8cm

式

答え（　　）

② 12cm 20cm

式

答え（　　）

2 次のような正方形の面積を求めましょう。 教科書 9ページ 3

① 8cm 8cm

式

答え（　　）

② 10cm 10cm

式

答え（　　）

3 右のような長方形の面積を、必要(ひつよう)なところの長さをはかって求めましょう。 教科書 9ページ ◇3

式

答え（　　）

4 次の正方形や長方形の面積を求めましょう。 教科書 9ページ ◇4

① 1辺が14cmの正方形の形をした折(お)り紙

式

答え（　　）

② たてが7cm、横が4cmの長方形の形をしたカード

式

答え（　　）

ヒント 3 長方形の面積は、たて×横で求められます。

9 面積

学習日　月　日

大きな面積の単位

教科書 下10～16ページ　答え 26ページ

次の□にあてはまる数を書きましょう。

めあて 大きな面積の単位を覚えよう。　練習 1 3 4

面積の単位　平方メートル

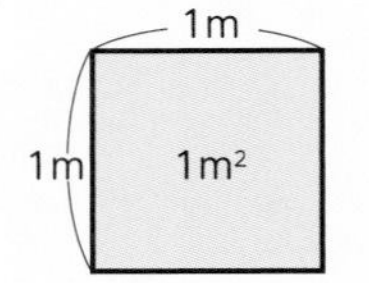

1辺が1mの正方形の面積を**1平方メートル**といい、**1m²**と書きます。　1m²＝10000cm²

面積の単位　平方キロメートル

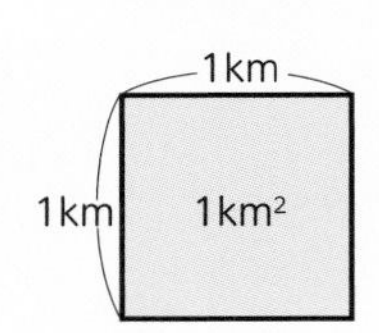

1辺が1kmの正方形の面積を**1平方キロメートル**といい、**1km²**と書きます。　1km²＝1000000m²

面積の単位　アール

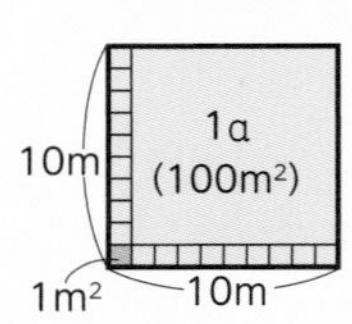

1辺が10mの正方形の面積を**1アール**といい、**1a**と書きます。　1a＝100m²

面積の単位　ヘクタール

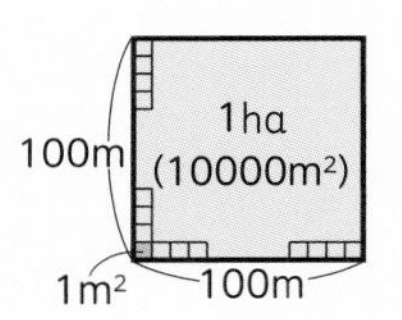

1辺が100mの正方形の面積を**1ヘクタール**といい、**1ha**と書きます。　1ha＝10000m²

1 1辺が60mの正方形の形をした土地の面積は何aでしょうか。

とき方 正方形の面積の公式にあてはめます。

式 □×□＝□　　答え □a

めあて たての長さや横の長さを求められるようにしよう。　練習 2

たてや横の長さの求め方

右の長方形のたての長さを□mとして、面積の公式にあてはめて求めることができます。

□×5＝20　　20÷5＝4　　たて　4m

（たて × 横 ＝ 面積）

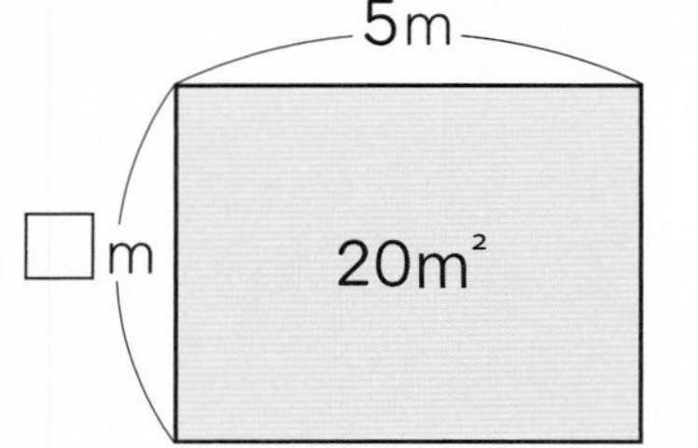

2 面積が56cm²で、たての長さが7cmの長方形の横の長さは何cmでしょうか。

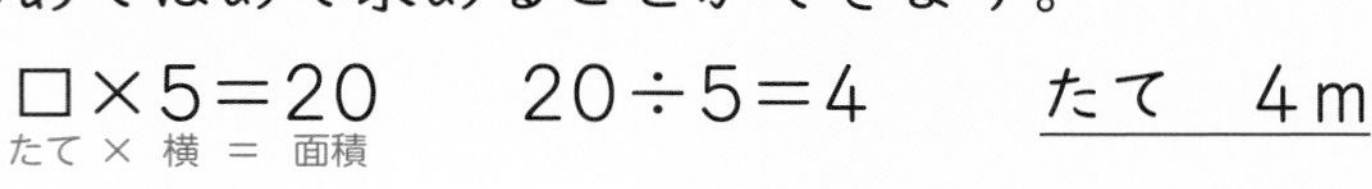

とき方 横の長さを□cmとすると、

7×□＝56　　56÷7＝□　　横 □cm

（たて × 横 ＝ 面積）

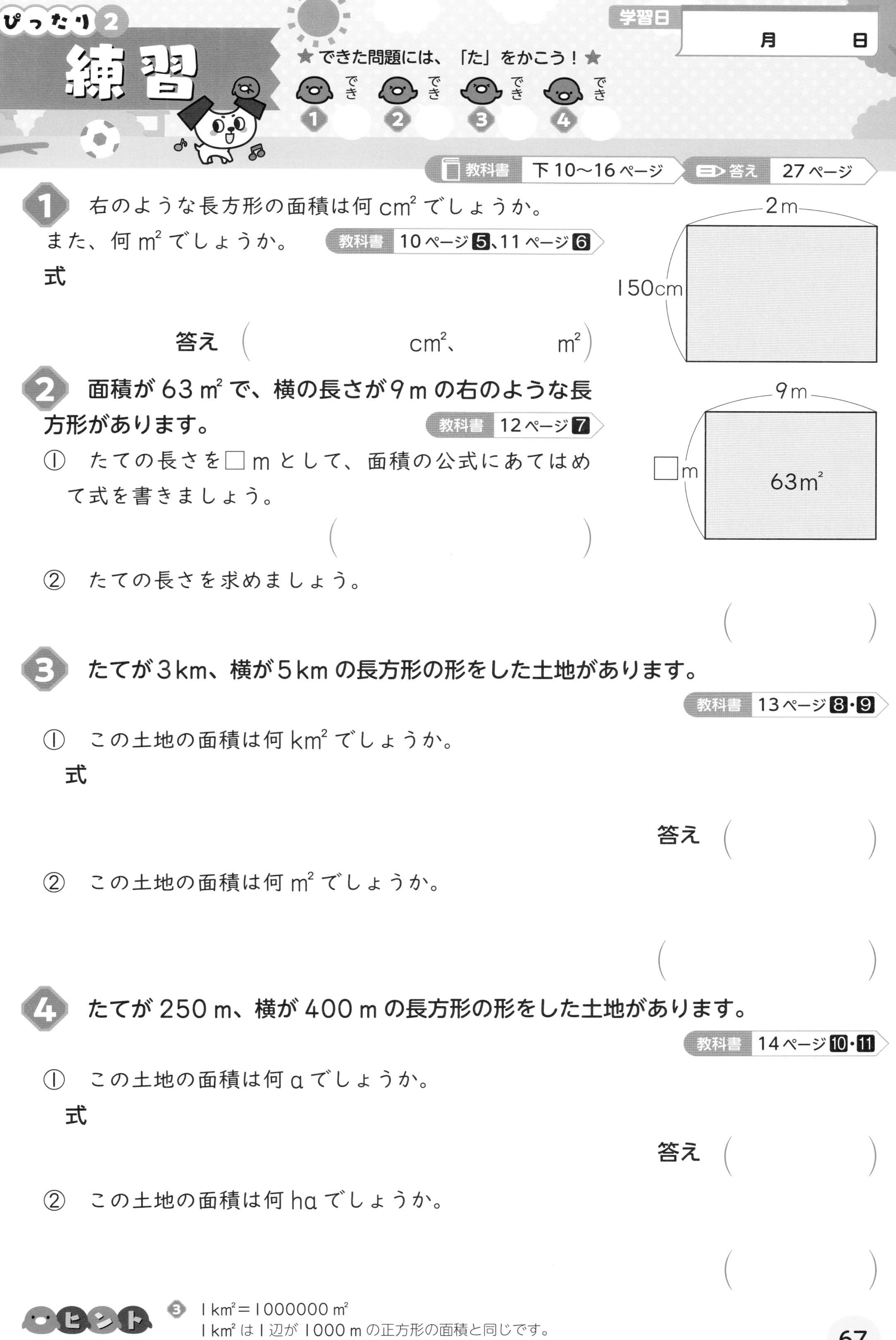

1 右のような長方形の面積は何 cm^2 でしょうか。
また、何 m^2 でしょうか。　教科書 10ページ5、11ページ6

式

答え（　　　　cm^2、　　　　m^2）

2 面積が63 m^2 で、横の長さが9mの右のような長方形があります。　教科書 12ページ7

① たての長さを□mとして、面積の公式にあてはめて式を書きましょう。

（　　　　　　）

② たての長さを求めましょう。

（　　　　　　）

3 たてが3km、横が5kmの長方形の形をした土地があります。　教科書 13ページ8・9

① この土地の面積は何 km^2 でしょうか。

式

答え（　　　　　　）

② この土地の面積は何 m^2 でしょうか。

（　　　　　　）

4 たてが250m、横が400mの長方形の形をした土地があります。　教科書 14ページ10・11

① この土地の面積は何aでしょうか。

式

答え（　　　　　　）

② この土地の面積は何haでしょうか。

（　　　　　　）

ヒント
3 $1km^2 = 1000000m^2$
$1km^2$ は1辺が1000mの正方形の面積と同じです。

学習日　　月　　日

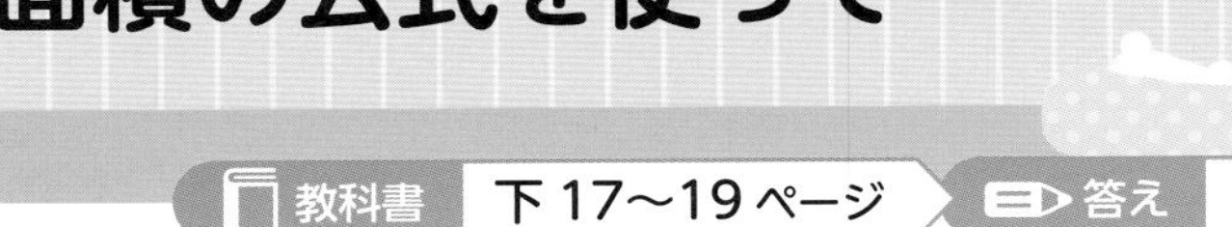

9 面積

面積の公式を使って

教科書 下17～19ページ　答え 27ページ

次の□にあてはまる言葉や数を書きましょう。

めあて いろいろな形の面積（めんせき）を求（もと）められるようにしよう。　練習 1 2 3 →

いろいろな形の面積

右のような形の面積は、図形を分けたり、ないところをあるとみたりして、面積の公式を使って求めます。

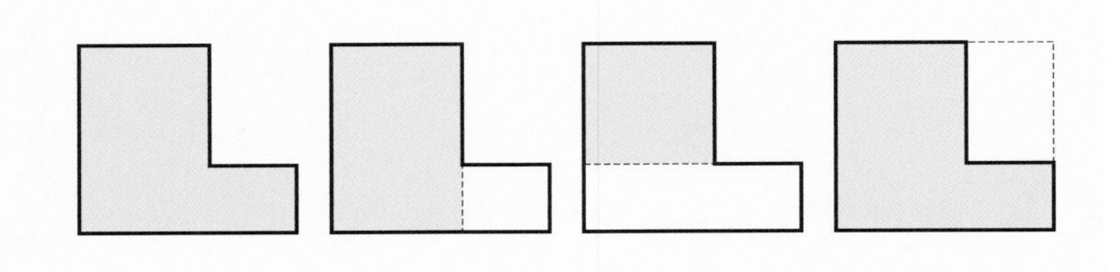

1 右のような図形の面積を求めましょう。

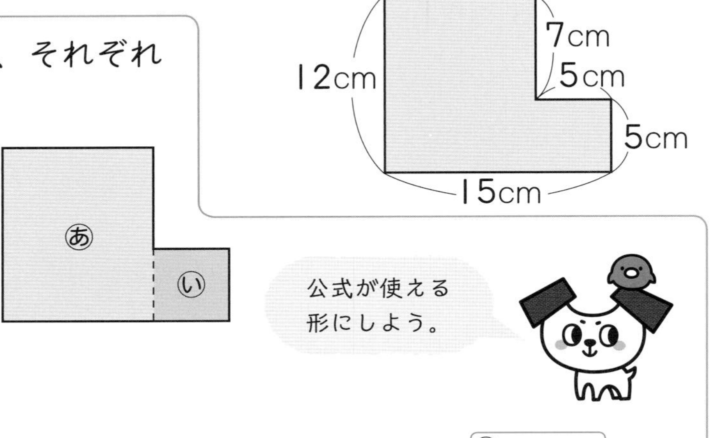

とき方 下の図のようにあといに分けて、それぞれの面積を求めます。

あ　たて12cm、横10cmの長方形の面積

$12\times10=120$

い　1辺（いっぺん）が5cmの①□の面積

$5\times5=$②□

あ＋い　120＋③□＝④□

答え ⑤□ cm^2

2 右のような図形の、色がついた部分の面積を求めましょう。

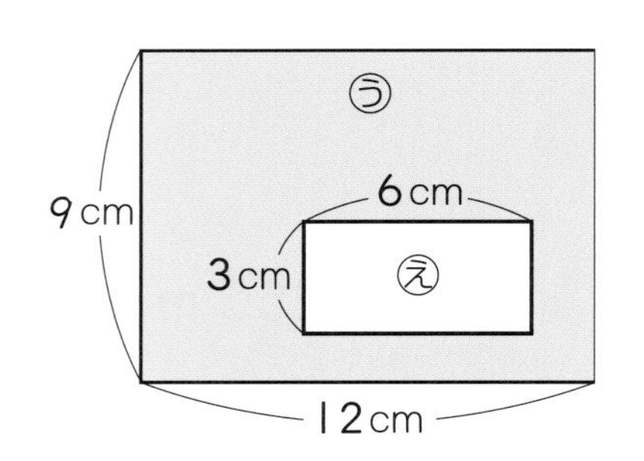

とき方 右の図のようにうとえ、それぞれの面積を求めます。

う　たて9cm、横12cmの長方形の面積

$9\times12=$①□

え　たて3cm、横6cmの長方形の面積

$3\times6=18$

う－え　②□－18＝③□

答え ④□ cm^2

★できた問題には、「た」をかこう！★

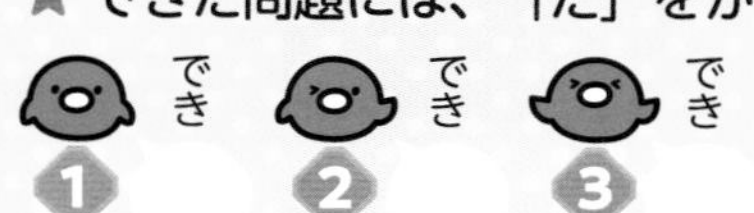

教科書 下17～19ページ　答え 27ページ

1 右の図形の面積を、必要なところの長さをはかって求めます。

教科書 17ページ 14

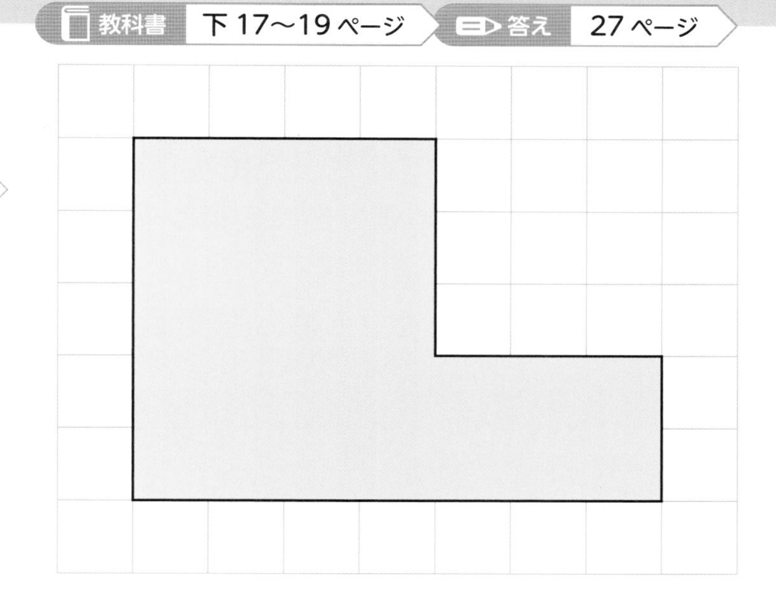

① ゆきさんは、面積の求め方を下の図のように表しました。
ゆきさんの求め方を式に表しましょう。

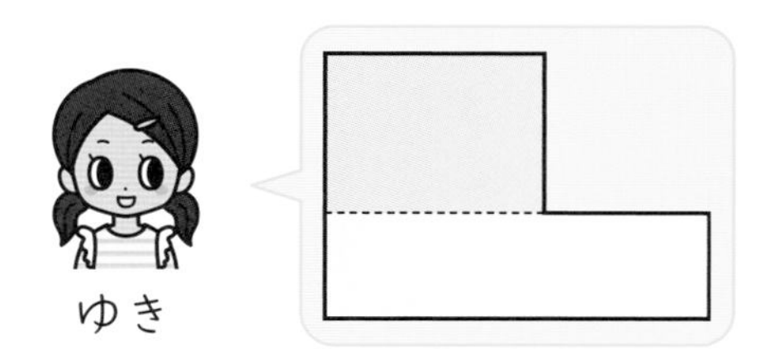

(　　　　)

② ゆきさんとは別の方法で面積を求めましょう。

式

答え (　　　　)

2 右の図形の面積を、下のような式で求めました。
右の図形に線をかき入れ、考え方を図に表しましょう。

教科書 18ページ 2

40cm
20cm　　30cm
20cm
10cm
20cm

式　20×40＋10×20＝1000

答え　1000 cm²

3 右のような図形の、色がついた部分の面積を求めましょう。

教科書 19ページ 12

式

正方形の面積から
長方形の面積を
ひけばいいね。

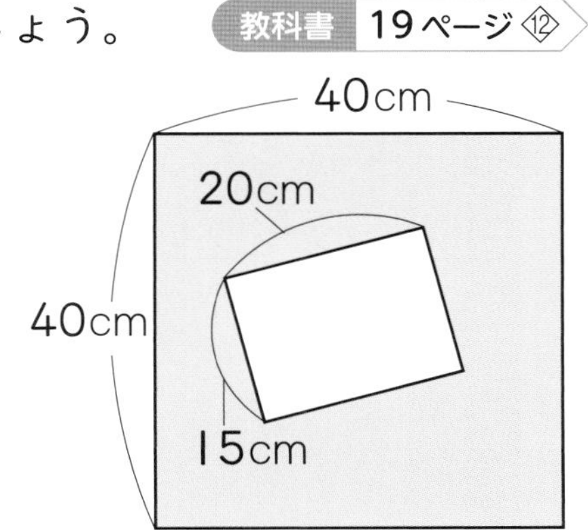

答え (　　　　)

1 ① ものさしでそれぞれの辺の長さをはかってから、ゆきさんの考え方で式をつくります。

9 面積

教科書 下 4～24 ページ　答え 28 ページ

知識・技能　／84点

1 □にあてはまる単位(たんい)を書きましょう。　各4点(12点)

① 1辺(いっぺん)が 1 km の正方形の面積(めんせき)は 1 □ です。

② 1辺が 10 m の正方形の面積は 1 □ です。

③ 1辺が 100 m の正方形の面積は 1 □ です。

2 □にあてはまる数を書きましょう。　各4点(16点)

① $30\ m^2$ = □ cm^2　② $4\ km^2$ = □ m^2

③ $1200\ m^2$ = □ a　④ 5 ha = □ a

3 よく出る　次の長方形や正方形の面積を求(もと)めましょう。　式・答え　各4点(24点)

① たてが 14 cm、横が 30 cm の長方形

式

答え (　　　　)

② 1辺が 25 m の正方形

式

答え (　　　　)

③ たてが 12 km、横が 10 km の長方形

式

答え (　　　　)

4 よく出る 次の長方形の形をした土地の面積を(　)の中の単位で求めましょう。

式・答え　各4点(16点)

① たてが 60 m、横が 15 m の長方形　(a)

式

答え (　　　　)

② たてが 1200 m、横が 500 m の長方形　(ha)

式

答え (　　　　)

5 よく出る 下のような図形の面積を求めましょう。

式・答え　各4点(16点)

①

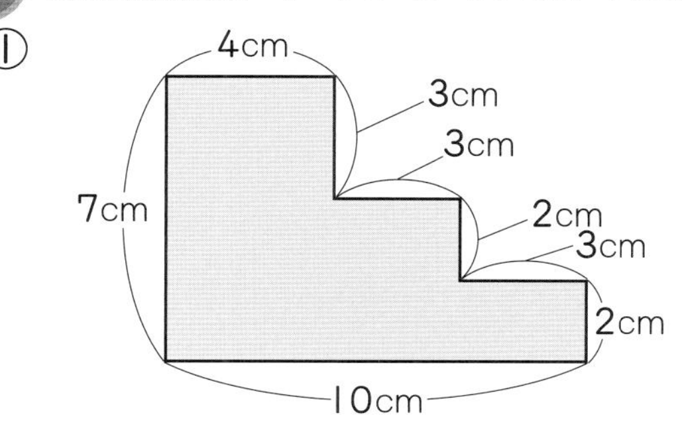

②

16m
12m
8m
6m
6m
5m
3m

式

答え (　　　　)

式

答え (　　　　)

思考・判断・表現　　／16点

6

右の図のような長方形があります。

この長方形の面積を変(か)えないで、横の長さが 9 cm の長方形にするとき、たての長さを何 cm にするとよいでしょうか。(8点)

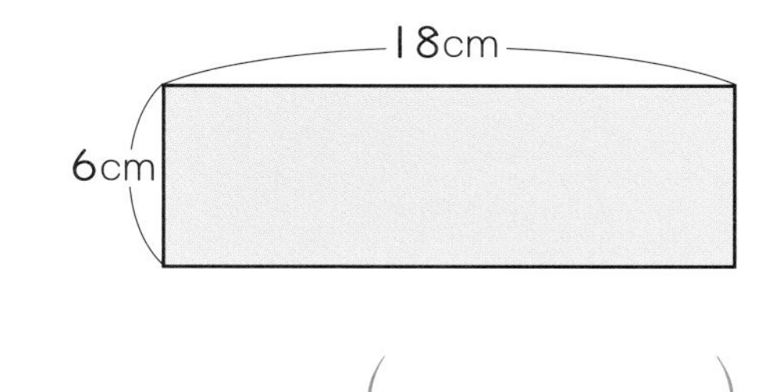

(　　　　)

できたらスゴイ!

7

右の図のような長方形の形をした土地があります。

㋐と㋑の面積が同じになるように分けます。

㋐のたての長さを何 m にすればよいでしょうか。(8点)

36m
㋑
20m
□m
㋐
24m

(　　　　)

ふりかえり　1がわからないときは、66 ページの1にもどってかくにんしてみよう。

3分でまとめ

学習日　月　日

10 整理のしかた

教科書 下26～33ページ　答え 29ページ

次の□にあてはまる言葉や数を書きましょう。

めあて 調べたことを表に整理できるようにしよう。 練習 1→

2つの事がらを1つに整理した表

調べたことを、下のような表に整理すると、2つの事がらがわかりやすくなります。

けがの種類と学年　（人）

けがの種類＼学年	1	2	3	4	5	6	合計
すりきず	3	1	1	0	0	0	5
切りきず	2	0	1	0	0	0	3
つき指	0	0	0	1	1	1	3
打ぼく	0	0	0	1	0	0	1
合計	5	1	2	2	1	1	12

けが調べの記録

学年	けがの種類	場所
3	すりきず	教室
1	すりきず	校庭
4	打ぼく	教室
5	つき指	校庭
1	切りきず	校庭
2	すりきず	教室

学年	けがの種類	場所
6	つき指	体育館
3	切りきず	教室
1	すりきず	校庭
4	つき指	校庭
1	すりきず	教室
1	切りきず	体育館

ここでは、けがの種類と学年の2つの事がらがわかる表になっているね。

1 上の表で、いちばん多かったけがの種類は何でしょうか。

とき方 上の表の右の合計らんでいちばん多い（合計5人）のは、□です。

めあて 調べたことを分類し、表に整理できるようにしよう。 練習 2→

4つに分類した表

2つのことについて、2つの見方があるときは、4つに分類した右のような表に整理するとわかりやすくなります。

犬が好きで、ねこがきらいな人は4人だね。

犬とねこの好ききらい調べ（人）

		犬 好き	犬 きらい	合計
ねこ	好き	5	3	8
ねこ	きらい	4	2	6
合計		9	5	14

2 右上の表で、ねこが好きで犬がきらいな人は、何人いるでしょうか。また、合計のらんのいちばん上の8は、どんな人が8人いることを表しているでしょうか。

とき方 右のように、ねこが好きな人→に、犬がきらいな人↓を見ると、ねこが好きで犬がきらいな人は□人です。8は、ねこが□な人が8人いることを表しています。

	好き	きらい	合計
好き	5	3	8

★できた問題には、「た」をかこう！★

でき 1　でき 2

学習日　月　日

教科書 下26〜33ページ　答え 30ページ

1 右の表は、図書室で借(か)りた本の種類と学年を調べたものです。 教科書 27ページ 1

① 本を借りた人がいちばん多いのはどの学年でしょうか。

（　　　）

② いちばん多くかし出されたのは何の本でしょうか。

（　　　）

借りた本の種類と学年　（人）

本の種類＼学年	1	2	3	4	5	6	合計
物語	3	3	5	4	2	3	
伝記(でんき)	2	4	1	3	4	4	
れきし	0	1	1	3	4	2	
科学	1	0	2	1	3	1	
スポーツ	1	0	1	3	2	1	
合計							

2 右の表は、ゆりこさんの組で、弟と妹調べをしたものです。 教科書 31ページ 2

① 弟がいて、妹がいない人は何人いるでしょうか。

（　　　）

弟…○、妹…×の人は何人いるかな？

弟と妹調べ

番号	弟	妹
1	×	×
2	○	×
3	×	○
4	×	×
5	○	×
6	○	×
7	×	×
8	○	○
9	×	×
10	×	○
11	×	×
12	×	×
13	×	○

番号	弟	妹
14	○	×
15	×	×
16	×	○
17	○	○
18	×	○
19	○	○
20	×	○
21	○	×
22	×	×
23	×	○
24	×	○
25	○	×
26	○	○

○…いる。
×…いない。

② 下のような表に整理します。
表のあいているところにあてはまる数を書きましょう。

弟と妹調べ　（人）

		弟 いる	弟 いない	合計
妹	いる	4		
妹	いない			
合計				

ヒント 1 ② 横の合計がいちばん多い種類を選(えら)びます。

⑩ 整理のしかた

時間 30 分
／100
ごうかく 80 点

教科書 下 26〜37 ページ　答え 30 ページ

知識・技能　／70点

1 よく出る ある学級で、家で犬やねこをかっているかどうかを調べて、右の表にしました。

かっている犬とねこについて、下の表に数を書いて整理しましょう。　各5点(15点)

かっている犬とねこ調べ

出席番号	犬	ねこ
1	○	×
2	×	○
3	○	○
4	○	×
5	×	×
6	×	○
7	○	×
8	×	○
9	○	○
10	×	×
11	○	×
12	○	×

○…かっている。
×…かっていない。

犬	かっている	7　人
	かっていない	①　人

ねこ	かっている	②　人
	かっていない	③　人

2 ❶の表を、下のような表に整理します。
表のあいているところにあてはまる数を書きましょう。　各5点(35点)

かっている犬とねこ調べ　(人)

		ねこ かっている	ねこ かっていない	合計
犬	かっている	①	②	7
	かっていない	③	2	④
合計		⑤	⑥	⑦

3 右の表は、たくやさんの学校でけが調べをしたものです。 全部できて　1問10点(20点)

① 右のけが調べを、下の表に整理しましょう。

けがの種類（しゅるい）と場所 (人)

場所＼けがの種類	すりきず	切りきず	つき指	打ぼく	合計
教室					
校庭					
体育館					
合計					

けが調べの記録（きろく）

学年	場所	けがの種類
4	校庭	切りきず
1	教室	すりきず
3	校庭	切りきず
3	校庭	打ぼく
2	体育館	つき指
5	教室	切りきず
1	校庭	切りきず
5	体育館	すりきず
6	校庭	つき指
6	校庭	打ぼく
2	教室	すりきず
4	体育館	つき指
3	教室	切りきず
1	体育館	すりきず
3	教室	切りきず
6	校庭	すりきず

② 校庭でいちばん多く起きたけがの種類は何でしょうか。

(　　　　)

思考・判断・表現　／30点

できたらスゴイ!

4 よく出る 下の表は、ゆうじさんの組で、平泳ぎとクロールができるかできないかを調べて、表に整理したものです。 各10点(30点)

平泳ぎとクロール調べ (人)

		クロール できる	クロール できない	合計
平泳ぎ	できる	16	8	24
平泳ぎ	できない	5	3	8
合計		21	11	32

① クロールができて、平泳ぎのできない人は何人いるでしょうか。

(　　　　)

② 両方ともできない人は何人いるでしょうか。

(　　　　)

③ 平泳ぎができない人は何人いるでしょうか。

(　　　　)

ふりかえり　1がわからないときは、72ページの2にもどってかくにんしてみよう。

11 くらべ方

倍の計算

教科書 下38～45ページ　答え 31ページ

次の□にあてはまる数を書きましょう。

めあて 何倍かを求(もと)める計算ができるようにしよう。　練習 1→

倍の計算

ある大きさをもとにしたとき、もう一方の大きさが何倍になっているかを求めるときは、わり算を使います。

1 りくさんの体重は 36 kg で、妹の体重は 9 kg です。
りくさんの体重は、妹の体重の何倍でしょうか。

とき方

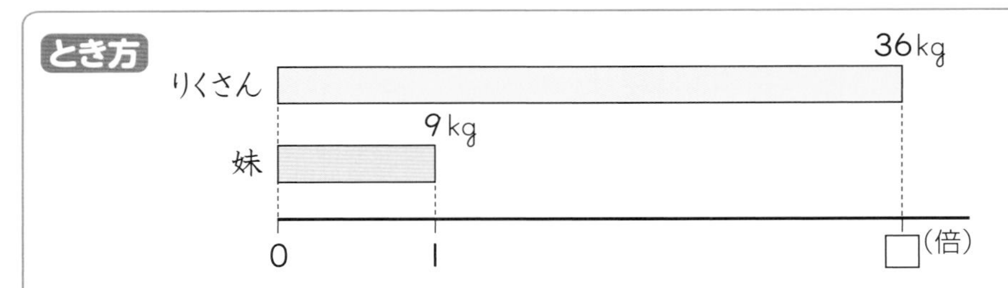

妹の体重を1とみたとき、りくさんの体重はいくつになるか考えます。

36÷9＝□　　　答え □ 倍

めあて 量(りょう)のちがいを割合(わりあい)でくらべられるようにしよう。　練習 2→

割合

もとにする量を1とみたとき、もう一方の量がどれだけにあたるかを表した数を、**割合**といいます。

右の表の「値上(ねあ)がり後のねだん」の割合を調べるときは、「もとのねだん」を1とみて、割合を求めます。

	もとのねだん(円)	値上がり後のねだん(円)
トマト	50	200
レタス	150	300

トマト

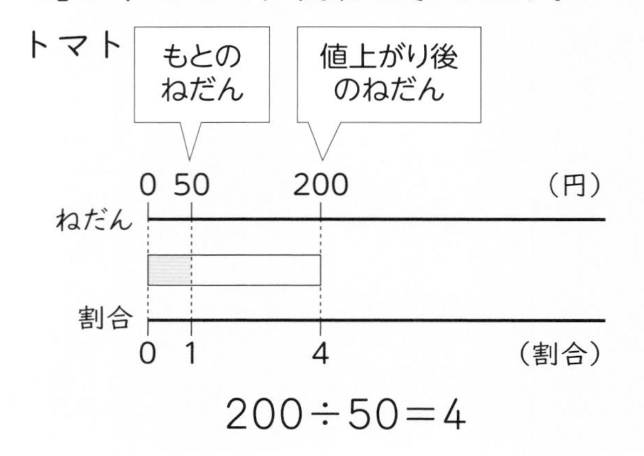

200÷50＝4

レタス

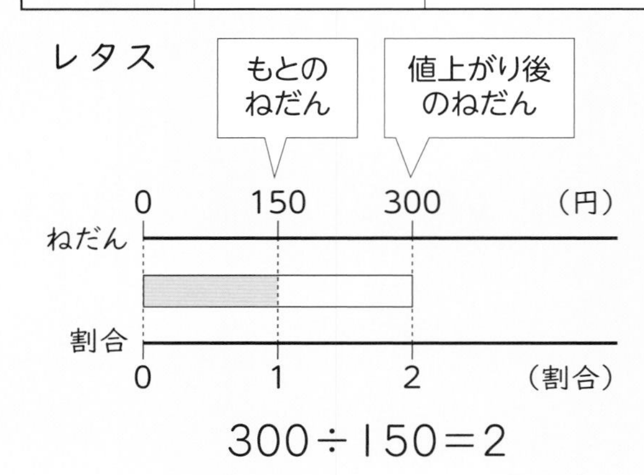

300÷150＝2

練習

★できた問題には、「た」をかこう！★

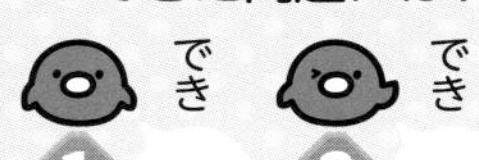

学習日　　月　　日

教科書 下38～45ページ　答え 31ページ

1 長さが27mのヨットと長さが3mの乗用車があります。
ヨットの長さは乗用車の長さの何倍でしょうか。

教科書 39ページ 1

ヨット　27m
乗用車　3m
0　1　□（倍）

（　　　　）

2 あ、い、うの3つの包帯（ほうたい）をいっぱいまでのばした長さは、右の表のとおりです。

教科書 43ページ 3

	もとの長さ(cm)	のばした長さ(cm)
あ	9	45
い	4	20
う	8	24

① あの包帯のもとの長さを1とみたとき、いっぱいまでのばした長さの割合を求めましょう。

式

答え（　　　　）

② あの包帯と同じのび方をしているのは、いとうのどちらの包帯でしょうか。

（　　　　）

③ あの包帯と同じ包帯を5cm切り取って、いっぱいまでのばすと、何cmになるでしょうか。

式

答え（　　　　）

ヒント　1 2 もとにする量を1とみます。

⑪ くらべ方

教科書 下38～46ページ　答え 31ページ

知識・技能　／60点

1 水そうに 30 L の水が入っています。水そうに入っている水の量(りょう)は、ポリタンクに入っている水の量の6倍です。
ポリタンクには何 L の水が入っているでしょうか。　(10点)

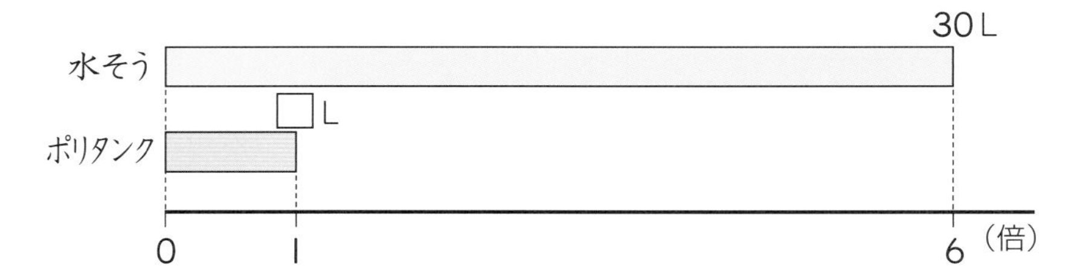

(　　　　)

2 かずやさんの体重は 32 kg で、かずやさんの家でかっている犬の体重の4倍です。
犬の体重は何 kg でしょうか。　(10点)

(　　　　)

3 **こうたさんは、金魚とメダカをかっています。**
金魚ははじめ5ひきでしたが、今は 25 ひきいます。
メダカははじめ7ひきでしたが、今は 28 ひきいます。　各10点(30点)

① それぞれ、はじめの数をもとにしたとき、今の数の割合(わりあい)を求(もと)めましょう。

(金魚　　　　　、メダカ　　　　　)

② 割合でくらべると、どちらのほうがふえたといえるでしょうか。

(　　　　)

4 ライオンの生まれたときの体長は35cmで、今の体長は210cmです。
キリンの生まれたときの体長は180cmで、今の体長は540cmです。
このライオンとキリンでは、どちらのほうが体長がのびたといえるでしょうか。割合を使ってくらべましょう。 (10点)

(　　　　)

思考・判断・表現 ／40点

5 **赤、青、白、黒の4本の平ゴムをいっぱいまでのばした長さは、下の表のとおりです。**

	もとの長さ(cm)	のばした長さ(cm)
赤	19	57
青	6	24
白	14	56
黒	13	65

① いちばんよくのびる平ゴムはどれでしょうか。割合を使ってくらべましょう。 (10点)

(　　　　)

② 青の平ゴムと同じのび方をしているのは、どの平ゴムでしょうか。 (10点)

(　　　　)

③ 白の平ゴムと同じ平ゴムを8cm切り取って、いっぱいまでのばすと、何cmになるでしょうか。 式・答え　各10点(20点)

式

答え (　　　　)

ふりかえり　1がわからないときは、76ページの1にもどってかくにんしてみよう。

ぴったり1
じゅんび
3分でまとめ

12 小数のしくみとたし算、ひき算

0.1 より小さい小数

教科書 下 48～55 ページ　答え 32 ページ

次の□にあてはまる数や記号を書きましょう。

めあて 0.1 より小さい数の表し方をわかるようにしよう。　練習 1 2 →

0.1 L の $\frac{1}{10}$ を **0.01 L** と書き、**れい点**(てん)**れい一**(いち)**リットル**とよみます。

1 L の $\frac{1}{10}$ ……0.1 L　　0.1 L の $\frac{1}{10}$ ……0.01 L

0.01 km の $\frac{1}{10}$ は **0.001 km**、**れい点れいれい一キロメートル**とよみます。

1 0.1 kg を 3 こと、0.01 kg を 2 こと、0.001 kg を 7 こあわせた重さは、何 kg でしょうか。

とき方　0.1 kg が 3 こで ①□ kg、0.01 kg が 2 こで ②□ kg、0.001 kg が ③□ こで ④□ kg です。あわせて ⑤□ kg です。

めあて 小数のしくみがわかるようにしよう。　練習 3 4 5 6 →

$\frac{1}{100}$ の位(くらい)、$\frac{1}{1000}$ の位

小数点の 1 つ右の位は $\frac{1}{10}$ の位(小数第一位(しょうすうだいいちい))で、これより右へ順(じゅん)に、**$\frac{1}{100}$ の位**(小数第二位)、**$\frac{1}{1000}$ の位**(小数第三位)といいます。

3	.	6	2	8
一の位	小数点	$\frac{1}{10}$ の位	**$\frac{1}{100}$ の位**	**$\frac{1}{1000}$ の位**

10 倍、$\frac{1}{10}$ にした大きさ

小数も整数と同じように、10 倍すると位が 1 けた上がります。また、$\frac{1}{10}$ にすると位が 1 けた下がります。

小数も整数と同じような
しくみになっているんだね。

2 4.357 と 4.359 の大小を、不等号(ふとうごう)を使って表しましょう。

とき方　数の大小をくらべるときは、上の位の数字からくらべます。
一の位、$\frac{1}{10}$ の位、$\frac{1}{100}$ の位の数はそれぞれ同じですが、□の位の数が 7 < 9 だから、4.357 □ 4.359

1 次のかさは何Lでしょうか。 教科書 49ページ 1

① 0.1Lを6こと、0.01Lを2こあわせたかさ

(　　　)

② 1Lを3こと、0.01Lを5こあわせたかさ

(　　　)

2 次の長さは何kmでしょうか。 教科書 51ページ 2

① 2172m (　　　)　② 480m (　　　)

3 2.379について、□にあてはまる数を書きましょう。 教科書 53ページ 4

① $\frac{1}{100}$の位の数字は□です。

② 9は、□の位の数字です。

4 次の数は、0.01を何こあつめた数でしょうか。 教科書 54ページ 5

① 5.38 (　　　)　② 4.2 (　　　)

よくみて

5 □にあてはまる不等号を書きましょう。 教科書 54ページ 6

① 8.476 □ 8.467　② 0.53 □ 0.503

6 次の数の10倍、$\frac{1}{10}$の数を書きましょう。 教科書 55ページ 7

① 3.74
10倍 (　　　)
$\frac{1}{10}$ (　　　)

② 1.06
10倍 (　　　)
$\frac{1}{10}$ (　　　)

ヒント
2 ② 1km＝1000mだから、
0.1km＝100m　0.01km＝10m　0.001km＝1m

学習日　　月　　日

12 小数のしくみとたし算、ひき算

小数のたし算、ひき算

教科書 下56～60ページ　答え 32ページ

次の□にあてはまる数を書きましょう。

めあて 小数のたし算の筆算ができるようにしよう。　練習 1 2 3 →

1.43＋3.25 の筆算

$$\begin{array}{r} 1.43 \\ +3.25 \\ \hline \end{array} \rightarrow \begin{array}{r} 1.43 \\ +3.25 \\ \hline 468 \end{array} \rightarrow \begin{array}{r} 1.43 \\ +3.25 \\ \hline 4.68 \end{array}$$

←小数点

位（くらい）をそろえて書く。　整数のたし算と同じように計算する。　上の小数点の位置（いち）にそろえて、答えの小数点をうつ。

とちゅうは整数のときと同じように計算するよ。

1 筆算でしましょう。

(1) 5.46＋1.8　(2) 0.325＋0.475

とき方 (1)

$$\begin{array}{r} 5.46 \\ +1.80 \\ \hline \square \end{array}$$

←1.8 は 1.80 と考えます。

(2)

$$\begin{array}{r} 0.325 \\ +0.475 \\ \hline \square\square\not{0}\not{0} \end{array}$$

←0.800は「0.8」と同じ大きさです。

めあて 小数のひき算の筆算ができるようにしよう。　練習 4 5 6 →

4.67－1.32 の筆算

$$\begin{array}{r} 4.67 \\ -1.32 \\ \hline \end{array} \rightarrow \begin{array}{r} 4.67 \\ -1.32 \\ \hline 335 \end{array} \rightarrow \begin{array}{r} 4.67 \\ -1.32 \\ \hline 3.35 \end{array}$$

位をそろえて書く。　整数のひき算と同じように計算する。　上の小数点の位置にそろえて、答えの小数点をうつ。

小数点に気をつければ、あとは整数の計算と同じだね。

2 筆算でしましょう。

(1) 4.3－1.62　(2) 5－0.296

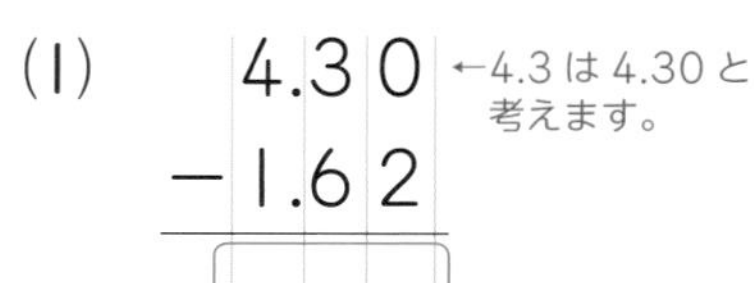

とき方 (1)

$$\begin{array}{r} 4.30 \\ -1.62 \\ \hline \square \end{array}$$

←4.3 は 4.30 と考えます。

(2)

$$\begin{array}{r} 5.000 \\ -0.296 \\ \hline \square \end{array}$$

←5は 5.000 と考えます。

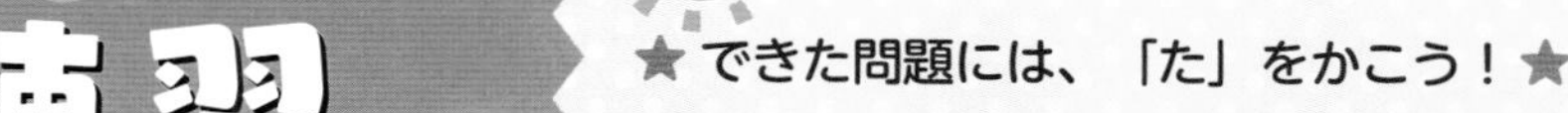

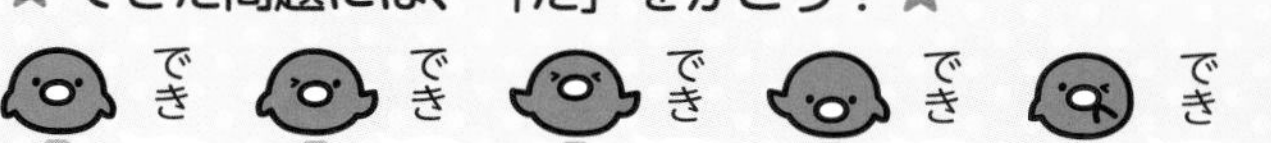
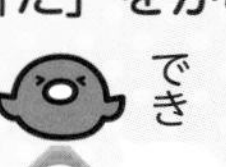

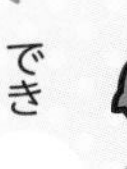

学習日　月　日

★できた問題には、「た」をかこう！★

できき ① できき ② できき ③ できき ④ できき ⑤ できき ⑥

教科書 下56～60ページ　答え 33ページ

1 計算をしましょう。

教科書 57ページ 9

① 4.21 ＋3.65

② 5.03 ＋3.62

③ 3.57 ＋4.29

④ 1.238 ＋1.561

⑤ 0.6 ＋0.74

⑥ 12.43 ＋ 0.057

2 計算をしましょう。

教科書 58ページ 10・11

① 4.37＋6.53　② 0.857＋0.343　③ 3＋6.91

3 ハムが 1.25 kg、ソーセージが 0.85 kg あります。

全体の重さは何 kg でしょうか。

教科書 56ページ 8

（　　　）

4 計算をしましょう。

教科書 59ページ 12・13

① 6.76 －2.44

② 5.81 －2.67

③ 8.46 －3.6

④ 7.3 －5.28

⑤ 0.9 －0.48

⑥ 8.134 －0.954

5 計算をしましょう。

教科書 59ページ 13、60ページ 14

① 0.6－0.41　② 2.61－0.815　③ 10－7.421

6 42.195 km のマラソンコースのうち 12.5 km 走りました。

あと何 km 残（のこ）っているでしょうか。

教科書 59ページ 12

（　　　）

3 式は 1.25＋0.85

6 式は 42.195－12.5

学習日　月　日

計算のきまり

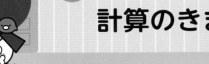

教科書 下61ページ　答え 33ページ

次の□にあてはまる数を書きましょう。

めあて 計算のきまりを知り、くふうして計算ができるようにしよう。 練習 1 2 3 →

計算のきまり

小数のたし算でも、次の計算のきまりが成(な)り立ちます。

① 交(こう)かんのきまり　○＋△＝△＋○

4.2＋1.93＝6.13
1.93＋4.2＝6.13　→ 4.2＋1.93＝1.93＋4.2

② 結合(けつごう)のきまり　(○＋△)＋□＝○＋(△＋□)

(2.7＋3.62)＋1.28＝6.32＋1.28＝7.6
2.7＋(3.62＋1.28)＝2.7＋4.9＝7.6
→ (2.7＋3.62)＋1.28＝2.7＋(3.62＋1.28)

1 0.85＋3.4 の計算をしましょう。
　また、たされる数とたす数を入れかえて計算をして、計算のきまりが成り立つことをたしかめましょう。

とき方 筆算で計算しましょう。

0.85＋3.4 の筆算　3.4＋0.85 の筆算

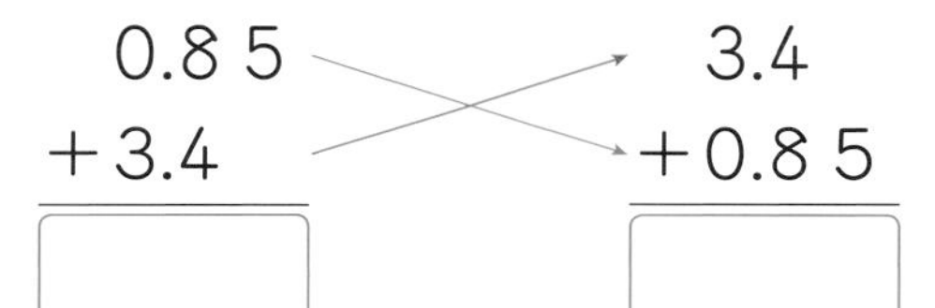

```
  0.85        3.4
 +3.4       +0.85
 ----       -----
 [  ]        [  ]
```

2つの式の答えは
等しいから、
0.85＋3.4＝3.4＋0.85
だよ。

2 きりのよい数をつくって、くふうして答えを求(もと)めましょう。

(1) 7.6＋1.8＋8.2　(2) 2.61＋3.72＋7.39

とき方 (1) 結合のきまりを使います。

7.6＋1.8＋8.2
＝7.6＋(□＋8.2)
＝7.6＋□
＝□

(2) 交かんのきまりを使います。

2.61＋3.72＋7.39
＝2.61＋□＋3.72
＝□＋3.72
＝□

★できた問題には、「た」をかこう！★

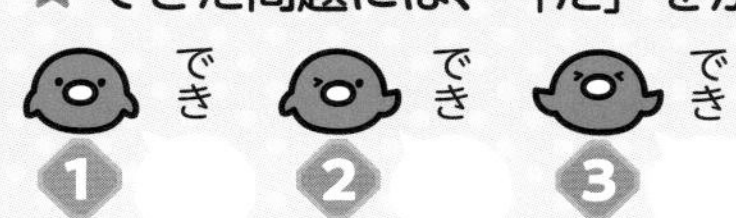

学習日　月　日

教科書 下61ページ　答え 33ページ

1 □にあてはまる数を書きましょう。

教科書 61ページ 15

① 0.8＋3.15＝□＋0.8

② (7.2＋1.39)＋0.41＝7.2＋(□＋0.41)

2 計算をしましょう。
また、たされる数とたす数を入れかえて計算して、答えのたしかめをしましょう。

教科書 61ページ 15

① 2.59＋0.73

答えのたしかめ
(　　　　)

② 0.92＋9.8

答えのたしかめ
(　　　　)

3 きりのよい数をつくって、くふうして答えを求めましょう。

教科書 61ページ 16

① 2.8＋7.3＋2.7

② 4.35＋3.48＋6.52

③ 0.96＋3.48＋1.52

④ 4.8＋4.7＋1.2

⑤ 1.52＋0.83＋1.48

⑥ 0.93＋10.58＋1.07

ヒント
3 ①～③　結合のきまりを使います。
④～⑥　交かんのきまりを使います。

⑫ 小数のしくみと たし算、ひき算

教科書 下 48～63 ページ　答え 34 ページ

知識・技能　／80点

1 □にあてはまる数を書きましょう。　各4点(12点)

① 2.196 の $\frac{1}{1000}$ の位（くらい）の数字は □ です。

② 0.1 を 3 こと、0.01 を 2 こと、0.001 を 9 こあわせた数は □ です。

③ 3.7＋6.3＝□＋3.7

2 次の数を書きましょう。　各4点(12点)

① 0.001 を 230 こあつめた数

(　　　)

② 0.034 の 100 倍の数

(　　　)

③ 0.69 の $\frac{1}{10}$ の数

(　　　)

3 □にあてはまる不等号（ふとうごう）を書きましょう。　各4点(8点)

① 4.318 □ 4.329　② 0.502 □ 0.51

4 よく出る 下の①から③のめもりが表す数を書きましょう。　各4点(12点)

0　0.1　0.2　0.3　0.4　0.5　0.6　0.7　0.8

① (　　　) ② (　　　) ③ (　　　)

学習日　　月　　日

5 次の数を、小さい順(じゅん)にならべましょう。 (4点)

0.045　1　0.09　$\frac{1}{100}$　0　0.02

(　　　　　　　　　　　　)

6 よく出る 次の計算をしましょう。 各4点(32点)

① 4.21 + 2.85

② 0.63 + 2.77

③ 10.08 + 0.027

④ 8.46 − 2.36

⑤ 0.6 − 0.25

⑥ 1.92 − 0.635

⑦ 0.52＋3.89＋4.11

⑧ 1.6＋7.8＋8.4

思考・判断・表現　／20点

7 よく出る 重さが 1.64 kg の箱に、すなを 8.56 kg 入れました。

全体の重さは何 kg でしょうか。 式・答え　各4点(8点)

式

答え (　　　　)

できたらスゴイ！

8 さゆりさんは家からゆう便(びん)局の前を通っておじさんの家まで歩いておつかいに行きました。帰りは別(べつ)の道を通って家に帰りました。

おじさんの家に行くまでに歩いた道のりは、帰るときに通った道のりより何 km 長いでしょうか。 式・答え　各6点(12点)

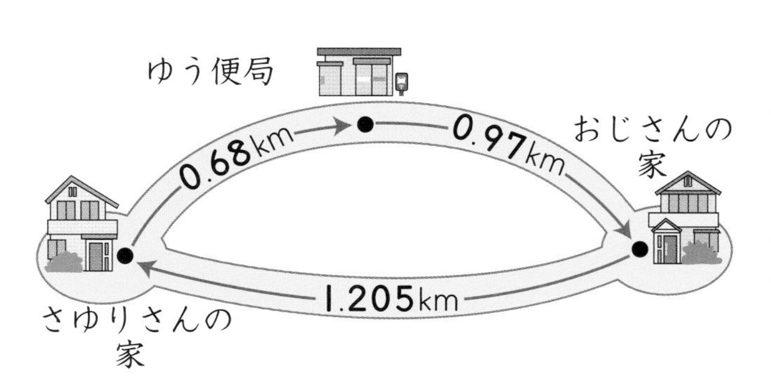

式

答え (　　　　)

ふろくの「計算せんもんドリル」10～13もやってみよう！

ふりかえり　1②がわからないときは、80 ページの1にもどってかくにんしてみよう。

変わり方

教科書 下64～70ページ 答え 35ページ

次の□にあてはまる数や言葉を書きましょう。

めあて 2つの数の変(か)わり方を調べられるようにしよう。 練習 1 2→

右のような2つの数の変わり方を調べるときは、表や式、グラフなどを使って表すと関係(かんけい)がわかりやすくなります。

横の長さ ＋ たての長さ ＝8
○ ＋ △ ＝8

長さが16cmのはり金で長方形を作るときの、横の長さとたての長さの関係

横の長さ (cm)	1	2	3	4	5
たての長さ (cm)	7	6	5	4	3

（横の長さは1ふえる、たての長さは1へる）

1 長さが16cmのはり金で長方形を作るときの、横の長さとたての長さの関係をグラフに表しましょう。

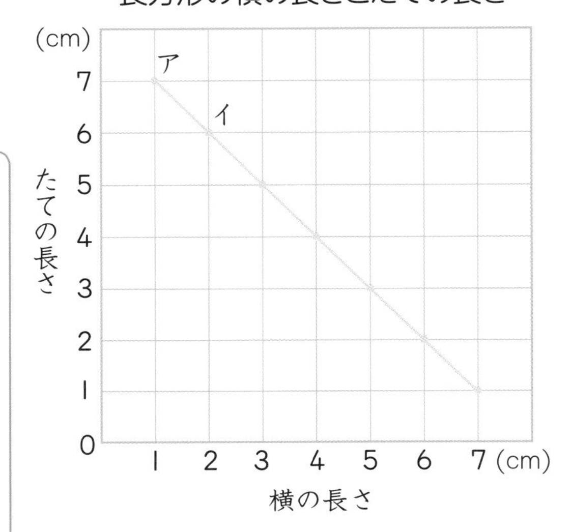

とき方 表や式をもとにしてグラフをかきます。

1. 横の長さが1cmのとき、たての長さは□cmだから、アの点をかきます。
2. 横の長さが2cmのとき、たての長さは□cmだから、イの点をかきます。
3. 同じようにして点をかきます。
4. すべての点を結(むす)ぶと□になります。

めあて ともなって変わる2つの数の関係を式に表せるようにしよう。 練習 1 2→

横の長さが3cmの長方形のたての長さを変えていくと、面積(めんせき)は次のように変わります。

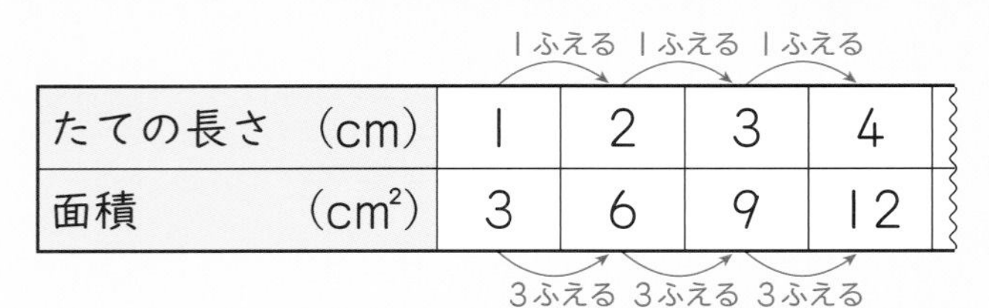

たての長さ (cm)	1	2	3	4
面積 (cm^2)	3	6	9	12

（たての長さは1ふえる、面積は3ふえる）

1cm 2cm 3cm 3cm

たての長さを○cm、面積を△cm^2とすると、

たての長さ ×3＝ 面積 ⟶ ○×3＝△

ぴったり2

練習

学習日　月　日

★できた問題には、「た」をかこう！★

できた 1　できた 2

教科書 下64〜70ページ　答え 35ページ

1 周り(まわ)の長さが24 cmの長方形を作ります。

教科書 65ページ 1

① たての長さと横の長さの関係を、下の表に整理しましょう。

たての長さ　(cm)	1	2	3	4	5
横の長さ　(cm)					

よくよんで

② たての長さを○ cm、横の長さを△ cmとして、○と△の関係を式に表しましょう。

(　　　　　)

③ たての長さが7 cmのときの横の長さは何cmでしょうか。

(　　　　　)

2 横の長さが2 cmの長方形のたての長さを変えていきます。

教科書 68ページ 2、70ページ 3

① たての長さと面積を、下の表に整理しましょう。

たての長さ　(cm)	1	2	3	4	5	6	7	8
面積　(cm^2)								

② たての長さを○ cm、面積を△ cm^2として、○と△の関係を式に表しましょう。

(　　　　　)

③ たての長さを1 cmから8 cmまで変えたときの、たての長さと面積の関係をグラフに表しましょう。

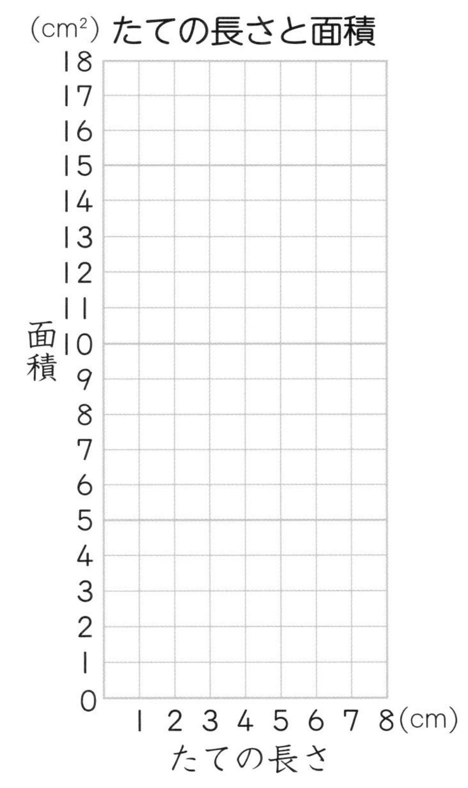

まず、点をとってから、点を直線で結ぼう。

ヒント
1 ② たての数＋横の数＝12
2 ② たての長さ×2＝面積

⑬ 変わり方

教科書 下64〜71ページ　答え 35ページ

知識・技能　／72点

1 よく出る 周り（まわ）の長さが 30 cm の長方形を作ります。　全部できて　1問6点(24点)

① たての長さと横の長さの関係（かんけい）を、下の表に整理しましょう。

たての長さ　(cm)	1	2	3	4	5
横の長さ　(cm)					

② たての長さと横の長さの関係を、言葉の式に表しましょう。

(　　　　　　　　)

③ たての長さを○ cm、横の長さを△ cm として、○と△の関係を式に表しましょう。

(　　　　　　　　)

④ たての長さが7cm のときの横の長さは何 cm でしょうか。

(　　　　　　　　)

2 よく出る 1まい 30 円の切手を何まいか買います。　全部できて　1問6点(24点)

① 切手の数と代金の関係を、下の表に整理しましょう。

切手の数　(まい)	1	2	3	4	5
代金　(円)					

② 切手の数を○まい、代金を△円として、○と△の関係を式に表しましょう。

(　　　　　　　　)

③ 切手の数が7まいのときの代金は何円でしょうか。

(　　　　　　　　)

④ 代金が 720 円になるのは、切手の数が何まいのときでしょうか。

(　　　　　　　　)

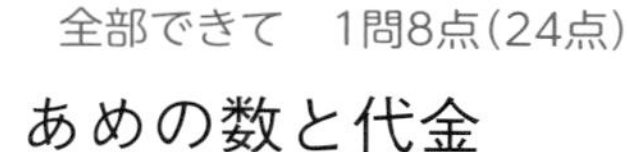

3 |こ20円のあめを何こか買います。

全部できて 1問8点(24点)

① あめの数と代金の関係を、下の表に整理しましょう。

あめの数 (こ)	1	2	3	4	5	6	7	8
代金 (円)								

② あめの数を○こ、代金を△円として、○と△の関係を式に表しましょう。

( )

③ あめの数を|こから8こまで変(か)えたときの、あめの数と代金の関係をグラフに表しましょう。

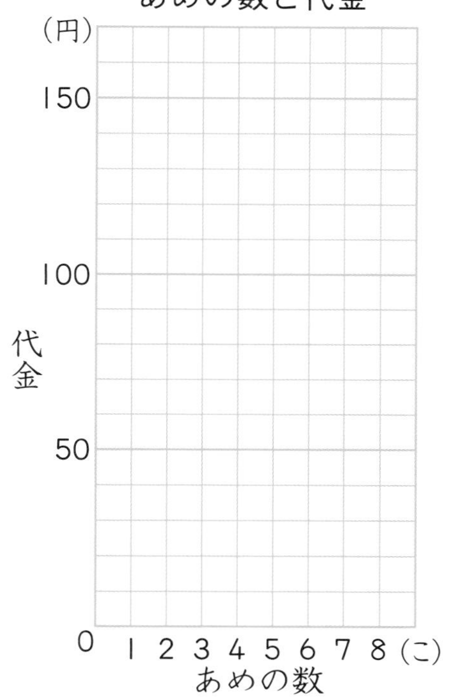

思考・判断・表現 ／28点

できたらスゴイ!

4 つるとかめが、あわせて15ひきいます。足の数の合計は46本です。つるとかめがそれぞれ何びきいるか調べます。

全部できて 1問7点(28点)

① つるの数を○ひき、かめの数を△ひきとして、○と△の関係を式に表しましょう。

( )

② つるの数とかめの数の関係を、下の表に整理しましょう。

つるの数○ (ひき)	0	1	2	3	4	5	6	7
かめの数△ (ひき)								
足の数の合計 (本)								

③ つるの数とかめの数を変(か)えたときの足の数の合計を調べて、上の表に書きましょう。

④ つるとかめは、それぞれ何びきいるでしょうか。

つる ( ) かめ ( )

ふりかえり 1がわからないときは、88ページの1にもどってかくにんしてみよう。

学習日　月　日

14 そろばん

数の表し方／そろばんの計算

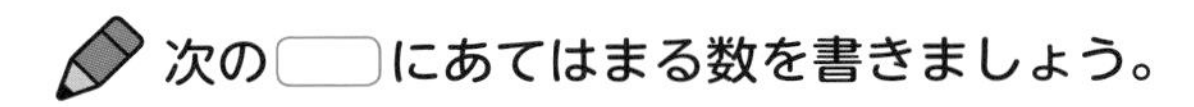

次の□にあてはまる数を書きましょう。

めあて そろばんでたし算ができるようにしよう。　練習 1 3 →

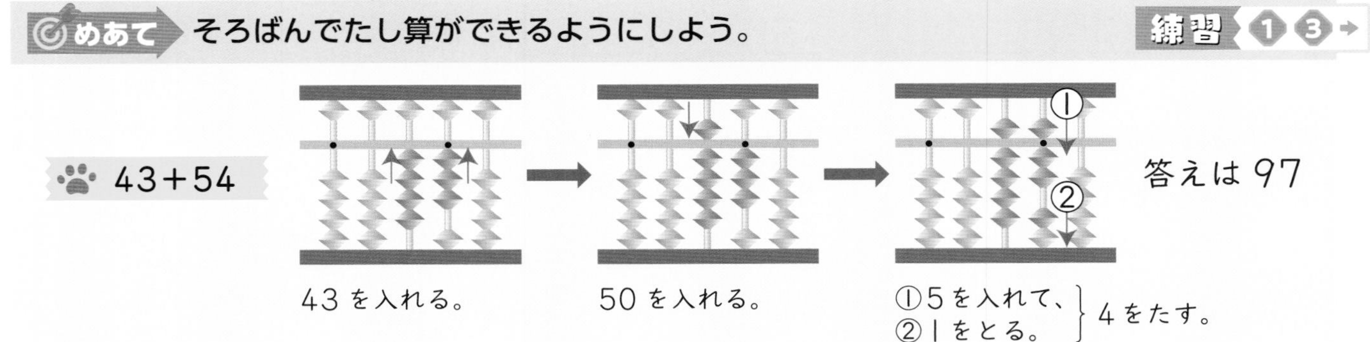

43 を入れる。　50 を入れる。　①5 を入れて、②1 をとる。 } 4 をたす。

1 そろばんで、64+28 の計算をしましょう。

とき方 64 を入れる。　□を入れる。　①2 をとって、②10 を入れる。 } □をたす。

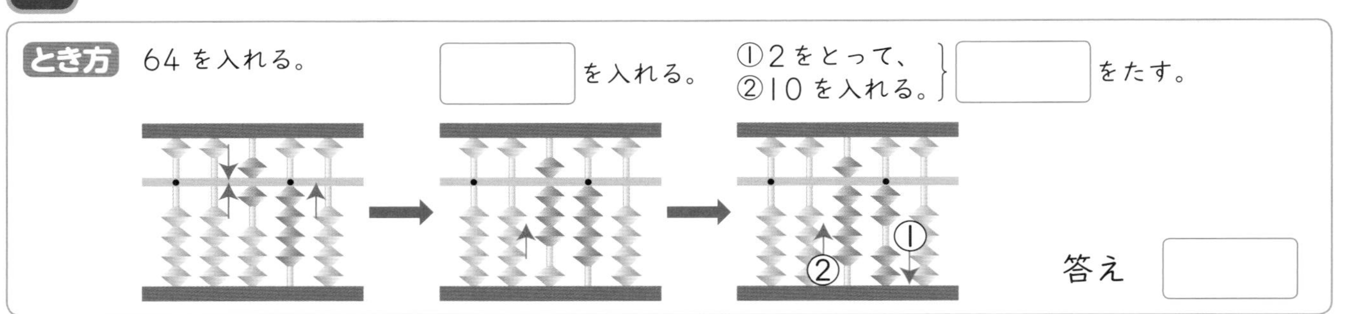

めあて そろばんでひき算ができるようにしよう。　練習 2 3 →

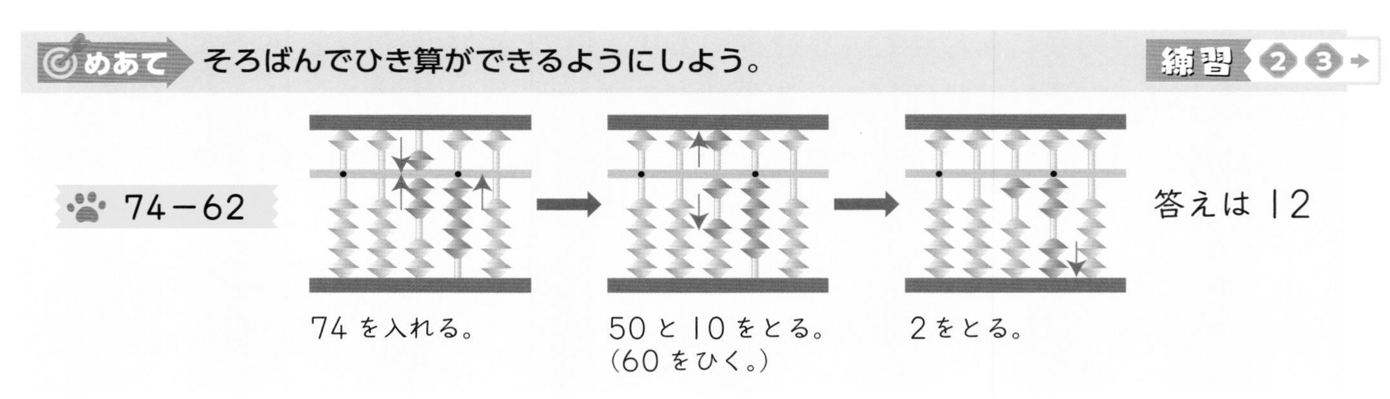

74 を入れる。　50 と 10 をとる。（60 をひく。）　2 をとる。

2 そろばんで、74−58 の計算をしましょう。

とき方 74 を入れる。　□をとる。　①10 をとって、②5 を入れ、③3 をとる。 } 2 をたす。 } □をひく。

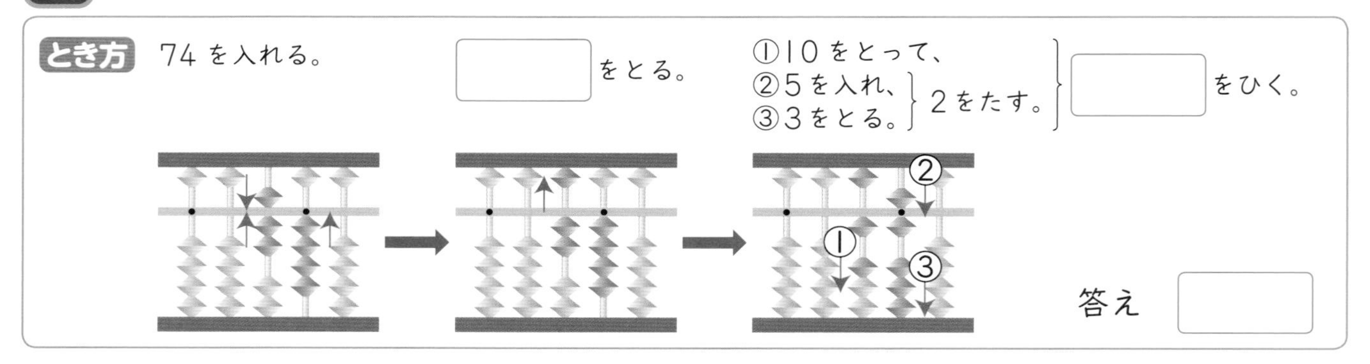

練習

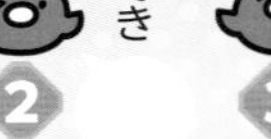

★できた問題には、「た」をかこう！★

でき 1　でき 2　でき 3

学習日　月　日

教科書 下72～74ページ　答え 36ページ

1 そろばんで、計算をしましょう。

教科書 73ページ 3

① 41＋57　② 33＋56

③ 24＋62　④ 14＋73

⑤ 34＋49　⑥ 45＋38

⑦ 436＋152　⑧ 246＋151

2 そろばんで、計算をしましょう。

教科書 73ページ 4

① 76－53　② 87－56

③ 58－42　④ 86－65

⑤ 69－28　⑥ 73－47

⑦ 718－415　⑧ 827－415

3 そろばんで、計算をしましょう。

教科書 74ページ 5

① 20兆(ちょう)＋72兆　② 20億(おく)＋80億　③ 53兆－31兆

④ 0.35＋0.24　⑤ 1.38＋0.12　⑥ 0.8－0.52

ヒント 3 ④～⑥ 一の位(くらい)の定位点(ていいてん)の1つ右が $\frac{1}{10}$ の位になります。

学習日　　月　　日

算数ワールド

方眼で九九を考えよう

教科書 下75ページ　答え 37ページ

下の図は、九九の答えを方眼（ほうがん）のます目で表したものです。

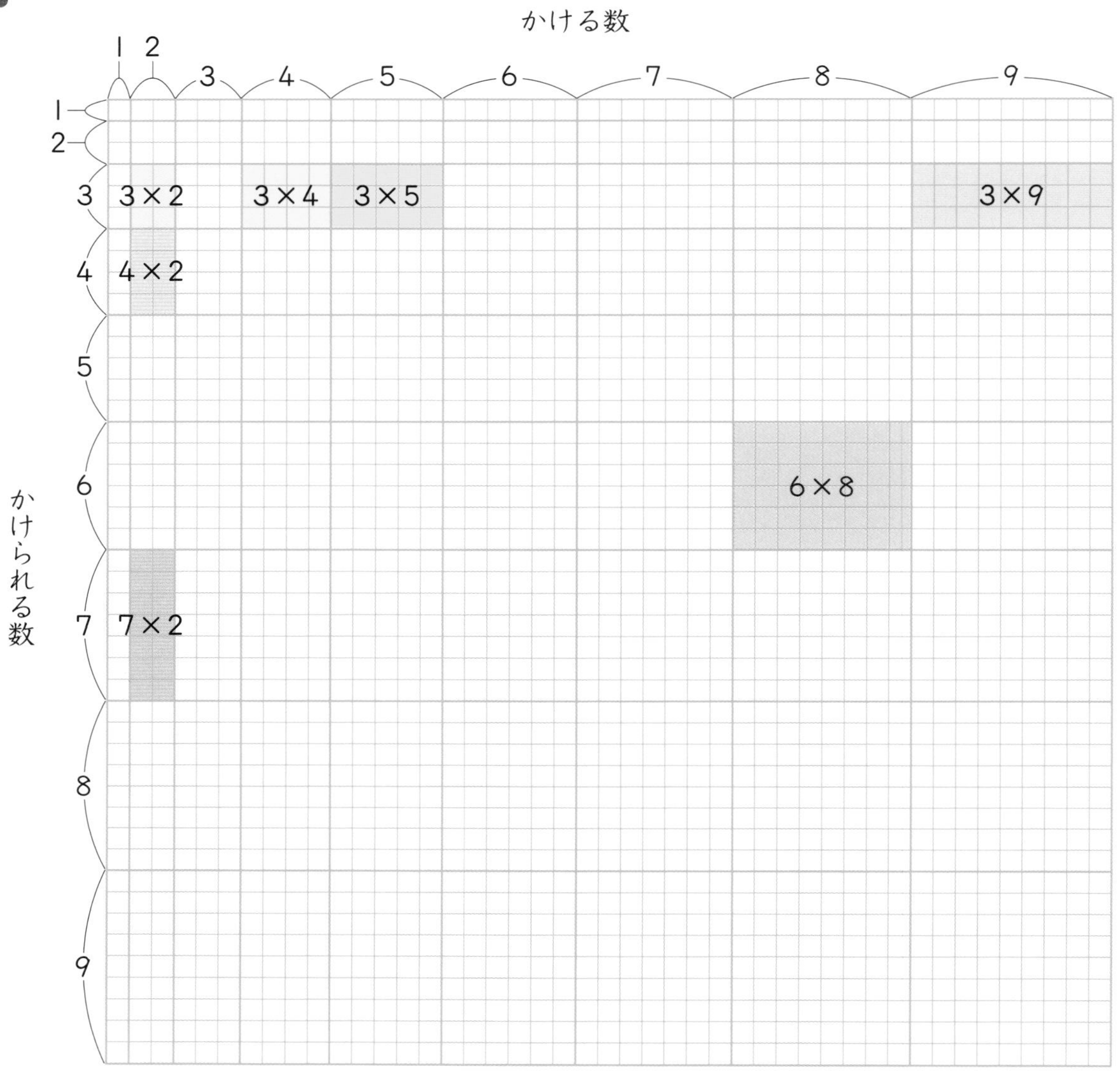

6×8

この長方形の中にあるますの数が6×8の答えになっているよ。

① 左のページの図を使って、3×4の答えと、3×5の答えをあわせると、3×9の答えと等しくなることを説明（せつめい）します。
□にあてはまる数を書きましょう。

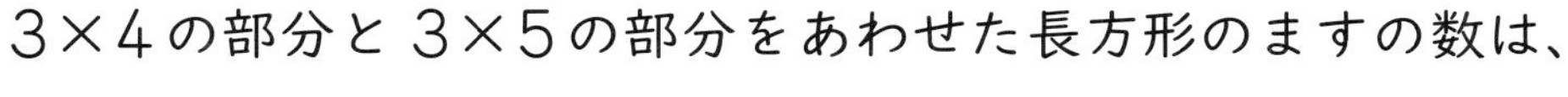

3×4の部分と3×5の部分をあわせた長方形のますの数は、
たてに3こ、横に(4＋5)こあるから、

3×4＋3×5＝3×(4＋□)

＝3×□

3×4　3×5

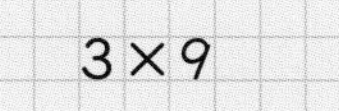

これは、3×9を表す長方形のますの数と同じです。

② 左のページの図を使って、3×2の答えと、4×2の答えをあわせると、7×2の答えと等しくなることを説明します。
□にあてはまる数を書きましょう。

3×2の部分と4×2の部分をあわせた長方形のますの数は、
たてに(3＋4)こ、横に2こあるから、

3×2＋4×2＝(3＋□)×2

＝□×2

3×2
4×2

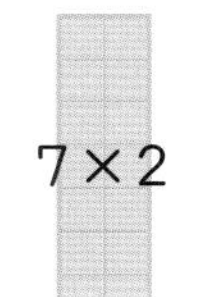

これは、7×2を表す長方形のますの数と同じです。

③ 九九の答えを全部たすと、いくつになるかを考えます。
□にあてはまる数を書きましょう。

九九の答えを全部たすと、左のページの図のます目全部の数と同じになります。
ます目の数は、たてに、

1＋2＋3＋4＋5＋6＋7＋8＋9＝45(こ)

横に、

1＋2＋3＋4＋5＋6＋7＋8＋□＝□(こ)

あるから、全部で、

45×□＝□

この本の終わりにある「冬のチャレンジテスト」をやってみよう！

ぴったり1 じゅんび

3分でまとめ

15 小数と整数のかけ算、わり算

小数に整数をかける計算

学習日　月　日

教科書　下77～82ページ　答え　37ページ

次の□にあてはまる数を書きましょう。

めあて　小数に整数をかける計算がわかるようにしよう。　練習 1→

1.5×3 の計算のしかた

1.5 ──→ 0.1 が 15 こ

1.5×3 → 0.1 が（15×3）こ
└→45

1.5×3＝4.5
└→0.1 が 45 こ

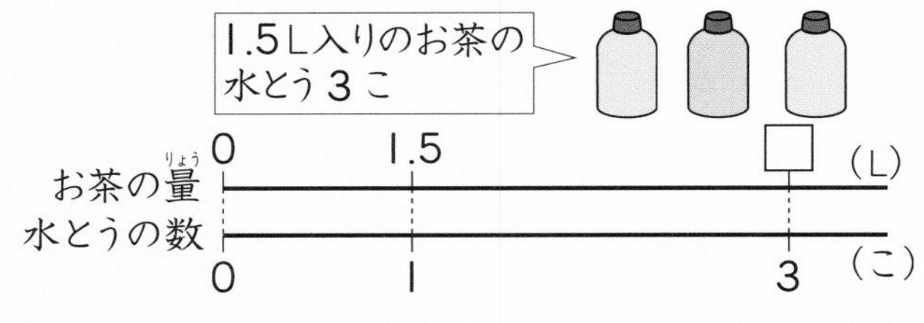

お茶…4.5 L

1　2.2 L の水を入れたやかんを4こ用意しました。
水は全部で何 L あるでしょうか。

とき方　式は、2.2×4

2.2 ──→ 0.1 が ①□ こ

2.2×4 → 0.1 が（②□×4）こ

2.2×4＝③□　　答え ④□ L

めあて　小数×整数の筆算ができるようにしよう。　練習 2 3 4 5→

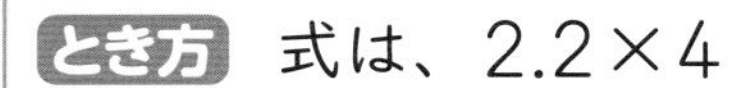

3.7×5 の筆算のしかた

```
  3.7          3.7          3.7  ←かけられる数
×   5   →   ×   5   →   ×   5  ←かける数
            ─────        ─────
             185          18.5  ←積
```

右にそろえて書く。

整数のかけ算と同じように計算する。

かけられる数の小数部分のけた数と同じになるように、積の小数点をうつ。

2　計算をしましょう。

(1) 4.8×2　　(2) 4.6×5　　(3) 1.9×48

とき方　積の小数点は、かけられる数の小数点にそろえます。

```
(1)   4.8      (2)   4.6      (3)    1.9
   ×   2          ×   5          ×  48
   ─────          ─────          ─────
     □              □              152
                  0に注意          76
                                 ─────
                                   □
```

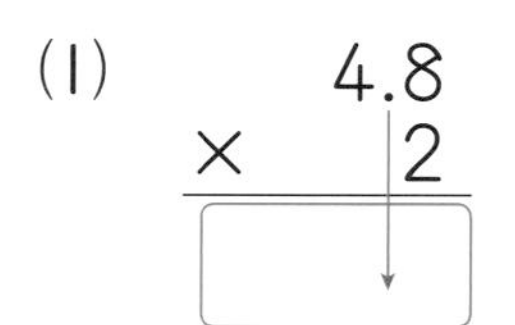

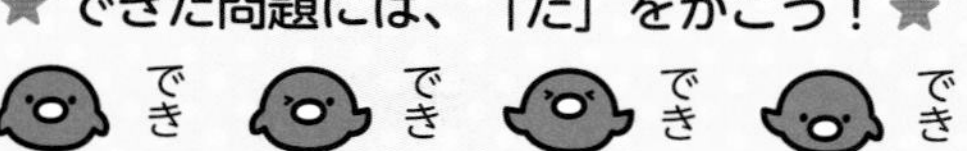

★できた問題には、「た」をかこう！★

でき ① でき ② でき ③ でき ④ でき ⑤

学習日　月　日

教科書 下77〜82ページ　答え 37ページ

1 計算をしましょう。

教科書 77ページ1、79ページ2

① 0.4×6　② 3.9×2　③ 2.4×3

2 計算をしましょう。

教科書 79ページ2、81ページ3・4

① 8.7×3　② 14.3×5　③ 0.6×54

④ 4.3×26　⑤ 1.34×7　⑥ 0.86×24

3 計算をしましょう。

教科書 82ページ5

① 1.35×2　② 2.4×5　③ 1.75×4

4 計算をしましょう。

教科書 82ページ6

① 0.276×8　② 0.806×35　③ 0.094×15

5 1.8Lのお茶を入れたペットボトルが15本あります。
お茶は全部で何Lあるでしょうか。

教科書 82ページ5

（　　　）

ヒント　3 積の小数点をうってから、最後の位の0を消します。

小数を整数でわる計算

学習日　　月　　日

教科書 下83〜87ページ　答え 38ページ

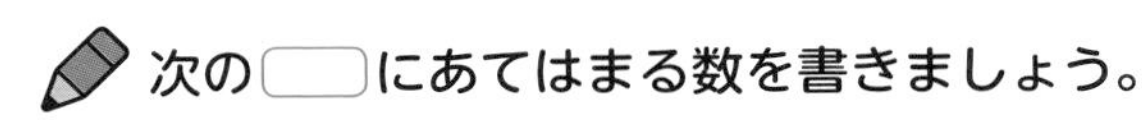

次の□にあてはまる数を書きましょう。

めあて 小数を整数でわる計算がわかるようにしよう。　練習 1→

4.8÷3 の計算のしかた

4.8 ──→ 0.1 が 48 こ

4.8÷3 → 0.1 が(48÷3)こ　└→16

4.8÷3＝1.6　└→0.1 が 16 こ

1本分は 1.6 L

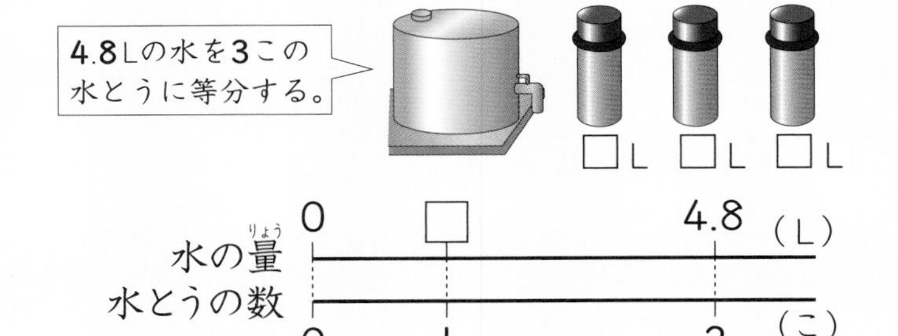

1 5.2 L のお茶を 4 このポットに等分すると、1 こ分は何 L になるでしょうか。

とき方 式は、5.2÷4　5.2 ──→ 0.1 が ①□ こ

5.2÷4 → 0.1 が(②□÷4)こ　5.2÷4＝③□　答え ④□ L

めあて 小数÷整数の筆算ができるようにしよう。　練習 2 3→

8.4÷6 の筆算のしかた

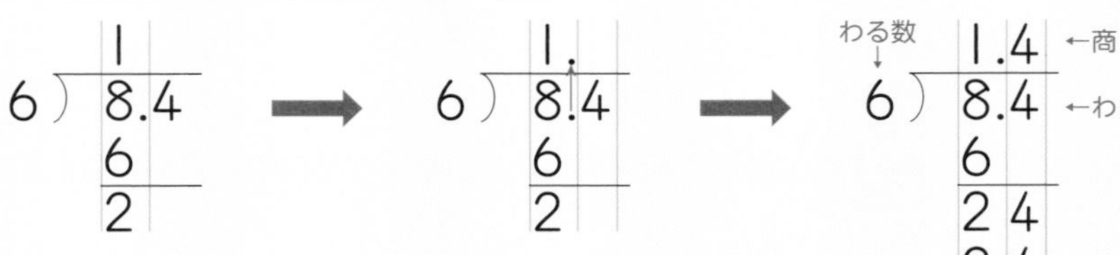

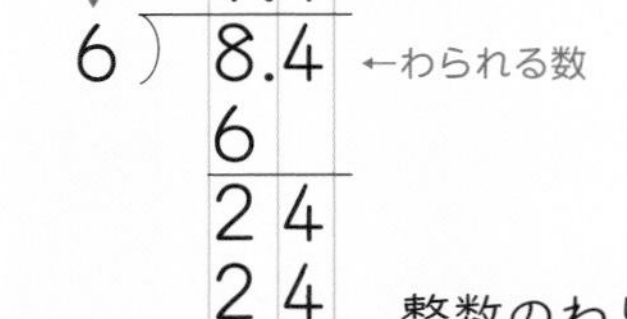

8を6でわる。　商の小数点を、わられる数の小数点にそろえてうつ。　整数のわり算と同じように計算する。

2 計算をしましょう。

(1) 68.5÷5　(2) 4.2÷7　(3) 23.8÷34

とき方 (1)

```
      □
5 ) 68.5
    5
    18
    15
     35
     35
      0
```

(2)

```
     □
7 ) 4.2
    42
     0
```

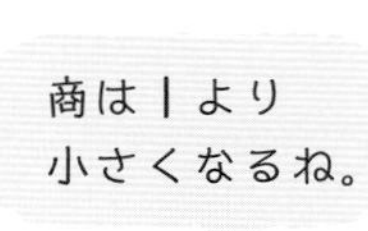

(3)

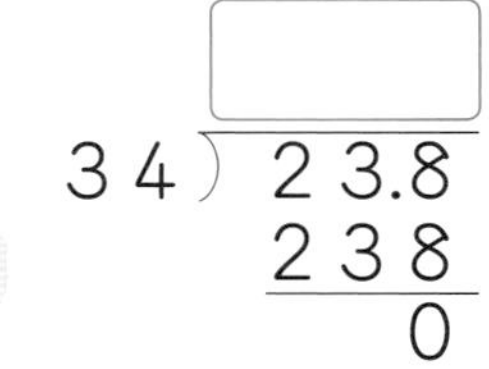

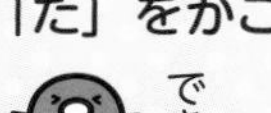

学習日　月　日

★できた問題には、「た」をかこう！★

でき 1　でき 2　でき 3

教科書 下83～87ページ　答え 38ページ

1 計算をしましょう。

教科書 83ページ 7

① 4.8÷4　　② 9.6÷3

2 計算をしましょう。

教科書 85ページ 8、86ページ 9

① 3)11.7　　② 7)9.1　　③ 6)10.8

④ 6)79.2　　⑤ 4)2.4　　⑥ 2)0.8

3 計算をしましょう。

教科書 86ページ 10、87ページ 11・12

① 14)39.2　　② 26)18.2　　③ 63)163.8

④ 7)17.01　　⑤ 34)115.6　　⑥ 8)19.84

⑦ 17)55.42　　⑧ 34)5.712　　⑨ 14)0.084

ヒント　3 ⑨ 商は$\frac{1}{1000}$の位(くらい)からたちます。

わり進むわり算／商の四捨五入

教科書 下88～89ページ　答え 39ページ

次の□にあてはまる数を書きましょう。

めあて わり進むわり算ができるようにしよう。

練習 1→

わりきれるまでわり進む

```
    0.4              0.48
5)2.4    →      5)2.40
  20               20
   4                40
                    40
                     0
```

2.4を2.40とみると、まだ計算できるね。

1 2.34÷4 をわりきれるまで計算しましょう。

とき方

```
    0.58             □
4)2.34    →     4)2.340
  20               20
   34               34
   32               32
    2                20
                     20
                      0
```

2.34を2.340とみて、わりきれるまでわり進もう。

めあて 商をがい数で求める(もと)ことができるようにしよう。

練習 2→

商をがい数で求めるしかた

商を $\frac{1}{10}$ の位(くらい)までのがい数で求めるには、

$\frac{1}{100}$ の位まで計算して $\frac{1}{100}$ の位を四捨五入(ししゃごにゅう)します。

```
    0.34
7)2.4
  21
   30
   28
    2
```

2 1.9mのはり金を7等分すると、1本分の長さは約(やく)何mになるでしょうか。
商は四捨五入して、$\frac{1}{100}$ の位までのがい数で求めましょう。

とき方 右の筆算のように、$\frac{1}{1000}$ の位を四捨五入します。

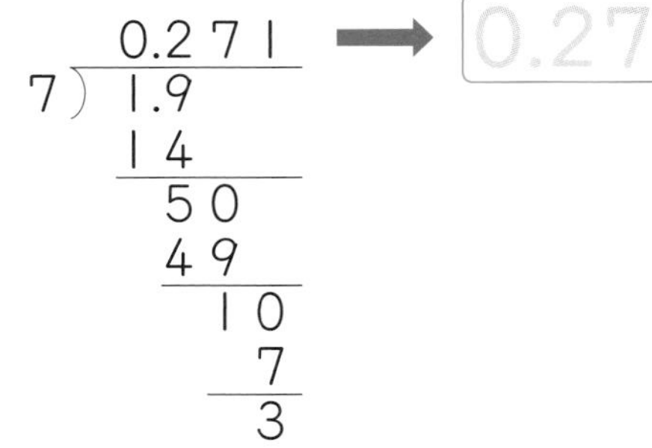

答え 約□m

学習日　　月　　日

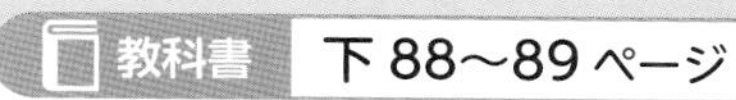

教科書 下88〜89ページ　答え 39ページ

1 わりきれるまで計算しましょう。

教科書 88ページ 13・14

① $6 \overline{)\,2.1}$

② $8 \overline{)\,5.2}$

わられる数の右に
0があると考えて、
わり進もう。

③ $60 \overline{)\,78.3}$

④ $4 \overline{)\,1.46}$

⑤ $25 \overline{)\,0.65}$

⑥ $8 \overline{)\,10}$

⑦ $4 \overline{)\,3}$

⑧ $25 \overline{)\,4}$

2 商は四捨五入して、$\frac{1}{10}$ の位までのがい数で求めましょう。

教科書 89ページ 15

① $9 \overline{)\,6}$

② $7 \overline{)\,4}$

③ $6 \overline{)\,5.6}$

④ $41 \overline{)\,16}$

⑤ $33 \overline{)\,7.9}$

⑥ $36 \overline{)\,74.3}$

ヒント ② $\frac{1}{100}$ の位まで計算して、$\frac{1}{100}$ の位の数字を四捨五入します。

15 小数と整数のかけ算、わり算

あまりのあるわり算／倍の計算

教科書 下 90〜93 ページ　答え 40 ページ

次の□にあてはまる数を書きましょう。

めあて あまりのあるわり算ができるようにしよう。　練習 1 2 →

小数のわり算であまりを求める(もと)とき、あまりの小数点は、わられる数の小数点にそろえてうちます。

（答えのたしかめ　3×5＋1.4＝16.4）

$$\begin{array}{r} 5 \\ 3\,)\overline{16.4} \\ 15 \\ \hline 1.4 \end{array}$$

1 35.5 cm のテープから 4 cm のテープは何本とれて、何 cm あまるでしょうか。

とき方 式　35.5÷4

商を一の位(くらい)まで求め、あまりも求めます。

35.5÷4＝8 あまり 3.5

答え ②□ 本とれて、③□ cm あまる。

$$\begin{array}{r} ①\square \\ 4\,)\overline{35.5} \\ 32 \\ \hline 3.5 \end{array}$$

めあて 小数で表された大きさが何倍かを求められるようにしよう。　練習 3 4 →

何倍かを表す数

1.5 倍や 0.6 倍のように、何倍かを表す数が小数になることもあります。

36 m は 24 m の 1.5 倍……36÷24＝1.5

9 kg は 15 kg の 0.6 倍……　9÷15＝0.6

2 チョコレートは 98 円で、ガムは 70 円、あめは 28 円です。

(1) チョコレートのねだんは、ガムのねだんの何倍でしょうか。

(2) あめのねだんは、ガムのねだんの何倍でしょうか。

とき方 ガムのねだんを 1 と考えます。

(1)

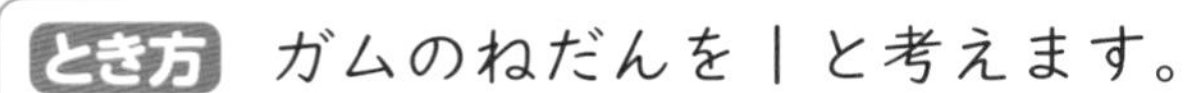

式　98÷□＝□

答え □ 倍

(2)

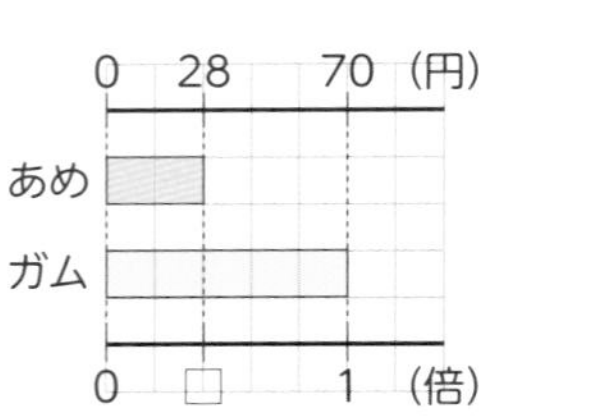

式　28÷□＝□

答え □ 倍

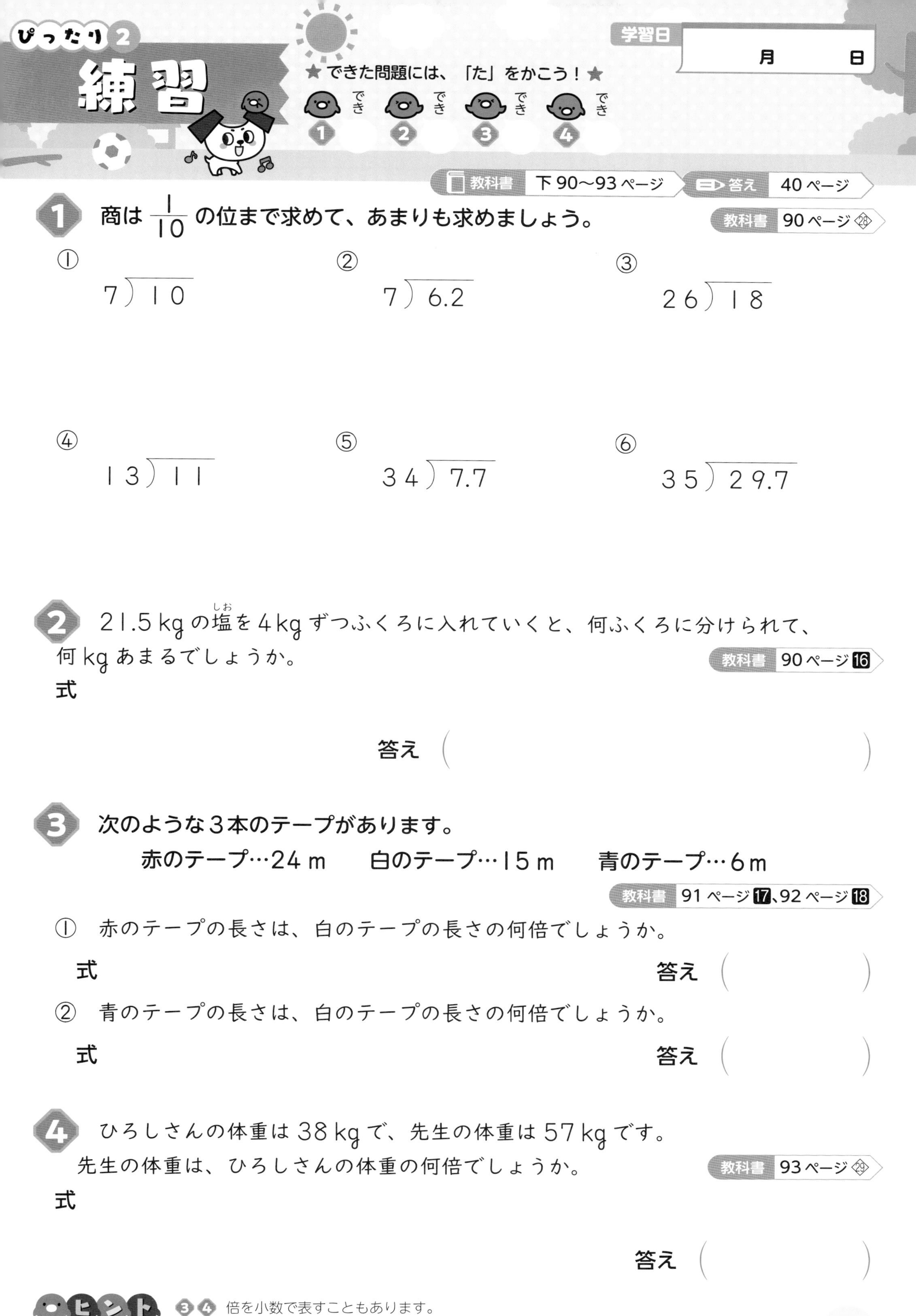

ぴったり2
練習
★できた問題には、「た」をかこう！★
でき 1
でき 2
でき 3
でき 4
学習日
月 日
教科書 下90～93ページ
答え 40ページ

1 商は $\frac{1}{10}$ の位まで求めて、あまりも求めましょう。 教科書 90ページ㉘

① $7\overline{)10}$

② $7\overline{)6.2}$

③ $26\overline{)18}$

④ $13\overline{)11}$

⑤ $34\overline{)7.7}$

⑥ $35\overline{)29.7}$

2 21.5 kg の塩(しお)を 4 kg ずつふくろに入れていくと、何ふくろに分けられて、何 kg あまるでしょうか。 教科書 90ページ16

式

答え（　　　　　）

3 次のような3本のテープがあります。

赤のテープ…24 m　白のテープ…15 m　青のテープ…6 m

教科書 91ページ17、92ページ18

① 赤のテープの長さは、白のテープの長さの何倍でしょうか。

式

答え（　　　　　）

② 青のテープの長さは、白のテープの長さの何倍でしょうか。

式

答え（　　　　　）

4 ひろしさんの体重は 38 kg で、先生の体重は 57 kg です。
先生の体重は、ひろしさんの体重の何倍でしょうか。 教科書 93ページ㉙

式

答え（　　　　　）

ヒント ３４ 倍を小数で表すこともあります。

15 小数と整数のかけ算、わり算

教科書 下77～97ページ　答え 41ページ

知識・技能　／76点

1 よく出る 計算をしましょう。　各4点(32点)

① 8.4×6

② 13.4×8

③ 0.9×16

④ 1.42×8

⑤ 0.67×46

⑥ 0.026×5

⑦ 0.948×28

⑧ 1.625×24

2 よく出る 計算をしましょう。　各4点(20点)

① $6.9 \div 3$

② $39.2 \div 14$

③ $188.5 \div 29$

④ $1.28 \div 16$

⑤ $77.04 \div 24$

3 わりきれるまで計算しましょう。　各4点(12点)

① $5 \overline{)\,8.5}$　② $8 \overline{)\,27.6}$　③ $55 \overline{)\,3.3}$

4 商は四捨五入(ししゃごにゅう)して、$\frac{1}{10}$の位(くらい)までのがい数で求(もと)めましょう。　各4点(12点)

① $9 \overline{)\,5}$　② $7 \overline{)\,5.2}$　③ $24 \overline{)\,74.3}$

思考・判断・表現　／24点

5 よく出る　1本の重さが1.42kgの鉄のパイプがあります。
この鉄のパイプ25本を、重さ1.5kgの箱に入れると、箱全体の重さは何kgになるでしょうか。　式・答え　各4点(8点)

式

答え（　　　）

6 98.5cmのテープから8cmのテープは何本とれて、何cmあまるでしょうか。　式・答え　各4点(8点)

式

答え（　　　）

7 活用　教室の天じょうに、正方形のパネルが、横に32まいならんでいます。
この教室の横の長さは880cmです。
パネルの1辺(いっぺん)の長さは何cmでしょうか。　式・答え　各4点(8点)

式

答え（　　　）

ふろくの「計算せんもんドリル」22～34もやってみよう！

ふりかえり　1がわからないときは、96ページの2にもどってかくにんしてみよう。

学習日 月 日

16 立体

直方体と立方体

教科書 下100〜104ページ　答え 42ページ

次の□にあてはまる言葉や数を書きましょう。

めあて 直方体（ちょくほうたい）や立方体（りっぽうたい）の形を理かいしよう。　練習 1→

直方体と立方体

長方形だけでかこまれた形や、長方形と正方形でかこまれた形を**直方体**といいます。

正方形だけでかこまれた形を**立方体**といいます。

また、平らな面や曲がった面でかこまれた形を**立体**といい、平らな面のことを**平面**といいます。

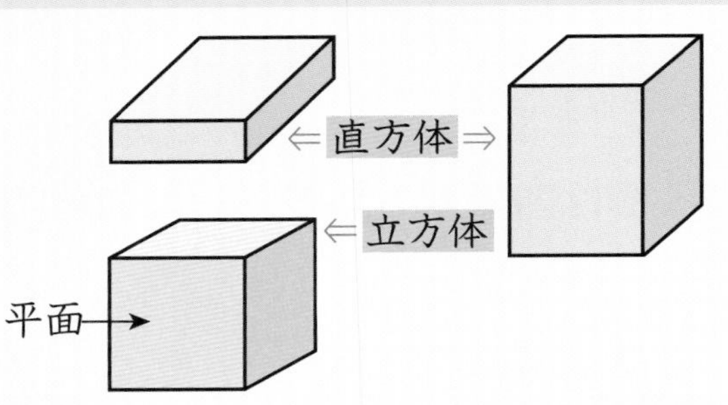

立方体は、
さいころの形だね。

1 右のあ、いの立体を何というでしょうか。

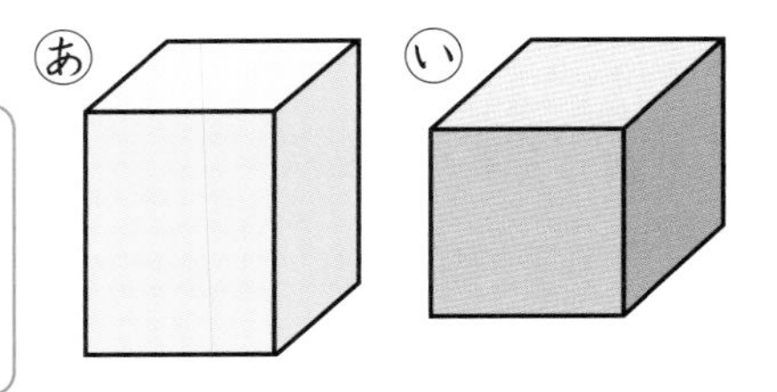

とき方　あ　長方形だけでかこまれた形なので、□。

い　正方形だけでかこまれた形なので、□。

めあて 直方体や立方体の面、頂点（ちょうてん）、辺（へん）がわかるようにしよう。　練習 2 3→

直方体と立方体の面、頂点、辺の数

面の数…6

頂点の数…8

辺の数…12

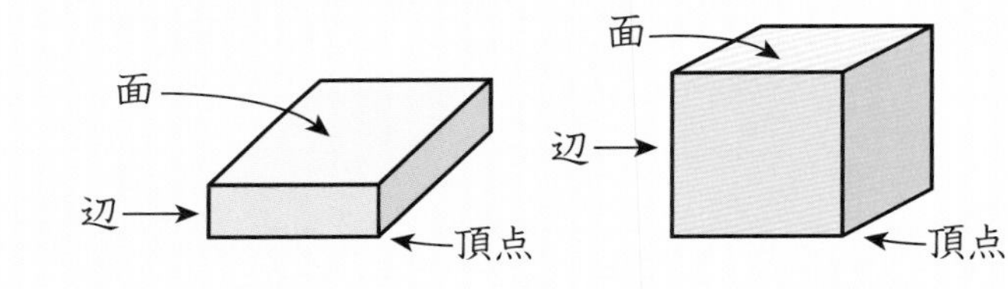

2 右の直方体には、同じ長さの辺がいくつずつ何組あるでしょうか。また、形も大きさも同じ面がいくつずつ何組あるでしょうか。

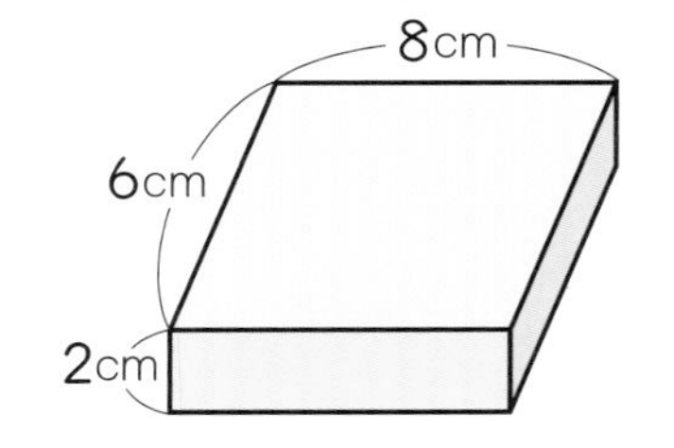

とき方　辺は、2cm、6cm、8cmのものがありますが、

2cmの辺が①□、6cmの辺が②□、8cmの辺が③□です。

同じ長さの辺が④□つずつ⑤□組あります。

また、形も大きさも同じ面が⑥□つずつ3組あります。

（たて6cm　横8cm）（たて2cm　横8cm）（たて2cm　横6cm）

1 下の図を見て、次の問題に答えましょう。

教科書 101ページ1

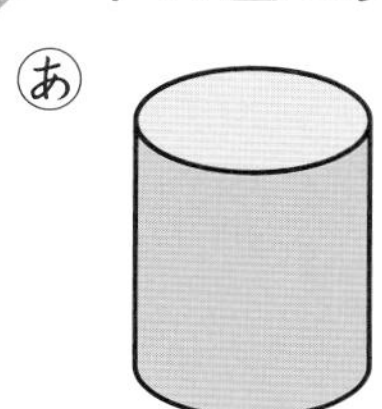

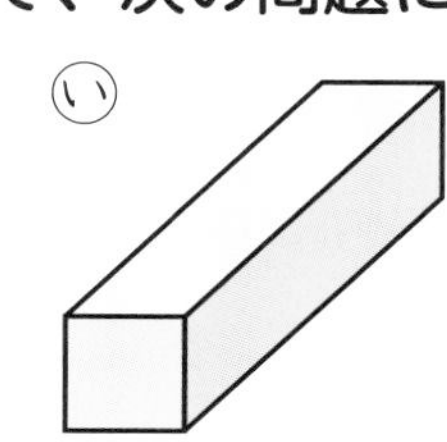

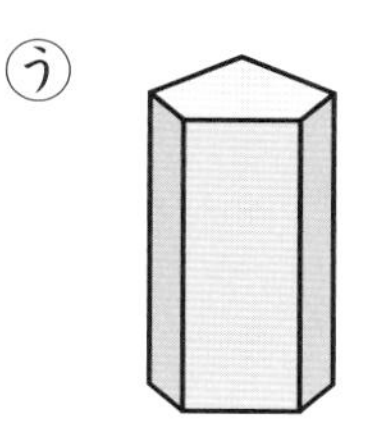

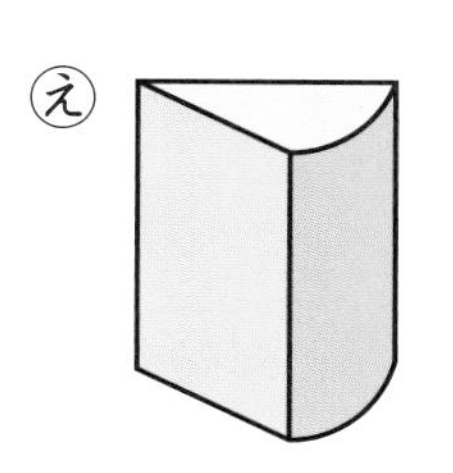

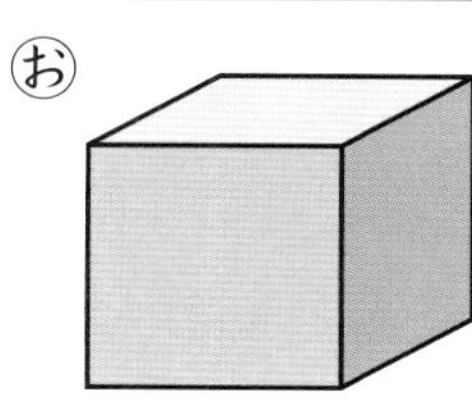

① 平面だけでかこまれた形はどれでしょうか。

（　　　　）

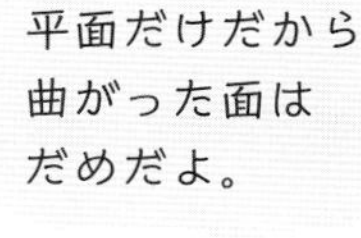

② 直方体はどれでしょうか。
また、立方体はどれでしょうか。

直方体（　　　　）

立方体（　　　　）

2 右のような直方体があります。

教科書 103ページ2、104ページ3

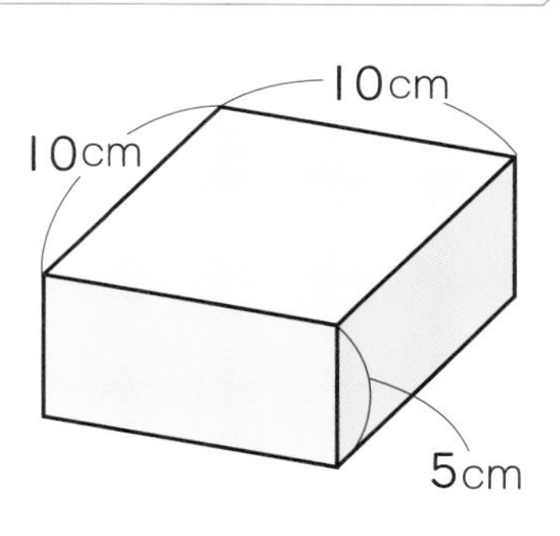

① どんな長さの辺が、それぞれいくつずつあるでしょうか。

（　　　　）

② どんな形の面が、それぞれいくつずつあるでしょうか。

（　　　　）

3 右のような立方体があります。

教科書 103ページ2、104ページ3

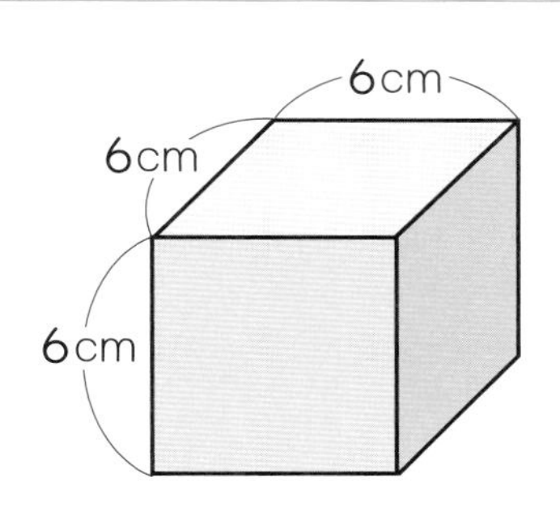

① どんな長さの辺がいくつあるでしょうか。

（　　　　）

② どんな形の面がいくつあるでしょうか。

（　　　　）

2 直方体の向かい合う面は、形も大きさも同じ長方形か正方形です。
直方体には向かい合う2つの面が3組あります。

面や辺の垂直、平行

学習日　月　日

教科書 下105～107ページ　答え 43ページ

次の□にあてはまる記号を書きましょう。

めあて 直方体の面と面のならび方や交わり方がわかるようにしよう。　練習 1 2 →

面と面の平行

面あと面うは平行であるといいます。

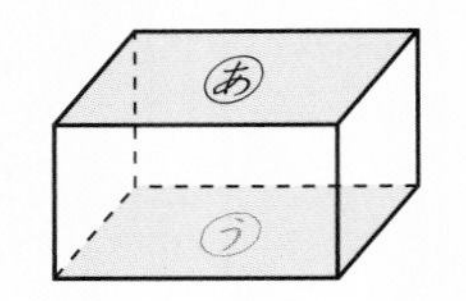

面と面の垂直

面あと面かは垂直（すいちょく）であるといいます。

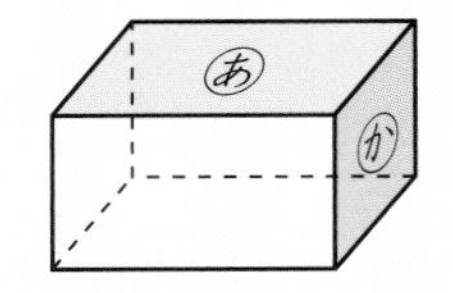

1 (1) 右の直方体で、面かに平行な面はどれでしょうか。
(2) 面かに垂直な面はどれでしょうか。

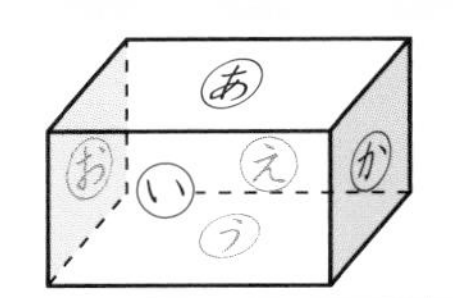

とき方 (1) 面かに平行な面は、面□。
(2) 面かに垂直な面は、面①□、面②□、面③□、面④□。

平行な面は向かい合っている面だね。

垂直な面は、となり合っている面だよ。

めあて 直方体の面と辺（へん）、辺と辺のならび方や交わり方がわかるようにしよう。　練習 2 →

面と辺の平行、垂直

面うと辺アイは平行であるといいます。
また、面うと辺アオは垂直であるといいます。

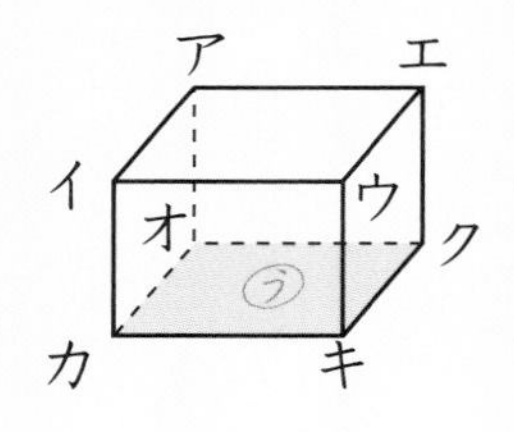

辺と辺の平行、垂直

辺アイと辺エウは平行であるといいます。
また、辺アイと辺アオは垂直であるといいます。

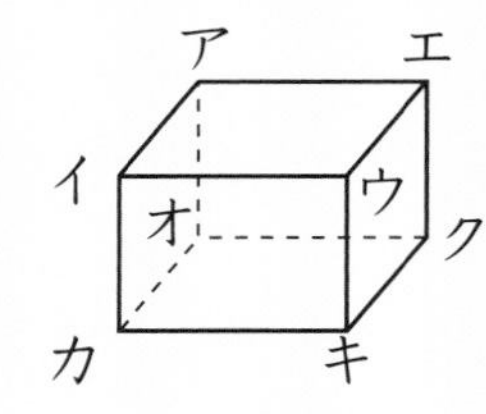

2 (1) 右の直方体で、面えに平行な辺はどれでしょうか。
(2) 面えに垂直な辺はどれでしょうか。
(3) 辺イウに平行な辺はどれでしょうか。

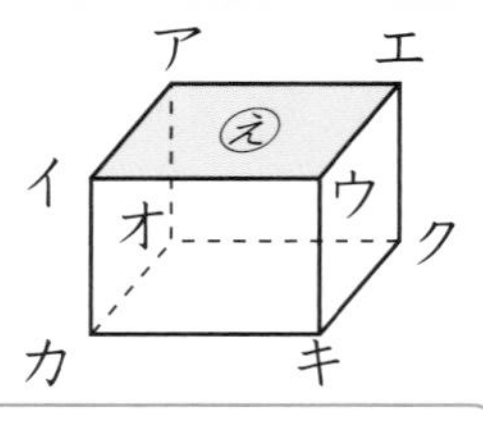

とき方 (1) 面えに平行な辺は、辺①□、辺②□、辺③□、辺④□。
(2) 面えに垂直な辺は、辺アオ、辺イカ、辺①□、辺②□。
(3) 辺イウに平行な辺は、辺アエ、辺①□、辺②□。

★できた問題には、「た」をかこう！★

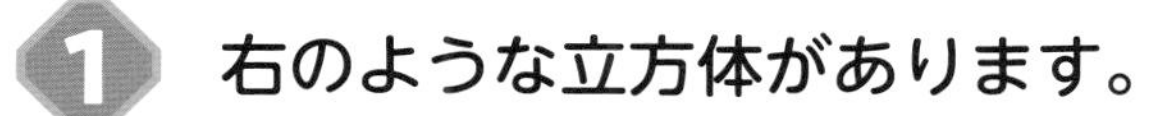

学習日　月　日

教科書 下105～107ページ　答え 43ページ

1 右のような立方体があります。 教科書 105ページ 4

① 平行な面はどれとどれでしょうか。
すべて書きましょう。

（　　　　　　　　　　　　）

② 面㋑に垂直な面はどれでしょうか。

（　　　　　　　　　　　　）

③ 面㋒に垂直な面はどれでしょうか。

（　　　　　　　　　　　　）

2 右のような直方体があります。 教科書 105ページ 4、106ページ 5、107ページ 6

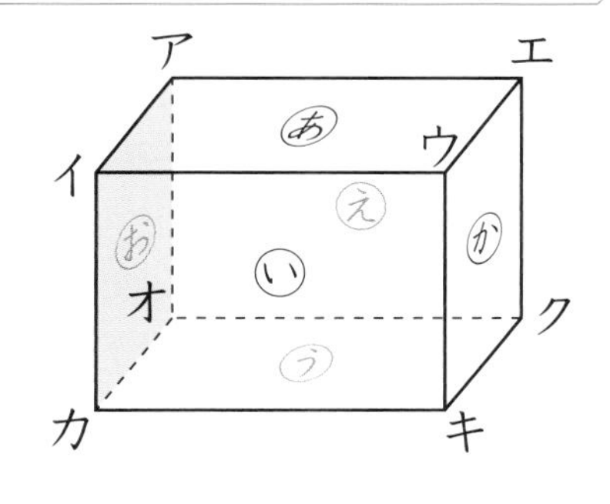

① 面㋔に平行な面はどれでしょうか。

（　　　　　）

② 面㋔に平行な辺はどれでしょうか。

（　　　　　　　　　　　　）

③ 面㋔に垂直な辺はどれでしょうか。

（　　　　　　　　　　　　）

④ 辺カキに平行な辺はどれでしょうか。

（　　　　　　　　　　　　）

⑤ 辺カキに垂直な辺はどれでしょうか。

（　　　　　　　　　　　　）

②は、
面㋔と平行な面から
平行な辺もわかるよ。

⑤は、
頂点(ちょうてん)カと頂点キに
集まっている辺を
調べよう。

2 ② 面㋔に平行な面の長方形の辺は、面㋔に平行です。
③ 面㋔に交わる辺は、面㋔と垂直です。

学習日　月　日

16 立体
展開図と見取図

教科書 下108～110ページ　答え 43ページ

次の□にあてはまる言葉や記号を書きましょう。

めあて 展開図や見取図がわかるようにしよう。 練習 1→

展開図

直方体や立方体などを辺にそって切り開いて、平面の上に広げてかいた図を、**展開図**といいます。

見取図

見ただけで全体のおよその形がわかる図を、**見取図**といいます。

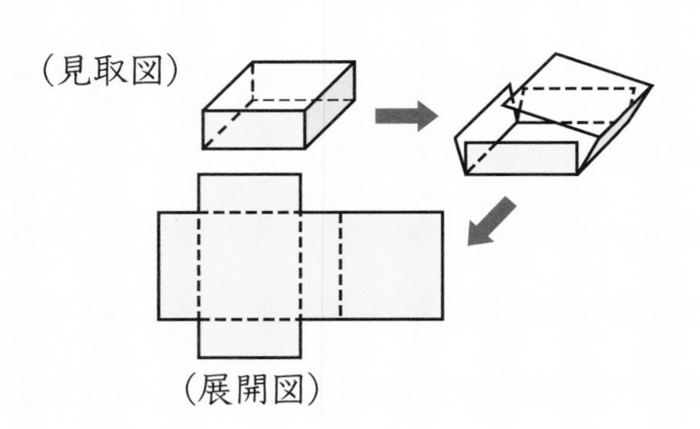

1 右の方眼に、たて5cm、横8cm、高さ3cmの直方体の展開図のつづきをかきましょう。

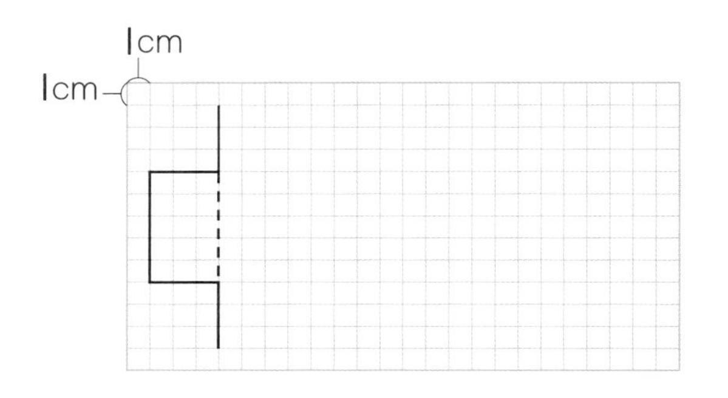

とき方 向かい合ったところに形も□も同じ面があります。

めあて 展開図から、面や辺のならび方や交わり方がわかるようにしよう。 練習 2→

面や辺のならび方や交わり方

展開図を組み立ててできる直方体や立方体を考えて、重なる点や辺、平行になる面や垂直になる面や辺を見つけます。

2 右の展開図を組み立ててできる直方体で、点イと重なる点、辺エオと重なる辺はどれでしょうか。
また、面㋑に平行な面はどれでしょうか。
平行な辺はどれでしょうか。

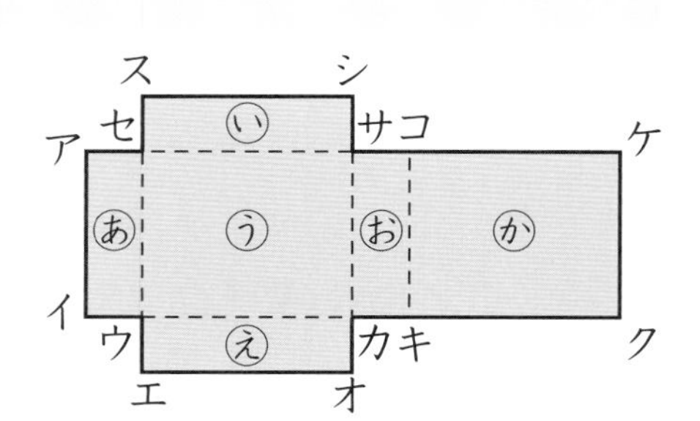

とき方 点イと重なる点は、点エと点①□。
辺エオと重なる辺は、辺②□。
面㋑に平行な面は、面③□。
面㋑に平行な辺は、
辺ウカ、辺④□、辺⑤□、辺⑥□。

どの点とどの点が重なるかを考えて、直方体を頭の中で組み立ててみよう。

★できた問題には、「た」をかこう！★

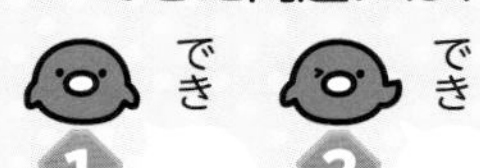

学習日　　月　　日

教科書　下108～110ページ　答え　43ページ

1 右のような直方体の展開図を、下の方眼にかきましょう。 教科書　108ページ7

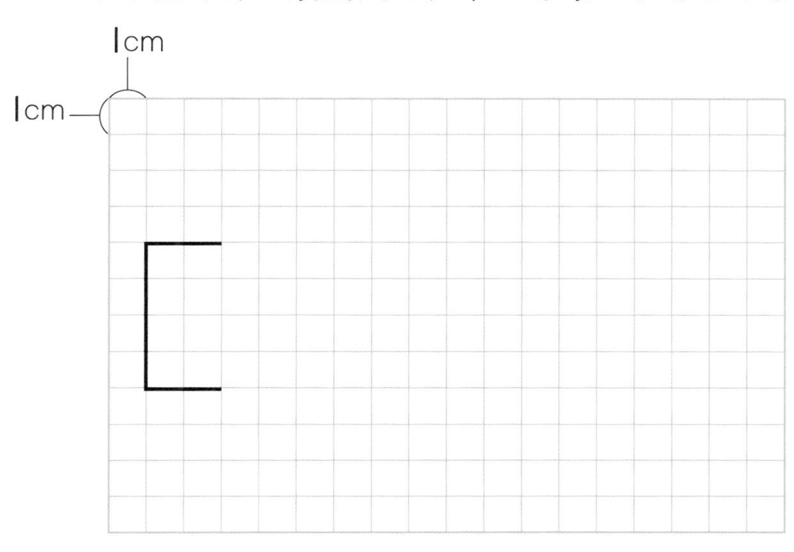

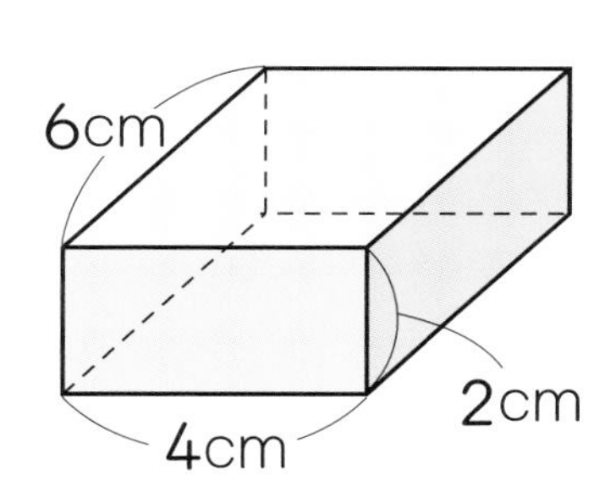

2 右の展開図を組み立ててできる立方体について、次の点、辺、面を答えましょう。 教科書　109ページ8

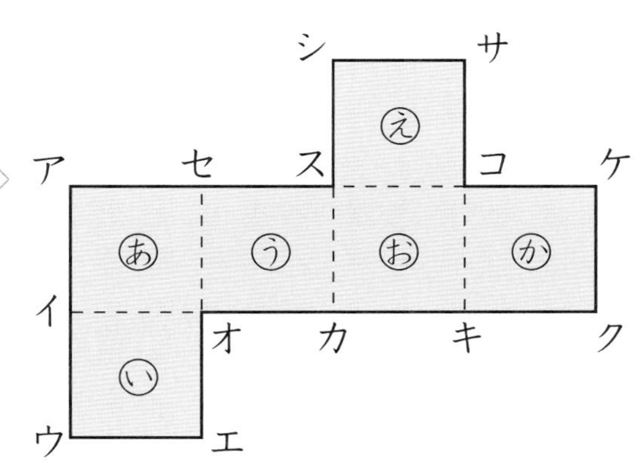

① 点エと重なる点はどれでしょうか。

(　　　　)

② 辺カキと重なる辺はどれでしょうか。

(　　　　)

③ 面いと垂直になる面はどれでしょうか。

(　　　　)

④ 辺イウと垂直になる辺はどれでしょうか。

(　　　　)

⑤ 面いと平行になる面はどれでしょうか。

(　　　　)

ヒント
2 立方体の展開図では、１つの頂点(ちょうてん)が２つか３つの点で表されることがあります。
立方体の見取図をかいて、ア～セの記号を書き入れてみましょう。

16 立体

位置の表し方

学習日　月　日

教科書 下111～112ページ　答え 44ページ

次の□にあてはまる数を書きましょう。

めあて 平面上の点の位置を表すことができるようにしよう。 練習 1→

平面上の点の位置

平面上の点の位置は、2つの長さの組で表すことができます。

右の図で、点アの位置をもとにすると、点イの位置は、点アから東へ40m、北へ30mのところにあるから、次のように表すことができます。

（東40m　北30m）

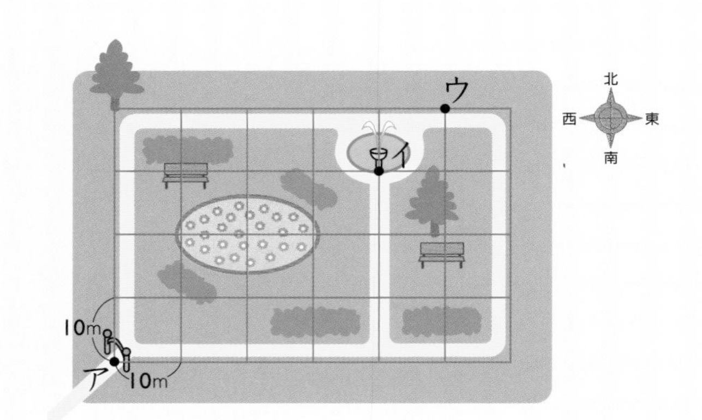

1 右上の図で、点ウの位置を同じように表してみましょう。

とき方 点ウは、点アから東へ50m、北へ40mのところにあります。

（東□m　北□m）

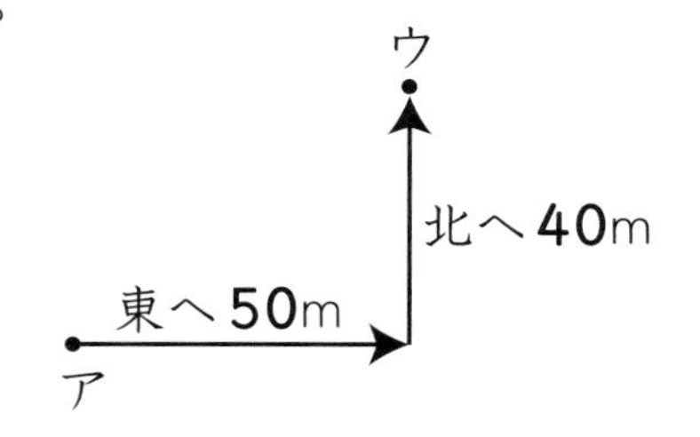

めあて 空間にある点の位置を表すことができるようにしよう。 練習 2→

空間にある点の位置

空間にある点の位置は、3つの長さの組で表すことができます。

右の図で、点アの位置をもとにすると、点イの位置は、点アから東へ50m、北へ20m、高さ30mのところにあるから、次のように表すことができます。

（東50m　北20m　高さ30m）

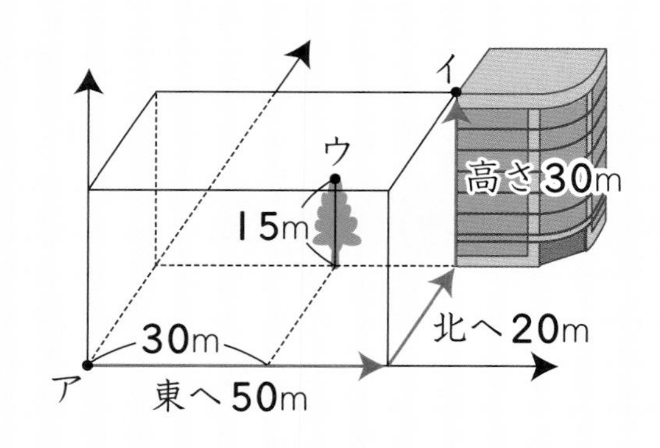

2 右上の図で、点ウの位置を同じように表してみましょう。

とき方 点ウは、点アから東へ30m、北へ20m、高さ15mのところにあります。

（東□m　北□m　高さ□m）

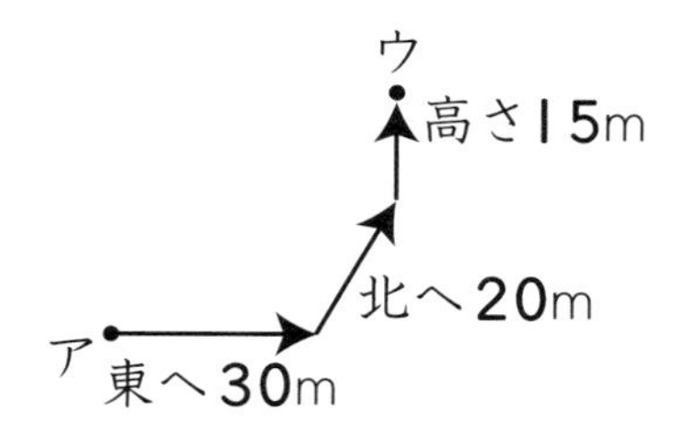

ぴったり2

練習

★できた問題には、「た」をかこう！★

できき 1　できき 2

学習日　月　日

教科書 下111～112ページ　答え 44ページ

1 右の図のような公園があります。

点アの位置をもとにすると、点イの位置は(東 40 m　北 20 m)と表すことができます。

同じようにして、点ウ、エ、オの位置を表しましょう。

教科書 111ページ 10

オ
エ
イ
ウ
10m
ア 10m
北
西
東
南

平面上の位置は
2つの長さの
組で表せるね。

点ウ（　　　　）

点エ（　　　　）

点オ（　　　　）

2 右のような直方体で、頂点(ちょうてん)アをもとにすると、頂点カの位置は次のように表すことができます。

(横 5 cm　たて 0 cm　高さ 4 cm)

同じようにして、頂点イ、ウ、キ、クの位置を表しましょう。

教科書 112ページ 11

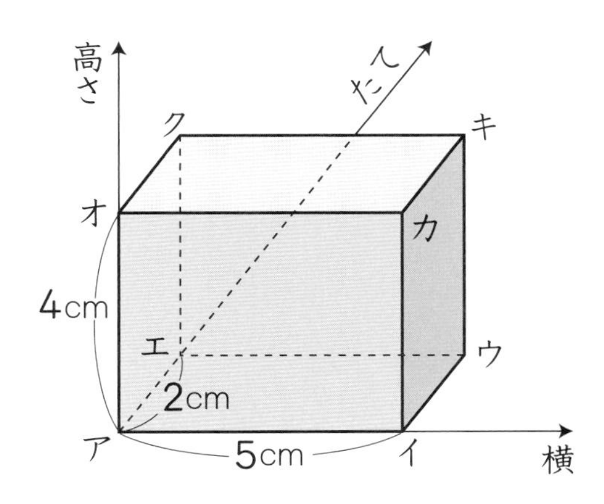

頂点イ（　　　　）

頂点ウ（　　　　）

頂点キ（　　　　）

頂点ク（　　　　）

2 頂点イは頂点アから横に 5 cm いったところにあり、たてや高さの方向には動いていないので、たて 0 cm、高さ 0 cm と表します。

⑯ 立体

／100
ごうかく 80 点

教科書 下 100～115 ページ　答え 44 ページ

知識・技能　／100点

1 次の□にあてはまる言葉を書きましょう。　各5点(20点)

①

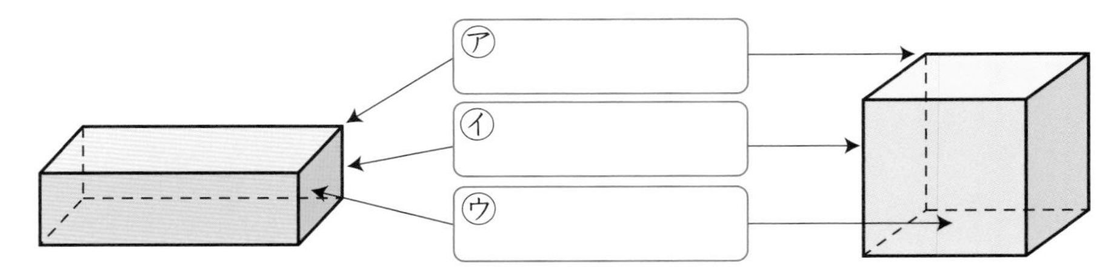

② 立方体の面の形は、すべて□です。

2 よく出る 右のような直方体があります。　各5点(30点)

ア　エ　イ　ウ　オ　ク　カ　キ　あ　い　う　え　お　か

① 面うに平行な面はどれでしょうか。

(　　　　)

② 面うに垂直(すいちょく)な面はどれでしょうか。

(　　　　)

③ 面うに平行な辺(へん)はどれでしょうか。

(　　　　)

④ 面うに垂直な辺はどれでしょうか。

(　　　　)

⑤ 辺ウキに平行な辺はどれでしょうか。

(　　　　)

⑥ 辺ウキに垂直な辺はどれでしょうか。

(　　　　)

できたらスゴイ!

3 下の展開図(てんかいず)を組み立てたとき、立方体ができないのはどれでしょうか。 (5点)

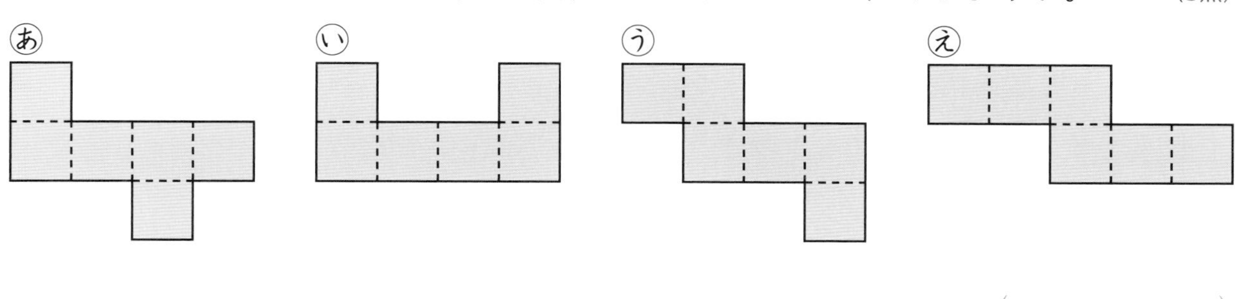

( )

4 よく出る **右の展開図を組み立ててできる直方体について、次の問題に答えましょう。** 各5点(40点)

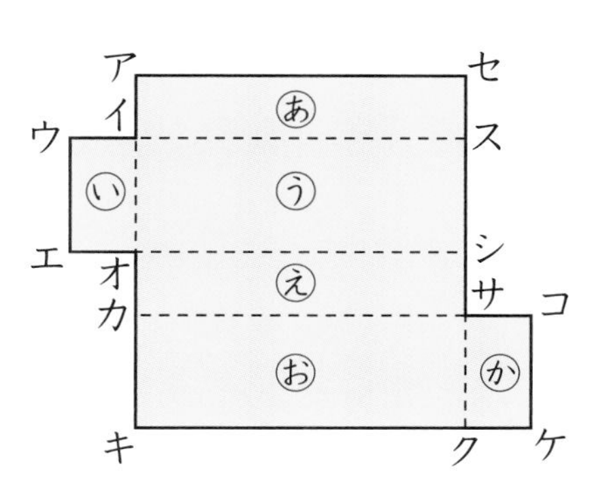

① 点ウと重なる点はどれでしょうか。

( )

② 辺ウエと重なる辺はどれでしょうか。

( )

③ 面㋓と平行になる面はどれでしょうか。また、垂直になる面はどれでしょうか。

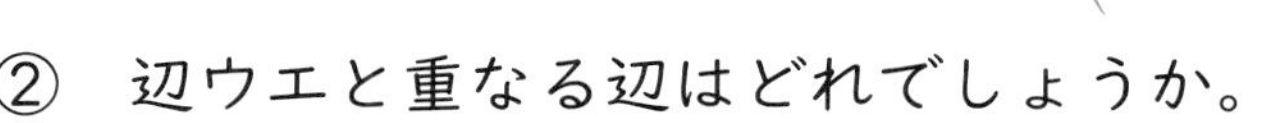

平行 ( ) 垂直 ( )

④ 面㋒と平行になる辺はどれでしょうか。また、垂直になる辺はどれでしょうか。

平行 ( ) 垂直 ( )

⑤ 辺イオと平行になる辺はどれでしょうか。また、垂直になる辺はどれでしょうか。

平行 ( ) 垂直 ( )

5 右の図で、点アの位置(いち)をもとにすると、点イの位置は次のように表すことができます。

(横3cm たて4cm)

同じようにして、点ウの位置を表しましょう。

(5点)

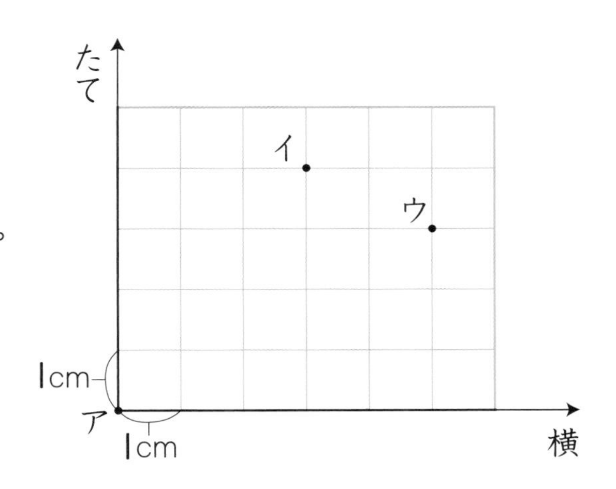

点ウ ( )

ふりかえり ❶②がわからないときは、106ページの❶にもどってかくにんしてみよう。

1より大きい分数

教科書 下116～121ページ　答え 45ページ

次の□にあてはまる数を書きましょう。

めあて 真分数、仮分数、帯分数のちがいを知ろう。 練習 1 4→

真分数…分子が分母より小さい分数
(1より小さい分数)　$\frac{1}{3}$　$\frac{2}{5}$　$\frac{3}{8}$

仮分数…分子が分母と等しいか、分子が分母より大きい分数
(1に等しいか、1より大きい分数)　$\frac{3}{3}$　$\frac{9}{7}$　$\frac{13}{9}$

帯分数…整数と真分数の和で表されている分数
(1より大きい分数)　$2\frac{2}{3}$　$5\frac{1}{4}$　$1\frac{7}{8}$

1 右の数直線の㋐にあてはまる数を、仮分数と帯分数の両方で表しましょう。

(数直線：0　1　㋐　2)

とき方 数直線の1めもりは $\frac{1}{5}$ です。

仮分数で表すと、$\frac{1}{5}$ の①□こ分で②□です。

また、帯分数で表すと、1と③□(真分数)をあわせて④□です。

めあて 帯分数と仮分数の書きかえができるようにしよう。 練習 2 3→

帯分数→仮分数

$2\frac{1}{4}$ → $4\times2+1=9$ → $\frac{9}{4}$　($\frac{4}{4}$が2こ)

仮分数→帯分数

$\frac{7}{3}$ → $7\div3=2$ あまり1 → $2\frac{1}{3}$　($\frac{3}{3}$が2こ)

2 (1) $2\frac{3}{5}$ を仮分数で表しましょう。　(2) $\frac{10}{3}$ を帯分数で表しましょう。

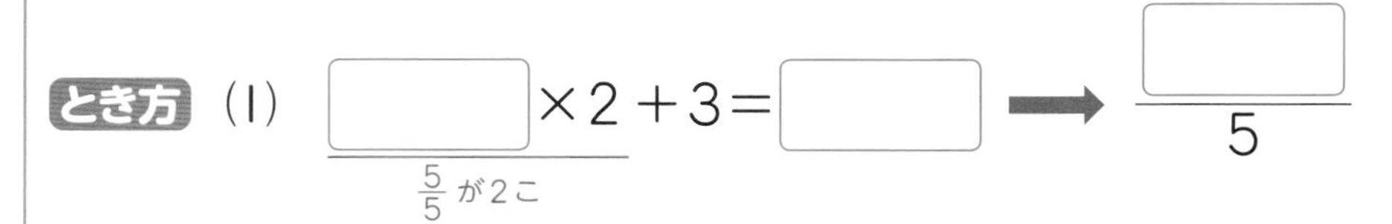

とき方 (1) □×2＋3＝□ → $\frac{□}{5}$　($\frac{5}{5}$が2こ)

(2) □÷3＝3あまり1 → □$\frac{□}{3}$

どちらもできるようにしよう。

★できた問題には、「た」をかこう！★

できた 1 2 3 4

学習日　　月　　日

教科書 下116〜121ページ　答え 45ページ

1 □にあてはまる数を書きましょう。

教科書 117ページ 1

① $\frac{7}{3}$ は $\frac{1}{3}$ を □ こあつめた数です。

② $\frac{6}{5}$ は1より □ 大きい数です。

③ $\frac{9}{7}$ は $\frac{7}{7}$ と □ をあわせた数です。

2 次の帯分数を仮分数で表しましょう。

教科書 120ページ 3

① $3\frac{5}{8}$　（　　）

② $4\frac{2}{9}$　（　　）

③ $5\frac{5}{6}$　（　　）

3 次の仮分数を帯分数か整数で表しましょう。

教科書 120ページ 4

① $\frac{11}{4}$　（　　）

② $\frac{30}{7}$　（　　）

③ $\frac{15}{5}$　（　　）

4 □にあてはまる不等号（ふとうごう）を書きましょう。

教科書 121ページ 5

① $1\frac{2}{9}$ □ $\frac{15}{9}$

② $\frac{13}{5}$ □ $2\frac{4}{5}$

2つの分数を仮分数に
そろえたり、帯分数に
そろえたりしてみよう。

ヒント　3 整数とは、0、5、7、16、200のような数です。

大きさの等しい分数

教科書 下122～123ページ　答え 46ページ

次の□にあてはまる数や記号、言葉を書きましょう。

めあて 大きさの等しい分数を見つけられるようにしよう。 練習 1→

大きさの等しい分数

分母や分子がちがっても、大きさの等しい分数があります。

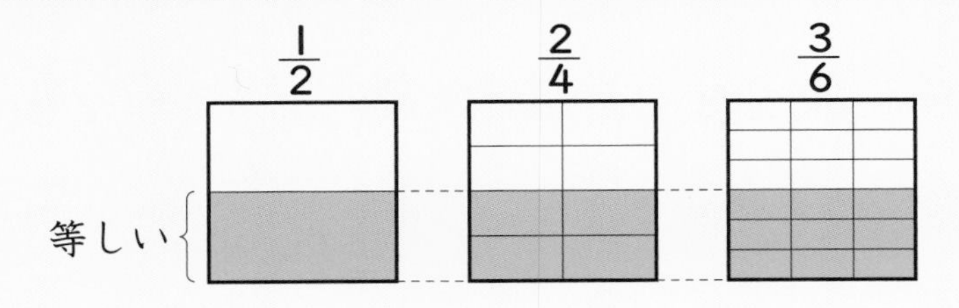

1 $\frac{2}{3}$ と大きさの等しい分数は、次の中のどれでしょうか。

Ⓐ $\frac{1}{2}$　Ⓘ $\frac{2}{4}$　Ⓤ $\frac{3}{4}$　Ⓔ $\frac{3}{6}$　Ⓞ $\frac{4}{6}$

（あ $\frac{1}{2}$　い $\frac{2}{4}$　う $\frac{3}{4}$　え $\frac{3}{6}$　お $\frac{4}{6}$）

とき方 右の数直線で、$\frac{2}{3}$ と同じめもりになる□が、$\frac{2}{3}$ と大きさの等しい分数です。

□は $\frac{1}{6}$ の［　　］こ分だから、［　　］です。

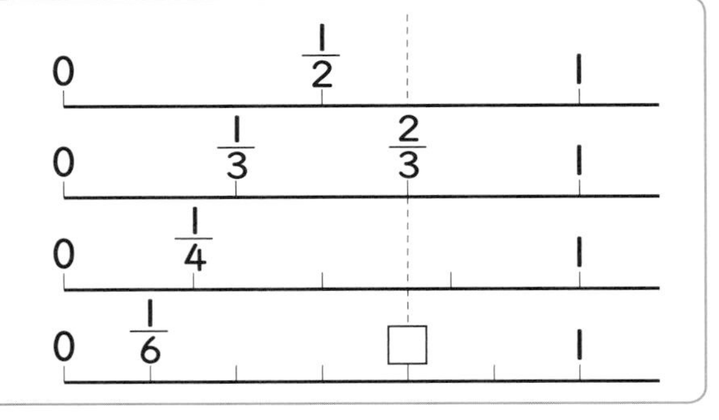

めあて 分数の大きさをくらべられるようにしよう。 練習 2→

分数の大きさのくらべ方

分子が同じ分数では、分母が大きいほど、分数の大きさは小さくなります。

分母が同じなら、
分子が大きいほど
分数は大きいね。

2 右の数直線を見て、分子が2の分数を、大きいほうから順に書きましょう。

とき方 分子が同じ2ならば、分数は
①［　　］が小さいほど大きいので、
大きい順に、
②［　　］、③［　　］、④［　　］、
⑤［　　］、⑥［　　］になります。

0 $\frac{1}{2}$ 1 2
0 $\frac{1}{3}$ 1 2
0 $\frac{1}{4}$ 1 2
0 $\frac{1}{5}$ 1 2
0 $\frac{1}{6}$ 1 2

1 下の数直線の中から、次の分数と大きさの等しい分数を、それぞれ１つ見つけましょう。 教科書 122ページ 7

① $\frac{1}{4}$　② $\frac{2}{4}$　③ $\frac{2}{5}$

（　　）（　　）（　　）

0 $\frac{1}{2}$ 1 2 3

0 $\frac{1}{3}$ 1 2 3

0 $\frac{1}{4}$ 1 2 3

0 $\frac{1}{5}$ 1 2 3

0 $\frac{1}{6}$ 1 2 3

0 $\frac{1}{7}$ 1 2 3

0 $\frac{1}{8}$ 1 2 3

0 $\frac{1}{9}$ 1 2 3

0 $\frac{1}{10}$ 1 2 3

2 上の**1**の数直線を見て、分数の大きさをくらべましょう。 教科書 122ページ 7

① 分子が２の分数を、小さいほうから順に５つ書きましょう。

（　　）

② 分子が４の分数を、大きいほうから順に５つ書きましょう。

（　　）

③ 分子が６の分数を、大きいほうから順に５つ書きましょう。

（　　）

1 ① $\frac{1}{4}$ のめもりを通る数直線に垂直（すいちょく）なたての線をかいたとき、この線の上にある分数は、$\frac{1}{4}$ と大きさが等しいです。

17 分数の大きさとたし算、ひき算

分数のたし算とひき算

教科書 下 124〜127 ページ　答え 46 ページ

次の□にあてはまる数を書きましょう。

めあて 分数のたし算ができるようにしよう。 練習 1 2 →

分数のたし算

$\frac{2}{5}$ L の水と $\frac{4}{5}$ L の水をあわせると

$\frac{2}{5}+\frac{4}{5}$

$\frac{2}{5} \longrightarrow \frac{1}{5}$ が2こ

$\frac{4}{5} \longrightarrow \frac{1}{5}$ が4こ

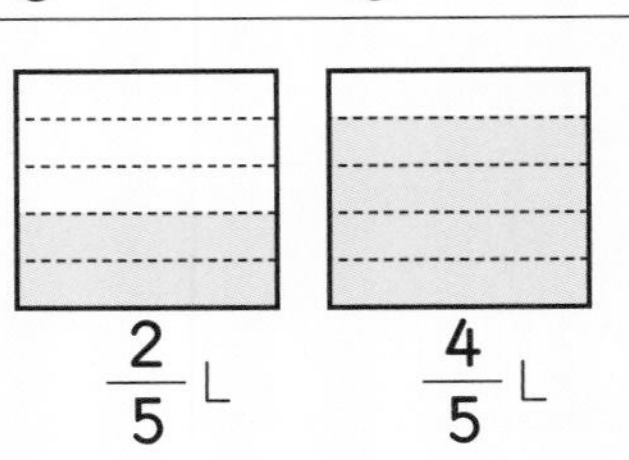

たいぶんすう
帯分数 $1\frac{1}{5}$ に
なおして答えて
もいいよ。

あわせて → $\frac{1}{5}$ が(2+4)こ ➡ $\frac{2}{5}+\frac{4}{5}=\frac{6}{5}$　　あわせて $\frac{6}{5}$ L

1 $2\frac{1}{7}+1\frac{2}{7}$ の計算をしましょう。

とき方

とき方1

しんぶんすう
整数と真分数に分けて計算します。

$2\frac{1}{7}+1\frac{2}{7}=$ ① □ $\frac{②□}{7}$

とき方2

か ぶんすう
仮分数になおして計算します。

$2\frac{1}{7}+1\frac{2}{7}=\frac{③□}{7}+\frac{9}{7}=\frac{④□}{7}$

めあて 分数のひき算ができるようにしよう。 練習 3 4 →

分数のひき算

$\frac{8}{5}$ L のお茶と $\frac{4}{5}$ L の水のちがいは

$\frac{8}{5}-\frac{4}{5}$

$\frac{8}{5} \longrightarrow \frac{1}{5}$ が8こ

$\frac{4}{5} \longrightarrow \frac{1}{5}$ が4こ

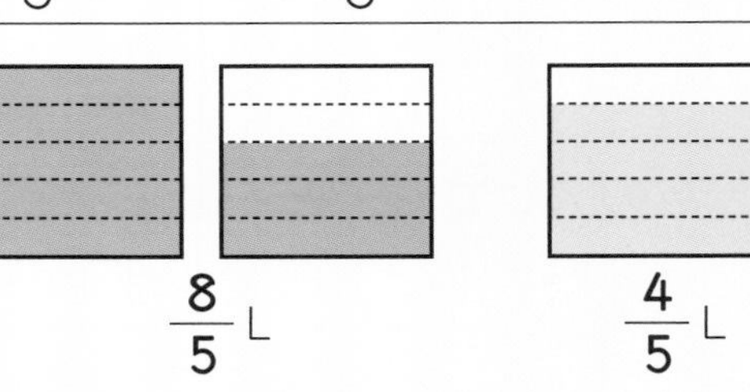

ちがいは → $\frac{1}{5}$ が(8−4)こ ➡ $\frac{8}{5}-\frac{4}{5}=\frac{4}{5}$　　ちがいは $\frac{4}{5}$ L

2 $3\frac{2}{5}-1\frac{3}{5}$ の計算をしましょう。

とき方

とき方1

整数と真分数に分けて計算します。

$3\frac{2}{5}-1\frac{3}{5}=2\frac{①□}{5}-1\frac{3}{5}=1\frac{②□}{5}$

└2と $1\frac{2}{5}$

とき方2

仮分数になおして計算します。

$3\frac{2}{5}-1\frac{3}{5}=\frac{17}{5}-\frac{③□}{5}=\frac{④□}{5}$

★できた問題には、「た」をかこう！★

学習日　　月　　日

教科書 下124～127ページ　答え 46ページ

1 計算をしましょう。

教科書 124ページ 8

① $\frac{3}{5}+\frac{4}{5}$　② $\frac{3}{7}+\frac{6}{7}$　③ $\frac{3}{4}+\frac{5}{4}$

2 計算をしましょう。

教科書 125ページ 9・10

① $2\frac{1}{9}+1\frac{1}{9}$　② $1\frac{5}{7}+3\frac{3}{7}$　③ $1\frac{7}{9}+2\frac{4}{9}$

④ $\frac{4}{7}+2\frac{5}{7}$　⑤ $1\frac{3}{5}+2\frac{2}{5}$

整数と真分数に
分けて計算するか、
仮分数になおして
計算しよう。

3 計算をしましょう。

教科書 126ページ 11

① $\frac{8}{5}-\frac{4}{5}$　② $\frac{13}{4}-\frac{5}{4}$　③ $\frac{10}{9}-\frac{2}{9}$

4 計算をしましょう。

教科書 127ページ 12・13

① $2\frac{4}{7}-1\frac{2}{7}$　② $3\frac{4}{9}-1\frac{8}{9}$　③ $6\frac{5}{6}-\frac{5}{6}$

④ $4\frac{1}{5}-1\frac{4}{5}$　⑤ $3-1\frac{3}{8}$

たし算やひき算の
答えは、仮分数、
帯分数の
どちらで表しても
いいよ。

ヒント　4 ⑤ $1=\frac{8}{8}$ だから、3を $2\frac{8}{8}$ と考えます。

⑰ 分数の大きさとたし算、ひき算

教科書 下116～130ページ　答え 47ページ

知識・技能　／100点

1 次の分数を、真分数(しんぶんすう)、仮分数(かぶんすう)、帯分数(たいぶんすう)に分けましょう。　各3点(9点)

$\frac{6}{5}$　$\frac{5}{8}$　$\frac{17}{10}$　$3\frac{1}{2}$　$\frac{4}{4}$　$\frac{2}{7}$　$4\frac{5}{9}$　$1\frac{1}{2}$

真分数（　　）

仮分数（　　）

帯分数（　　）

2 下の数直線の①、②、③にあてはまる数を、真分数や帯分数で表しましょう。　各3点(9点)

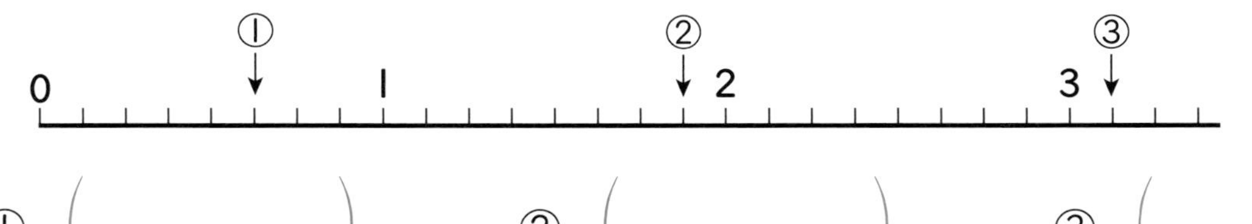

①（　　）　②（　　）　③（　　）

3 □にあてはまる数を書きましょう。　各3点(6点)

① $\frac{1}{9}$ を10こあつめた数は□です。

② $\frac{13}{5}$ は2より□大きい数です。

4 よく出る 次の帯分数を仮分数で表しましょう。　各4点(16点)

① $1\frac{3}{4}$（　　）　② $2\frac{7}{8}$（　　）

③ $5\frac{4}{7}$（　　）　④ $4\frac{3}{10}$（　　）

学習日　　月　　日

5 よく出る 次の仮分数を帯分数か整数で表しましょう。
各4点(16点)

① $\frac{19}{6}$ (　　　)　② $\frac{37}{5}$ (　　　)

③ $\frac{32}{8}$ (　　　)　④ $\frac{62}{9}$ (　　　)

6 (　)の中の数を、大きい順に書きましょう。
各4点(8点)

① $\left(\frac{15}{7}\quad 2\frac{3}{7}\quad \frac{11}{7}\right)$　② $\left(\frac{15}{4}\quad 2\frac{3}{4}\quad 3\right)$

(　　　)　(　　　)

7 よく出る 計算をしましょう。
各3点(36点)

① $\frac{8}{5}+\frac{3}{5}$　② $\frac{9}{11}+\frac{5}{11}$　③ $2\frac{2}{5}+1\frac{4}{5}$

④ $1\frac{4}{7}+\frac{3}{7}$　⑤ $\frac{5}{7}+1\frac{3}{7}$　⑥ $2\frac{1}{4}+\frac{3}{4}$

⑦ $\frac{13}{7}-\frac{4}{7}$　⑧ $2\frac{3}{5}-1\frac{2}{5}$　⑨ $2\frac{2}{9}-1\frac{4}{9}$

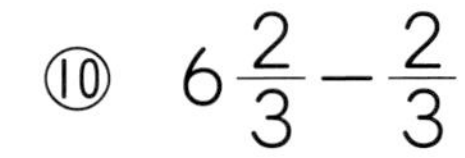

⑩ $6\frac{2}{3}-\frac{2}{3}$　⑪ $3\frac{1}{7}-2\frac{5}{7}$　⑫ $4-2\frac{9}{10}$

はってん 時間を分数で表そう！

教科書 下128ページ

1 活用 60分は1時間だから、1分間は $\frac{1}{60}$ 時間です。
□にあてはまる数を書きましょう。

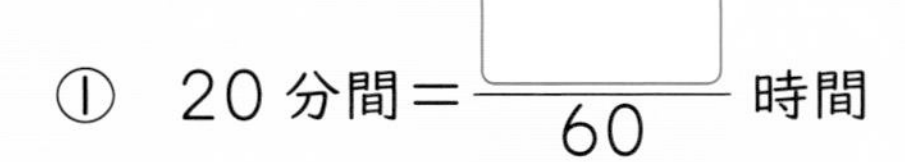

① 20分間＝$\frac{□}{60}$ 時間

② 20分間＝$\frac{1}{□}$ 時間

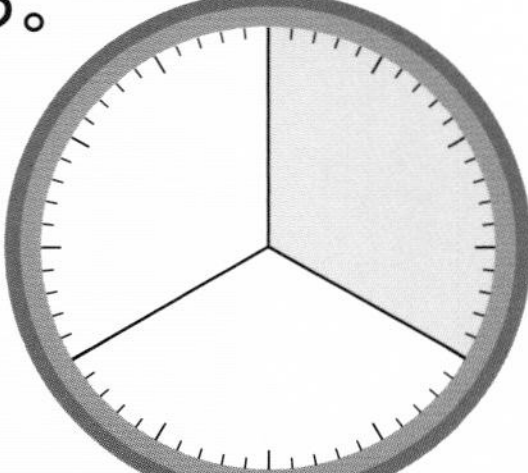

◀②20分は、60分を3等分したうちの1つ分です。

ふろくの「計算せんもんドリル」35～40もやってみよう！

ふりかえり ❶がわからないときは、116ページの❶にもどってかくにんしてみよう。

算数を使って考えよう

教科書 下132〜135ページ　答え 48ページ

この本の終わりにある「春のチャレンジテスト」をやってみよう！

1 4年生のみんなに今週のほ健室の利用についてアンケートをとりました。

今週利用したと答えた人に聞きました。
どんなけがをしましたか。（複数回答可）

（人）

すりきず	ねんざ	切りきず	打ぼく
58	55	50	43

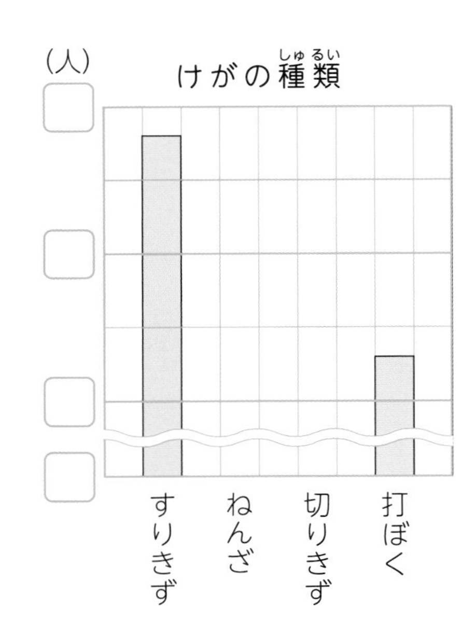

① アンケートの結果を、右のグラフ用紙を使ってぼうグラフに表しましょう。

② 次の文章は、右のグラフの説明として正しいでしょうか。

打ぼくをした人は、すりきずをした人の数の半分より少ない。

（　　　）

2 ゆみさんは、音楽室の面積の求め方を考えています。
わかっているのは、次のあからおのことです。

あ	音楽室の形	長方形
い	ゆかのタイルの形	正方形
う	音楽室のたてにならぶタイルのまい数	60まい
え	音楽室の横にならぶタイルのまい数	40まい
お	ゆかのタイルの１辺の長さ	25 cm

ゆみさんは、音楽室のたてと横の長さから、音楽室の面積を求めました。

ゆかのタイルの１辺の長さは ㋐[　　] cmで、たてに60まい、横に40まいあるので、次の式で求められます。

たて　25×㋑[　　]＝㋒[　　]（cm） → ㋓[　　] m

横　25×㋔[　　]＝㋕[　　]（cm） → ㋖[　　] m

よって、音楽室の面積は、㋗[　　]×㋘[　　]＝㋙[　　]

答え（　　　）

4年のまとめ

数と計算－(1)

教科書　下 136～137 ページ　答え　48 ページ

1 次の数を数字で書きましょう。　各5点(15点)

① 四十一兆九百億八千万
(　　　　)

② 37 億の 100 倍の数
(　　　　)

③ 27 兆 94 億の $\frac{1}{10}$ の数
(　　　　)

2 四捨五入して、(　)の中の位までのがい数で表して、和や積を見積もりましょう。　各5点(10点)

① 431795＋598209　(一万の位)
(　　　　)

② 8138×491　(上から 1 けた)
(　　　　)

3 計算をしましょう。　各6点(12点)

①
```
  348
×265
```

② 3200×60

4 計算をしましょう。　各8点(32点)

① $6\overline{)984}$　② $4\overline{)272}$

③ $27\overline{)81}$　④ $32\overline{)448}$

5 商は一の位まで求めて、あまりも求めましょう。　各8点(16点)

① $7\overline{)247}$　② $58\overline{)352}$

6 くふうして計算をしましょう。　各5点(15点)

① 26＋88＋74

② 5×99

③ 41×3＋59×3

4年のまとめ

数と計算ー(2)

教科書　下 137〜138 ページ　答え　49 ページ

1 計算をしましょう。　各4点(16点)

① 2.09+0.95　② 4.85+2.453

③ 5−0.186　④ 0.629−0.349

2 計算をしましょう。　各4点(24点)

① 4.5×6　② 30.6×7

③ 0.5×68　④ 7.4×16

⑤ 18.55÷7　⑥ 264÷32

3 商は四捨五入して、$\frac{1}{10}$ の位までのがい数で求めましょう。　各5点(10点)

① 60÷9　② 34.6÷16

4 次の帯分数を仮分数で、仮分数を帯分数か整数で表しましょう。　各4点(16点)

① $1\frac{5}{7}$　(　　　)　② $2\frac{4}{9}$　(　　　)

③ $\frac{29}{6}$　(　　　)　④ $\frac{63}{7}$　(　　　)

5 計算をしましょう。　各4点(24点)

① $\frac{9}{11}+\frac{3}{11}$　② $\frac{8}{5}+\frac{7}{5}$

③ $2\frac{4}{7}+3\frac{6}{7}$　④ $\frac{8}{7}-\frac{3}{7}$

⑤ $3-1\frac{1}{4}$　⑥ $3\frac{1}{9}-2\frac{5}{9}$

6 1ふくろ 6.5 kg のすなのふくろが 16 ふくろあります。

全部の重さは何 kg になるでしょうか。　式・答え　各5点(10点)

式

答え (　　　)

4年のまとめ

図形／変化と関係／データの活用

学習日　　月　　日

時間 20 分　　／100　ごうかく 80 点

教科書 下138〜140ページ　答え 50ページ

1 次のような形の面積(めんせき)を求めましょう。 (10点)

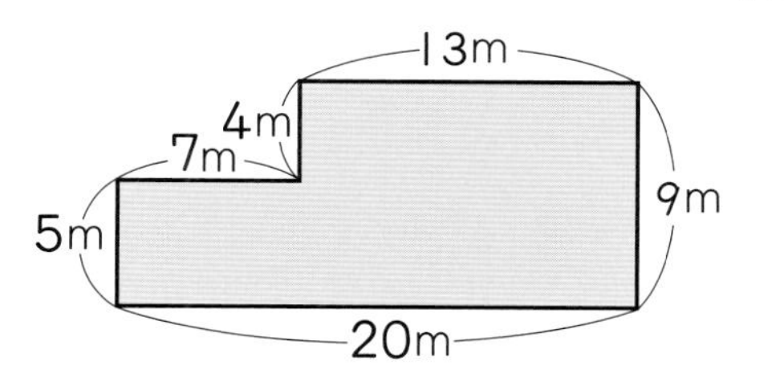

(　　　　　　)

2 右のような三角形をかきましょう。
　また、この三角形は何という三角形でしょうか。 各10点(20点)

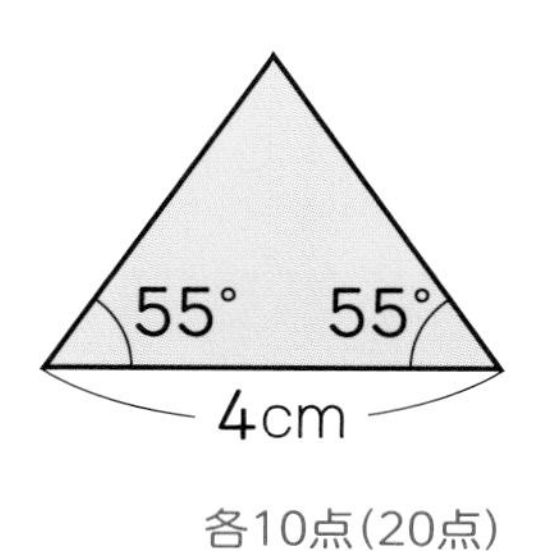

名前 (　　　　　　)

3 青と赤のゴムひもをいっぱいまでのばした長さは、下のとおりです。
　どちらがよくのびたといえるか、割合(わりあい)を使ってくらべましょう。 (10点)

	もとの長さ		いっぱいまでのばした長さ
青	8 cm	➡	32 cm
赤	6 cm	➡	30 cm

(　　　　　　)

4 下の表は、3月1日の気温を2時間ごとに調べたものです。
　これを折(お)れ線グラフに表しましょう。 (10点)

気温調べ

時こく(時)	8	10	12	14	16	18
気温　(度)	10	13	14	17	15	11

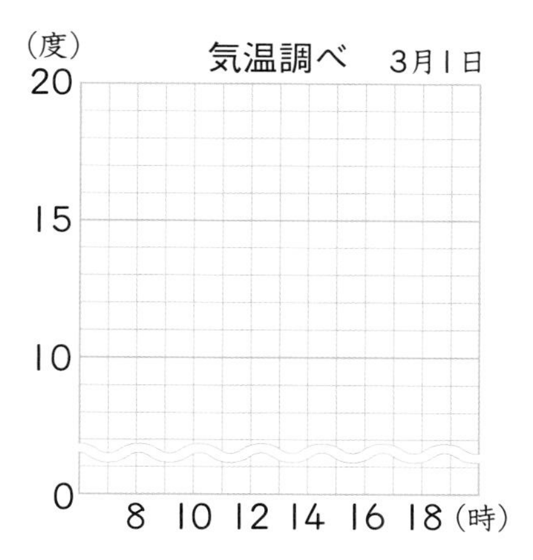

5 みよさんの組の34人について、先週1週間のわすれもの調べをしました。
　表のあいているところに数を書きましょう。 各10点(50点)

わすれもの調べ　(人)

		ハンカチ		合計
		×	○	
文ぼう具	×	9	④	③
	○	①	4	②
合計		15	⑤	34

×…わすれものをした。
○…わすれものをしなかった。

学習日　　月　　日

プログラミングにちょうせん

プログラミング

教科書　下165ページ　答え　51ページ

車の進み方を、あからえのカードを使って指示します。

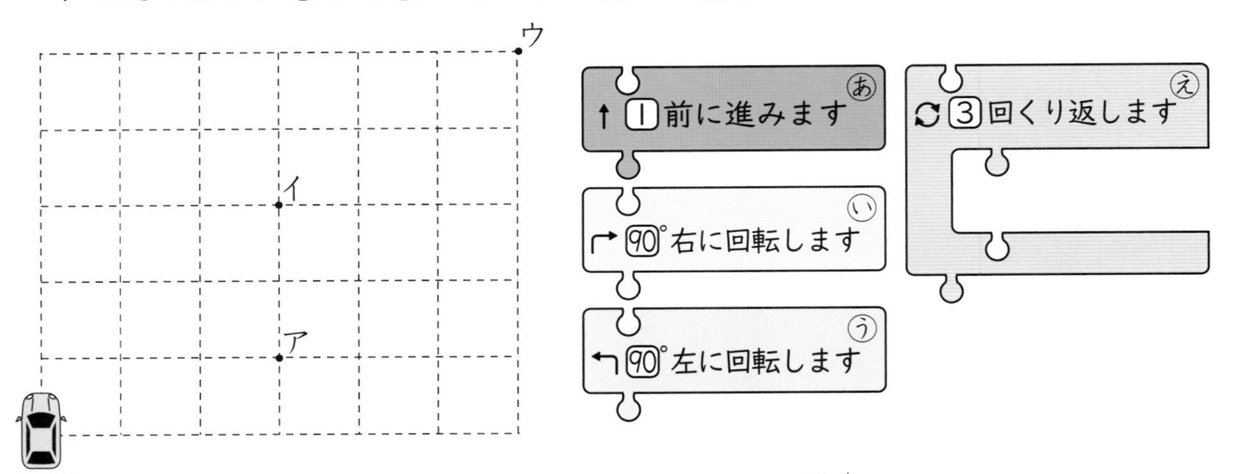

例えば、次のように指示すると、車はスタートの位置から点アの位置まで進みます。

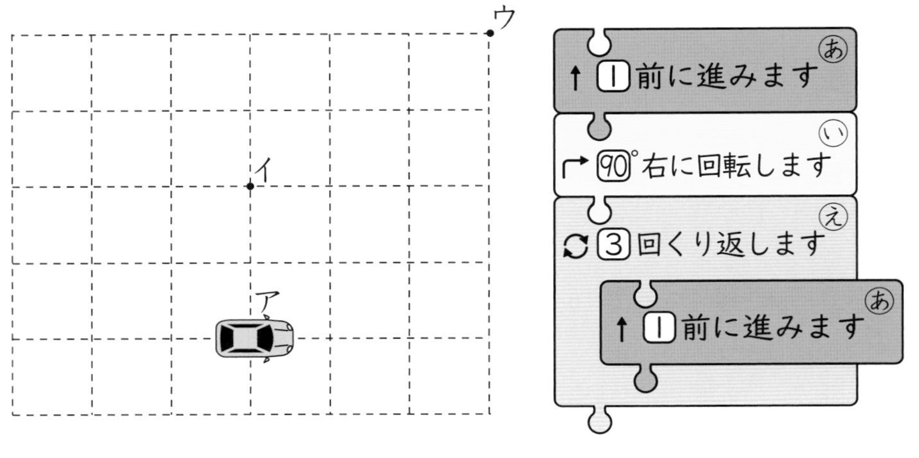

1 車が上の点アの位置から点イの位置まで進むには、あからえのカードをどのように組み合わせるとよいでしょうか。右の図にあてはまるカードを書きましょう。

2 **1**のあと、車が点イの位置から点ウの位置まで進むには、あからえのカードをどのように組み合わせるとよいでしょうか。右の図にあてはまるカードを書きましょう。

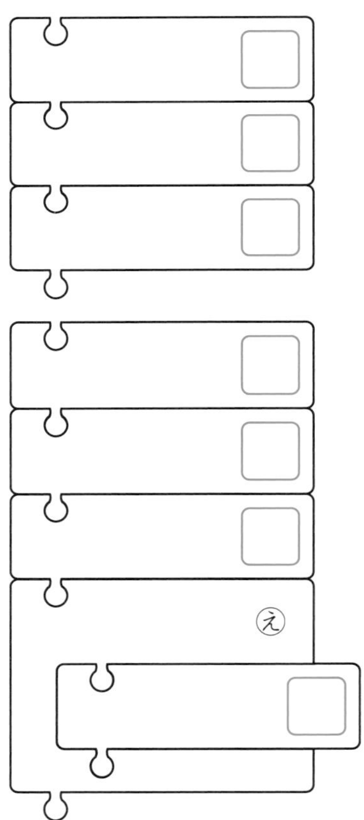

夏のチャレンジテスト

教科書 上11〜107ページ

月　日

名前

答え52ページ

知識・技能　／89点

1 次の数を数字で書きましょう。　各3点(12点)

① 十九億八十六万

(　　　　)

② 六千兆七百億

(　　　　)

③ 10億を4こと、1億を2こと、100万を9こあわせた数

(　　　　)

④ 1億を350こあつめた数

(　　　　)

2 がい数で表すとよいのはどれでしょうか。　(3点)

ⓐ 1こ50円のビー玉を20こ買ったときの代金

ⓘ 教室にあるつくえといすの数

ⓤ 世界の人口

(　　　　)

3 □にあてはまる数を書きましょう。　各2点(4点)

① 200÷50＝20÷□

② 350÷7＝□÷14

4 けんじさんは、498円のプラモデルと189円のボンドと312円の電池を買いました。

代金の合計は、約何円になるでしょうか。四捨五入して、百の位までのがい数で求めましょう。

式・答え 各3点(6点)

式

答え (　　　　)

5 450億と260億の和と差を求めましょう。

各2点(4点)

和 (　　　　)　差 (　　　　)

6 計算をしましょう。　各3点(12点)

① $\begin{array}{r} 724 \\ \times 318 \\ \hline \end{array}$

② $\begin{array}{r} 685 \\ \times 209 \\ \hline \end{array}$

③ 3600×190

④ 4兆×500

7 計算をしましょう。　各3点(12点)

① 3)84

② 4)854

③ 6)620

④ 5)316

うらにも問題があります。

8 計算をしましょう。

各3点(18点)

① $14\overline{)86}$

② $29\overline{)94}$

③ $59\overline{)485}$

④ $68\overline{)324}$

⑤ $18\overline{)597}$

⑥ $81\overline{)917}$

9 3650億の10倍、100倍、$\frac{1}{10}$の数を数字で書きましょう。

各2点(6点)

10倍 (　　　　)

100倍 (　　　　)

$\frac{1}{10}$ (　　　　)

10 下の表は、7月1日のプールの水温を2時間ごとに調べたものです。

各3点(6点)

プールの水温調べ　　7月1日晴れ

時こく(時)	8	10	12	14	16	18
水温　(度)	19	20	22	25	24	21

① プールの水温の変わり方を折れ線グラフに表しましょう。

プールの水温調べ
7月1日晴れ
(度) 30, 25, 20, 15, 10, 5, 0
8　10　12　14　16　18 (時)

② 水温の上がり方がいちばん大きかったのは、何時から何時の間でしょうか。

(　　　　)

11 下の図のように、1組の三角定規を組み合わせました。

あ、いの角度を、それぞれ求めましょう。　各3点(6点)

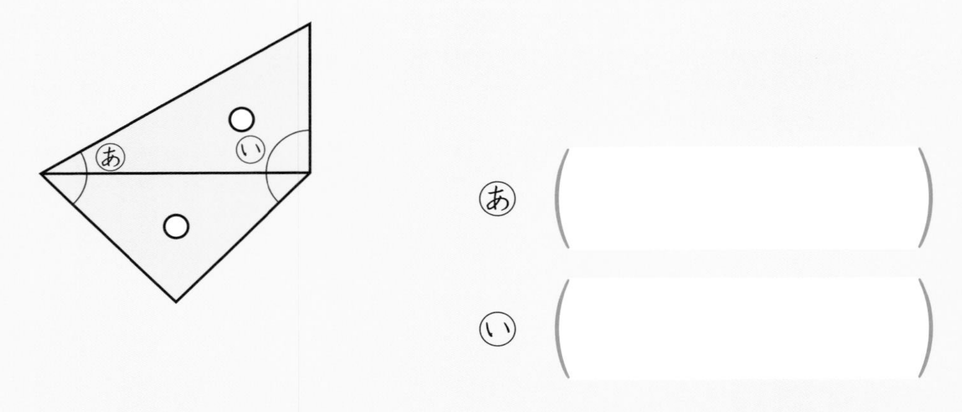

あ (　　　　)

い (　　　　)

思考・判断・表現　　／11点

12 下の数の中で、四捨五入して上から2けたのがい数にしたとき、3000になる整数を選びましょう。

(3点)

3061　　2945　　2953　　3059

(　　　　)

13 あめが85こあります。

4こずつふくろに分けていくと、4こ入りのふくろは何ふくろできるでしょうか。

式・答え 各4点(8点)

式

答え (　　　　)

冬のチャレンジテスト
教科書 上110～下71ページ

月　日
名前

時間 40分

ごうかく80点　／100

答え53ページ

知識・技能　／96点

1 □にあてはまる単位や数を書きましょう。　各3点(12点)

① 1辺が30 cmの正方形の面積は

900 □ です。

② 1辺が200 mの正方形の面積は

4 □ です。

③ 2500 m^2＝□ a

④ 1000 a＝□ ha

2 □にあてはまる数を書きましょう。　各3点(6点)

① 3.572の $\frac{1}{100}$ の位の数字は□です。

② 10 kgを12こと、0.1 kgを7こと、0.001 kgを3こあわせた重さは、□ kgです。

3 下のあからえの四角形の名前を書きましょう。　各3点(12点)

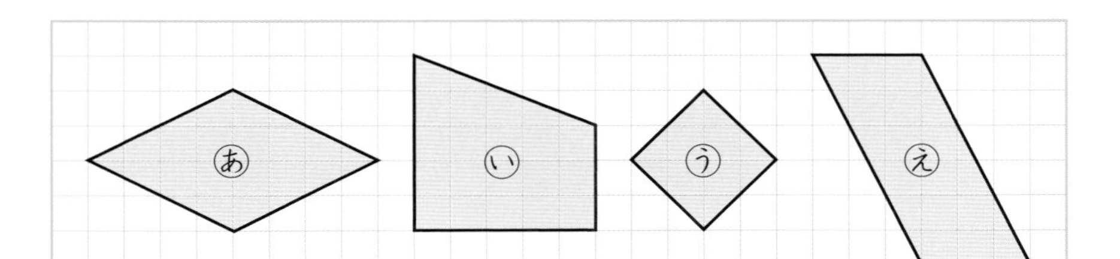

あ(　　)　い(　　)

う(　　)　え(　　)

4 ぶどうのねだんは、300円から600円に値上がりしました。また、りんごは150円から450円に値上がりしました。

割合でくらべると、どちらのほうが値上がりしたといえるでしょうか。　(6点)

(　　)

5 下の表は、ようこさんの学校で、1週間にけがをした人の記録です。　全部できて　1問4点(8点)

① けがの種類とけがをした場所について、下の表に整理しましょう。

1週間のけが調べ

学年	けがの種類	場所
1年	ねんざ	校庭
4年	すりきず	校庭
3年	切りきず	教室
6年	ねんざ	体育館
2年	切りきず	校庭
1年	すりきず	校庭
2年	すりきず	体育館
5年	切りきず	教室
2年	ねんざ	体育館
4年	切りきず	教室
3年	すりきず	校庭

けがの種類と場所　(人)

けがの種類＼場所	校庭	教室	体育館	合計
すりきず				
切りきず				
ねんざ				
合計				

② 体育館でいちばん多く起きたけがの種類は何でしょうか。

(　　)

うらにも問題があります。

6 次のような図形の面積を求めましょう。

式・答え 各3点(6点)

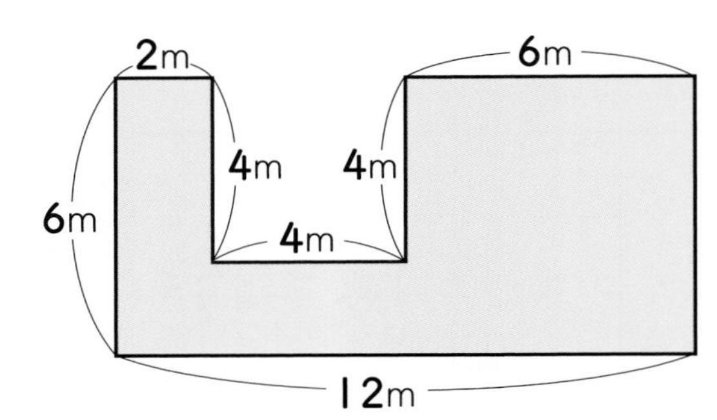

式

答え (　　　　)

7 下の図のように、マッチぼうを使って正方形を作ってならべていきます。

全部できて 1問4点(12点)

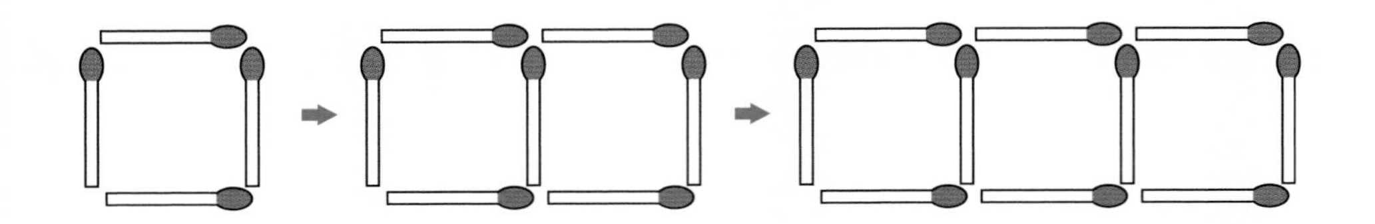

① 正方形の数とマッチぼうの数を、下の表に整理しましょう。

正方形の数　　(こ)	1	2	3	4	5	
マッチぼうの数　(本)						

② 正方形の数が○このときのマッチぼうの数を△本として、○と△の関係を式に表しましょう。

(　　　　)

③ 正方形の数が7このときのマッチぼうの数は何本でしょうか。

(　　　　)

8 □にあてはまる数を書きましょう。

各2点(6点)

① 52＋28＝□＋52

② (7×5)×2＝7×(5×□)

③ (15＋3)×6＝□×6＋3×6

9 下の図は、ひし形の1つの辺です。下の直線を使ってひし形を完成させましょう。

(4点)

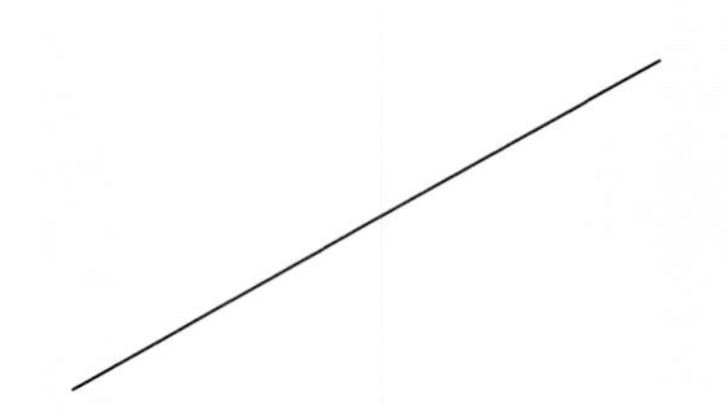

10 計算をしましょう。

各4点(24点)

① 3.29 ＋6.83

② 2.01 ＋0.952

③ 1.208 ＋13.796

④ 7.2 －6.83

⑤ 3.018 －1.47

⑥ 17.3 － 6.419

思考・判断・表現　／4点

11 下の図のように長方形と正方形を重ねました。

Ⓐとⓘの面積を同じにするためには、□の長さを何mにすればよいでしょうか。

(4点)

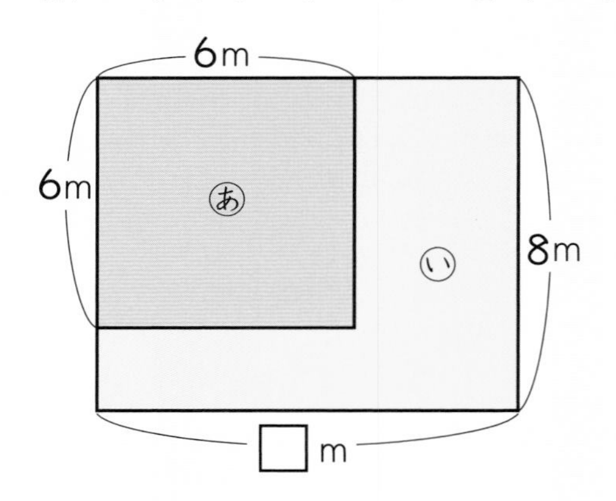

(　　　　)

春のチャレンジテスト

教科書 下77～130ページ

月　日

名前

時間 40分

ごうかく80点 ／100

答え54ページ

知識・技能 ／76点

1 次の分数を、真分数（しんぶんすう）、仮分数（かぶんすう）、帯分数（たいぶんすう）に分けましょう。　各2点(6点)

$\frac{4}{3}$　$\frac{5}{7}$　$3\frac{1}{2}$　$\frac{1}{27}$　$\frac{15}{17}$　$\frac{21}{13}$　$5\frac{3}{4}$　$\frac{3}{3}$　$\frac{10}{1}$

真分数（　　　　）

仮分数（　　　　）

帯分数（　　　　）

2 □にあてはまる数を書きましょう。　各2点(6点)

① $\frac{1}{3}$を5こあつめた数は□です。

② $\frac{25}{6}$は4より□大きい数です。

③ 2に□をたすと$\frac{18}{7}$になります。

3 □にあてはまる言葉を書きましょう。　各2点(12点)

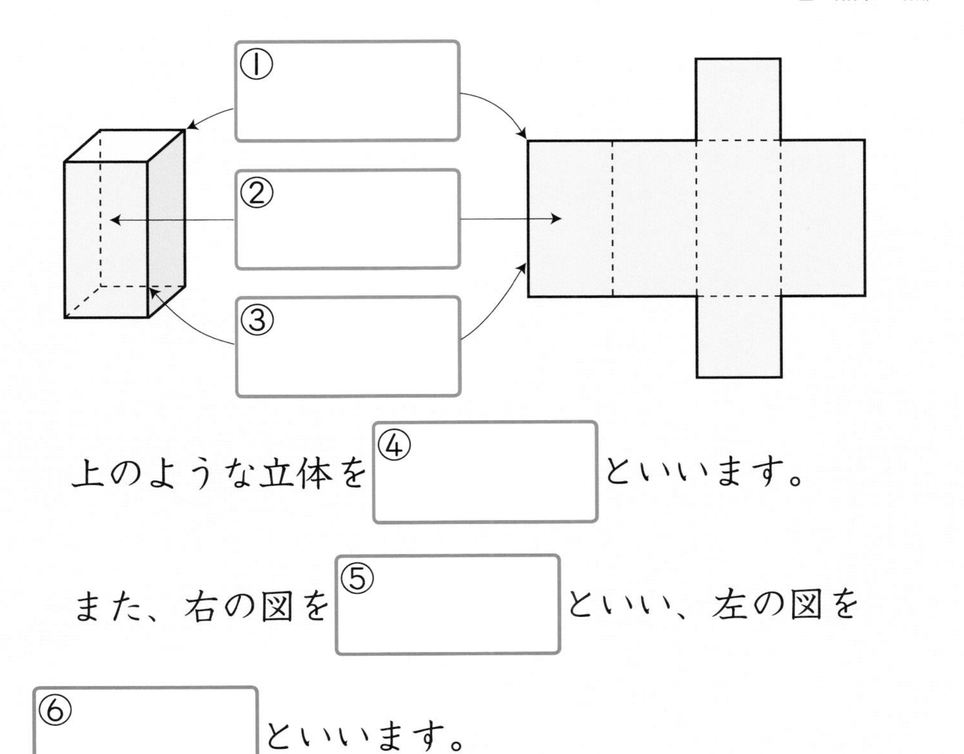

上のような立体を④□といいます。

また、右の図を⑤□といい、左の図を⑥□といいます。

4 計算をしましょう。　各2点(8点)

① 3.9×8

② 2.15×4

③ 0.307×8

④ 1.019×23

5 計算をしましょう。　各2点(8点)

① $8.34 \div 6$

② $10.53 \div 3$

③ $14.52 \div 12$

④ $328.7 \div 19$

6 商は四捨五入（ししゃごにゅう）して、$\frac{1}{10}$の位（くらい）までのがい数（すう）で求（もと）めましょう。　各3点(6点)

① $9 \div 7$

② $3.2 \div 6$

うらにも問題があります。

7 商は $\frac{1}{10}$ の位まで求めて、あまりも求めましょう。 各3点(6点)

① $8 \overline{) 19.8}$　　② $15 \overline{) 25.3}$

8 計算をしましょう。 各3点(12点)

① $\frac{3}{2}+\frac{4}{2}$　　② $\frac{9}{2}+\frac{2}{2}$

③ $2\frac{3}{4}+1\frac{1}{4}$　　④ $2\frac{4}{5}-1\frac{3}{5}$

9 右のような展開図(てんかいず)を組み立ててできる直方体について、次の問題に答えましょう。 各3点(12点)

① 点アと重なる点はどれでしょうか。

(　　　　)

② 辺(へん)ケクと重なる辺はどれでしょうか。

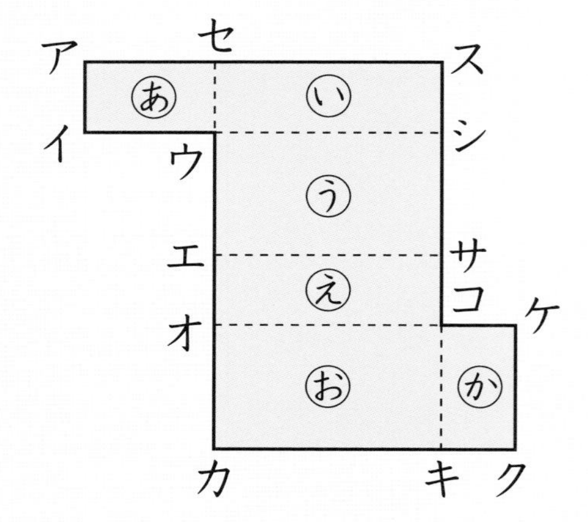

(　　　　)

③ 面㋒と平行になる面はどれでしょうか。
また、垂直(すいちょく)になる面はどれでしょうか。

平行 (　　　　)

垂直 (　　　　)

思考・判断・表現　／24点

10 ある数に 26 をかけるつもりが、まちがえて 19 をかけたので、答えが 11.4 になりました。 各3点(6点)

① ある数はいくつでしょうか。

(　　　　)

② 正しい計算をしたときの答えを求めましょう。

(　　　　)

11 1この重さが 0.056 kg のテニスボールがあります。
このテニスボール 30 こを、重さ 0.6 kg の箱に入れると、全体の重さは何 kg でしょうか。 式・答え 各3点(6点)

式

答え (　　　　)

12 長さが 67.2 cm のひもがあります。
このひもを 4 cm ずつ切ると、4 cm のひもは何本できて、何 cm あまるでしょうか。 式・答え 各3点(6点)

式

答え (　　　　)

13 みかんジュースを $1\frac{1}{4}$ L とりんごジュースを $\frac{2}{4}$ L 作りました。
みかんジュースとりんごジュースのちがいは何 L でしょうか。 式・答え 各3点(6点)

式

答え (　　　　)

4年 算数のまとめ　学力しんだんテスト

月　　日
名前

ごうかく80点　　／100

答え56ページ

1　次の数を数字で書きましょう。　各2点(4点)

① 10億(おく)を5こ、1000万を2こあわせた数
（　　　　　　　）

② 1億を10000倍した数
（　　　　　　　）

2　次の計算をしましょう。②は商を一の位(くらい)まで求(もと)めて、あまりもだしましょう。⑥はわり切れるまで計算しましょう。　各2点(20点)

① 39)117

② 17)436

③ 2.58 ＋ 1.46

④ 5.31 − 4.67

⑤ 3.7 × 29

⑥ 24)8.4

⑦ $\frac{5}{7}+\frac{4}{7}$

⑧ $1\frac{4}{5}+\frac{2}{5}$

⑨ $\frac{11}{8}-\frac{5}{8}$

⑩ $1\frac{1}{4}-\frac{2}{4}$

3　1組と2組で、いちごとみかんのどちらが好(す)きかを調べたら、下の表のようになりました。①〜③にあてはまる数を書きましょう。　各2点(6点)

	いちご	みかん	合計
1組	①	②	14
2組	③	11	19
合計	17	16	33

4　次の問題に答えましょう。　式・答え　各2点(8点)

① たて20m、横30mの長方形の花だんの面積(めんせき)は何m^2ですか。

式

答え（　　　　　　）

② 1辺(ぺん)が500mの正方形の土地の面積は何haですか。

式

答え（　　　　　　）

5　次のあ、い、うの角はそれぞれ何度ですか。　各2点(6点)

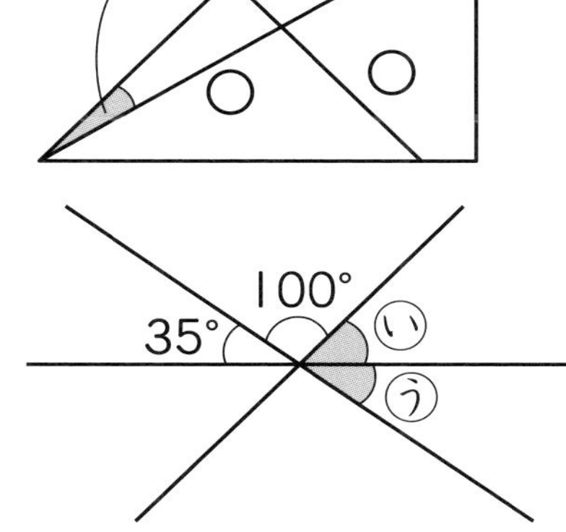

あ（　　　　）
い（　　　　）
う（　　　　）

6　次のせいしつにあてはまる四角形を、［　］のあ〜おからすべて選(えら)んで、記号で答えましょう。　全部できて　各3点(9点)

① 向かい合った2組の辺(へん)が平行である。
（　　　　　　）

② 向かい合った2組の角の大きさが等しい。
（　　　　　　）

③ 2つの対角線(たいかくせん)の長さが等しい。
（　　　　　　）

あ 長方形　　い 正方形　　う 台形
え 平行四辺形(へいこうしへんけい)　　お ひし形

うらにも問題があります。

7 右の立方体のてん開図を組み立てたときの形について答えましょう。

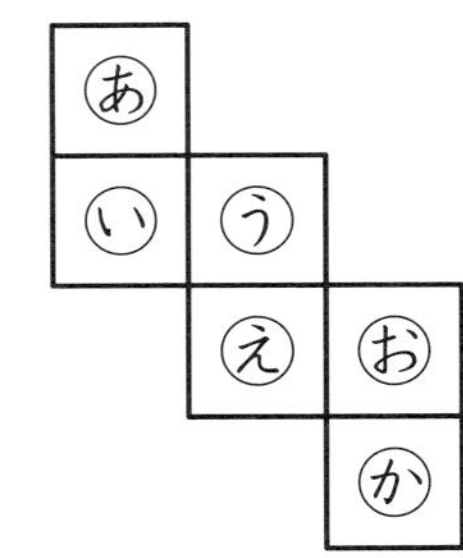

全部できて　各3点(6点)

① あの面と平行な面はどれですか。

(　　　　)

② おの面に垂直(すいちょく)な面はどれですか。

(　　　　　　　　　　　　)

8 次の計算をしましょう。

各2点(6点)

① 40＋15÷3　　　② 72÷(2×4)

③ 9×(8－4÷2)

9 下の図のように、1辺(へん)が1cmの正方形の紙をならべて、順(じゅん)に大きな正方形をつくっていきます。だんの数とまわりの長さの変(か)わり方を調べましょう。

①全部できて　3点、②2点、③式・答え　各3点(11点)

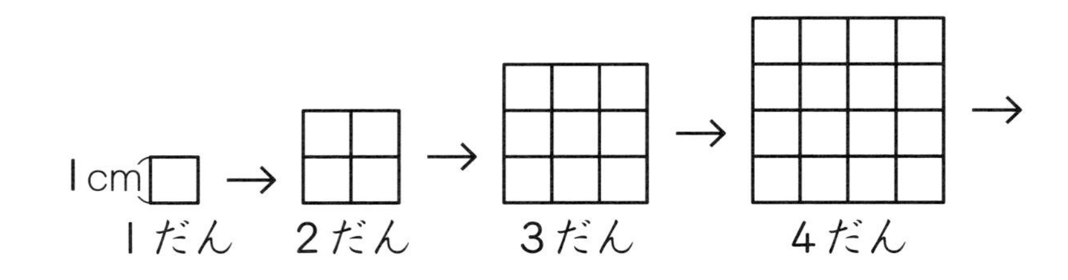

① 表のあいているところに数を書きましょう。

だんの数(だん)	1	2	3	4	5	6	7
まわりの長さ(cm)	4						

② だんの数を○だん、まわりの長さを△cmとして、○と△の関係(かんけい)を式に書きましょう。

(　　　　　　　　)

③ だんの数が9だんのとき、まわりの長さは何cmになりますか。

式

答え (　　　　　　)

活用力をみる

10 はるとさんは、1日に2300mの道のりを、1年間で192日走ることにしました。1年間で走る道のりを電たくで計算すると、44160mになりました。

これを見て、はるとさんは、電たくをおしまちがえたことに気がつきました。どのように考えてまちがいに気がついたのか、次の□にあてはまる数やことばを書いて答えましょう。

各3点(18点)

2300を上から1けたのがい数になおすと、

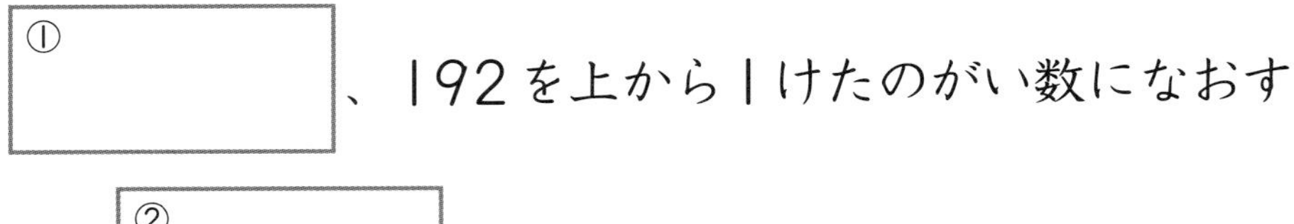

① [　　]、192を上から1けたのがい数になおすと、② [　　]です。

これを計算すると、

③ [　　]×④ [　　]＝⑤ [　　]で、

44160とくらべると⑥ [　　　　]ので、

2300を230とおしまちがえたと考えられます。

11 あおいさんの話をよんで、あとの問題に答えましょう。

各3点(6点)

水そうに水を入れていたとき、とちゅうで6分間水をとめたよ。

① 下のあ、いのうち、あおいさんの話に合う折(お)れ線グラフを選(えら)びましょう。

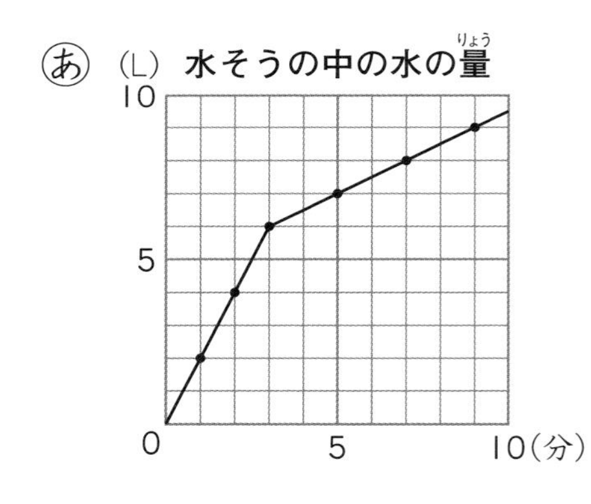

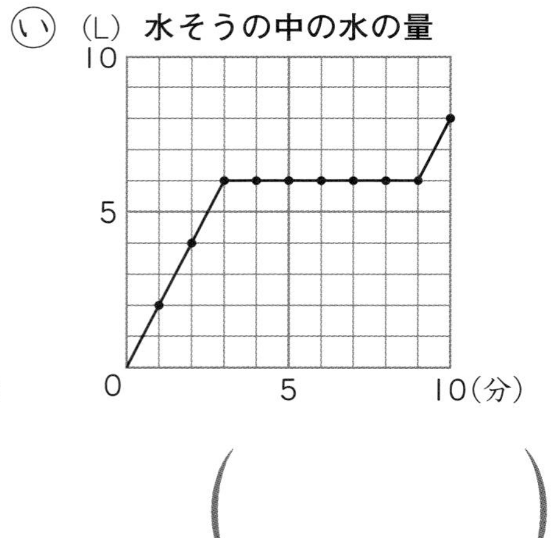

(　　　)

② ①のグラフを選んだのはなぜですか。説明(せつめい)しましょう。

(　　　　　　　　　　　　　　　　)

この「答えとてびき」はとりはずしてお使いください。

教科書ぴったりトレーニング

答えとてびき

教育出版版　算数４年

問題がとけたら…
①まずは答え合わせをしましょう。
②次にてびきを読んでかくにんしましょう。

おうちのかたへ では、次のようなものを示しています。
- 学習のねらいやポイント
- 他の学年や他の単元の学習内容とのつながり
- まちがいやすいことやつまずきやすいところ

お子様への説明や、学習内容の把握などにご活用ください。

しあげの5分レッスン では、
学習の最後に取り組む内容を示しています。
学習をふりかえることで学力の定着を図ります。

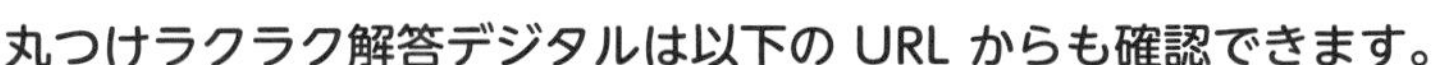

答え合わせの時間短縮に 丸つけラクラク解答 デジタルもご活用ください！

右の QR コードをスマートフォンなどで読み取ると、
赤字解答の入った本文紙面を見ながら簡単に答え合わせができます。

丸つけラクラク解答デジタルは以下の URL からも確認できます。
https://www.shinko-keirinwebshop.com/shinko/2024pt/rakurakudegi/MKS4da/index.html

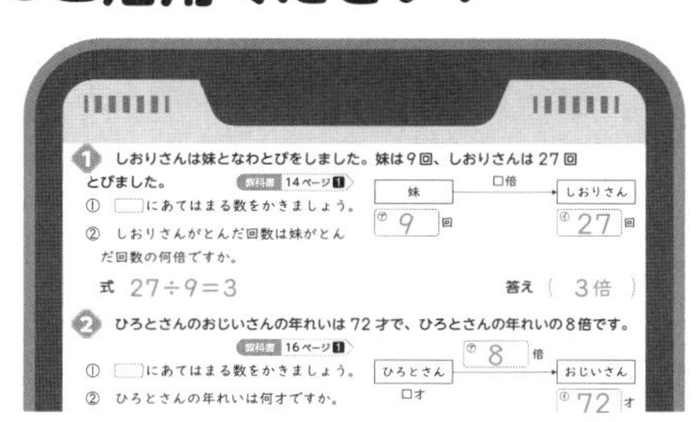

1 大きな数

ぴったり1 じゅんび　2ページ

1 四兆三百二十五億八十万

2 725、129

3
　270000000000
2700000000000
　　2700000000

ぴったり2 練習　3ページ

1 ①五千七百八十億六千三百万
②二百八十一兆五千九百六十五億

2 ①40070000000000
②25000000000
③1200000000000

てびき

1 4けたごとに区切ると、よみやすくなります。

2 ②１億が 250 こで 250 億です。
100000000…１億
25000000000…１億が 250 こ
③10 億が 1200 こで 12000 億、つまり、１兆 2000 億です。
1000000000…10 億
1200000000000…10 億が 1200 こ

3 ①和(わ)…980億(おく)　差(さ)…460億
②和…735億　差…555億
③和…900兆(ちょう)　差…540兆

4 ①10倍…4兆600億
100倍…40兆6000億
$\frac{1}{10}$…406億
②10倍…3962500000
100倍…39625000000
$\frac{1}{10}$…39625000

3 1億や1兆をもとにして、1億や1兆が何こになるかを考えます。

4 10倍の数は0を1こ、100倍の数は0を2こつけた数になります。
また、$\frac{1}{10}$の数は、0を1ことった数になります。

しあげの5分レッスン　一兆までの数のしくみをたしかめよう。

おうちのかたへ　整数は、一、十、百、千のまとまりで、一の位から4けたごとに区切るとよみやすくなると教えてあげましょう。

ぴったり1 じゅんび 4ページ

1 75392
2 148000
3 690、690

ぴったり2 練習 5ページ

1 ①29889　②168388　③136120

2 ①86640　②526971　③285950

てびき

1
①
```
   243
  ×123
   729
  486
 243
 29889
```
②
```
   473
  ×356
  2838
 2365
1419
168388
```
③
```
   328
  ×415
  1640
  328
1312
136120
```

2
①
```
  285
 ×304
 1140
855
86640
```
②
```
   653
  ×807
  4571
5224
526971
```
③
```
   475
  ×602
   950
2850
285950
```

❸ ①129000 ②986000 ③23200000

❸ ①
```
  4300
×  30
129000
```
②
```
  2900
 ×340
 116
 87
986000
```
③
```
 58000
×  400
23200000
```

❹ ①840億 ②2340億 ③1800兆

❹ 1億や1兆をもとにして積を求めます。

ぴったり3 たしかめのテスト 6～7ページ

てびき

❶ ①六千九億三千二百万五百
②九十兆五百四十億七千二百三万

❶ 4けたずつに区切って考えましょう。

❷ ①908000060000 ②250000000000

❷ ①9000億と80億と6万をあわせて、9080億6万です。
②10億が200こで2000億、10億が50こで500億だから、あわせて2500億です。

❸ ①和…81億 差…65億
②和…923兆 差…371兆

❸ ①和は、1億が73＋8＝81(こ)
差は、1億が73－8＝65(こ)
②和は、1兆が647＋276＝923(こ)
差は、1兆が647－276＝371(こ)

❹ 10倍…2905000000000
100倍…29050000000000
$\frac{1}{10}$…29050000000

❹ 10倍、100倍すると、位が1けた、2けた上がります。
また、$\frac{1}{10}$にすると、位が1けた下がります。

❺ ①76736 ②303807 ③166394
④343000 ⑤8100億 ⑥4500兆

❺ ①
```
   352
  ×218
  2816
  352
 704
 76736
```
②
```
   629
  ×483
  1887
 5032
2516
303807
```
③
```
   542
  ×307
  3794
1626
166394
```
④
```
  4900
×   70
343000
```

❻ 102345678

❻ 1億の位に1を使い、残った数字を小さい順にならべます。

❼ ①604800秒 ②2592000秒

❼ ①まず、1時間は何秒か考えると、
60×60＝3600(秒)
次に、1日は何秒か考えると、
3600×24＝86400(秒)
1週間は7日だから、
86400×7＝604800(秒)
②1か月は30日だから、
86400×30＝2592000(秒)

おうちのかたへ　1分は60秒、1時間は60分、1日は24時間、1か月は30日のように、時間を別の単位で表すときは時計やカレンダーを見ながら行うとよいでしょう。

はってん

1 ①68こ　②49こ

1 表をみて、0の数を数えましょう。

2 わり算の筆算

ぴったり1 じゅんび　8ページ

1 13、3

2 ①12　②2　③12　④2

ぴったり2 練習　9ページ

❶ ①15　②49　③13

❷ ①26あまり1
答えのたしかめ…2×26＋1＝53
②15あまり2
答えのたしかめ…6×15＋2＝92

❸ ①32　②43あまり1　③6あまり6

❹ ①10　②10あまり5　③20あまり1

てびき

❶
① 5)75 → 15（5、25、25、0）
② 2)98 → 49（8、18、18、0）
③ 6)78 → 13（6、18、18、0）

❷ 答えのたしかめ
わる数×商＋あまり＝わられる数

❸
① 3)96 → 32（9、6、6、0）
② 2)87 → 43（8、7、6、1）
③ 8)54 → 6（48、6）

❹
① 5)50 → 10（5、0、0、0） ➡ 5)50 → 10（5、0）
書くのを省(はぶ)いてもよい。
② 7)75 → 10（7、5）
③ 3)61 → 20（6、1）

ぴったり1 じゅんび　10ページ

1 (1)100　(2)200

2 0、107、3

ぴったり2 練習 11ページ

てびき

❶ ①300 ②200 ③300

❷ ①413 ②146 ③248
④237あまり2 ⑤375あまり1
⑥178あまり4

❸ ①240あまり2 ②240あまり3
③109あまり3 ④207あまり1
⑤150あまり2 ⑥160あまり3

てびき

❶ 100のまとまりが何こになるか考えます。
①600は 100が6こ
600÷2は100が(6÷2)こ
6÷2=3より、100が3こだから、
600÷2=300

❷ ① 2)826=413（8, 2, 2, 6, 6, 0）
② 4)584=146（4, 18, 16, 24, 24, 0）
③ 3)744=248（6, 14, 12, 24, 24, 0）
④ 3)713=237（6, 11, 9, 23, 21, 2）
⑤ 2)751=375（6, 15, 14, 11, 10, 1）
⑥ 5)894=178（5, 39, 35, 44, 40, 4）

❸ ① 3)722=240（6, 12, 12, 2）
② 4)963=240（8, 16, 16, 3）
③ 6)657=109（6, 57, 54, 3）
④ 4)829=207（8, 29, 28, 1）
⑤ 4)602=150（4, 20, 20, 2）
⑥ 5)803=160（5, 30, 30, 3）

ぴったり1 じゅんび 12ページ

1 (1)63 (2)47、4
2 ①60 ②60 ③60 ④10 ⑤24
⑥4 ⑦14

ぴったり2 練習 13ページ

てびき

1 ①34 ②56 ③97
④47あまり1 ⑤86あまり3
⑥78あまり6

2 ③

3 ①23 ②21 ③12
④14

1
① $8)\overline{272}$ = 34; 24, 32, 32, 0
② $9)\overline{504}$ = 56; 45, 54, 54, 0
③ $5)\overline{485}$ = 97; 45, 35, 35, 0
④ $7)\overline{330}$ = 47; 28, 50, 49, 1
⑤ $6)\overline{519}$ = 86; 48, 39, 36, 3
⑥ $9)\overline{708}$ = 78; 63, 78, 72, 6

2 わられる数の百の位(くらい)の数がわる数の4より小さい数になります。

しあげの5分レッスン 九九をたしかめよう。

ぴったり3 たしかめのテスト 14～15ページ

てびき

1 あ、う

2 ①17 ②12あまり2 ③21あまり2

3 ①14あまり4
　答えのたしかめ…5×14＋4＝74
②28あまり2
　答えのたしかめ…3×28＋2＝86

4 ①118 ②178あまり2 ③129あまり1
④130あまり3 ⑤109 ⑥308あまり2

1 百の位から商がたつのは、わられる数の百の位の数がわる数の6と同じか、6より大きいときです。

2
① $4)\overline{68}$ = 17; 4, 28, 28, 0
② $7)\overline{86}$ = 12; 7, 16, 14, 2
③ $3)\overline{65}$ = 21; 6, 5, 3, 2

3 答えは、
わる数×商＋あまり＝わられる数
でたしかめます。

4
① $2)\overline{236}$ = 118; 2, 3, 2, 16, 16, 0
② $5)\overline{892}$ = 178; 5, 39, 35, 42, 40, 2
③ $7)\overline{904}$ = 129; 7, 20, 14, 64, 63, 1
④ $4)\overline{523}$ = 130; 4, 12, 12, 3
⑤ $8)\overline{872}$ = 109; 8, 72, 72, 0
⑥ $3)\overline{926}$ = 308; 9, 26, 24, 2

❺ ①86　②59 あまり4　③90 あまり3

❻ ①23　②15　③14

❼ 式　96÷8＝12　　答え　12 こ

❽ 式　460÷3＝153 あまり1
答え　153 人に配ることができて、1まいあまる。

❾ 式　235÷4＝58 あまり3
答え　58ふくろできて、3こあまる。

❺ ①

```
     86
 4)344
   32
    24
    24
     0
```

②

```
     59
 8)476
   40
    76
    72
     4
```

③

```
     90
 6)543
   54
     3
```

しあげの5分レッスン　まちがえた問題は答えのたしかめをしましょう。

③ 折れ線グラフ

ぴったり1 じゅんび　16ページ

❶ 13

❷ 時こく、気温

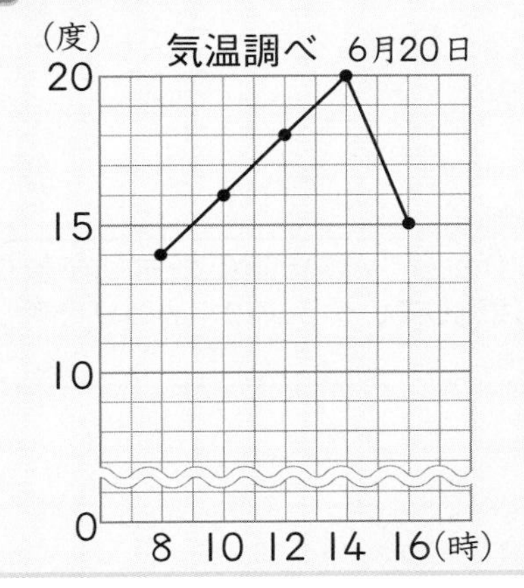

ぴったり2 練習　17ページ　てびき

❶ ①25 度　②16 時から 17 時の間
③13 時から 14 時の間

❶ ②折れ線グラフが右下がりで、かたむきがいちばん急なところが、気温の下がり方がいちばん大きかったところです。
③折れ線グラフが下のようになっているところが、気温が変わらなかったところです。

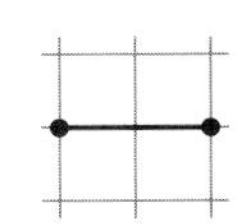

❷ ①②

水の温度調べ

(度) 6月10日

25 20 15 10 5 0

7 9 11 13 15 17 (時)

しあげの5分レッスン まず、グラフの1めもりの大きさを調べます。

ぴったり3 たしかめのテスト 18〜19ページ

❶ ①37度5分 ②8時から10時の間
③14時

❷ ①2cm
②

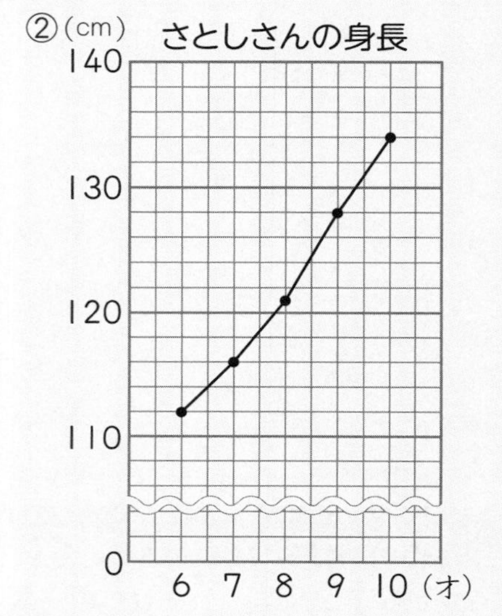

❸ ①14時 ②14度 ③14時

てびき

❶ ②折(お)れ線グラフが右上がりで、かたむきがいちばん急なところが、体温の上がり方がいちばん大きかったところです。

❷ ②1めもりが2cmなので、8才のときの身長121cmは、・をめもりの半分のところにつけます。

おうちのかたへ 0から110までのめもりが省略されていることに注意して、グラフの1めもりを考えます。

❸ ①ひなたのグラフでいちばん高いところの時こくを見ます。
②ひかげのいちばん水の温度が低(ひく)い時こくは18時です。
③2つのグラフがいちばんはなれているところをさがしましょう。

❹

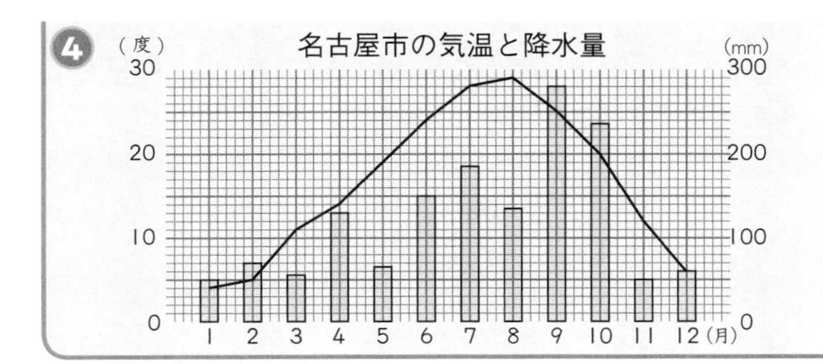

しあげの5分レッスン 折れ線グラフとぼうグラフのかき方をもう1回たしかめましょう。

4 角

ぴったり1 じゅんび 20ページ

1 ①60 ②240 ③120 ④240

ぴったり2 練習 21ページ

❶ ①20° ②120°

❷ ①90 ②2 ③270 ④4、360

❸ 105°

❹ 200°

てびき

❶ ②辺の長さが短くてはかりにくいときは、辺をのばして分度器ではかります。
分度器の中心を角の頂点に合わせ、右のようにめもりをよみます。

❷ 次の角度を覚えておきましょう。
1直角＝90°
2直角＝180° 半回転の角度
3直角＝270°
4直角＝360° 1回転の角度

❸ 三角定規の45°のところと60°のところを合わせているので、45＋60＝105

❹ 下の図のⓘの角度を分度器ではかると、20°です。
ⓐは、180＋ⓘだから、
180＋20＝200です。
(別の求め方)
下の図のⓤの角度を分度器ではかると、160°です。
ⓐは、360－ⓤだから、
360－160＝200です。

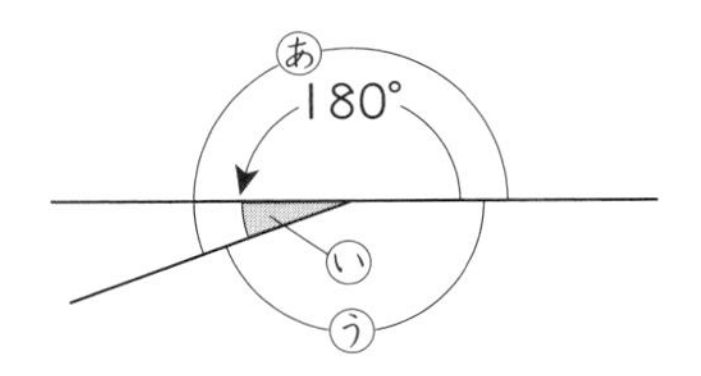

ぴったり1 じゅんび 22ページ

1 イ、45

2 ❷110 ❸3

ぴったり2 練習 23ページ

てびき

❶ ① ②

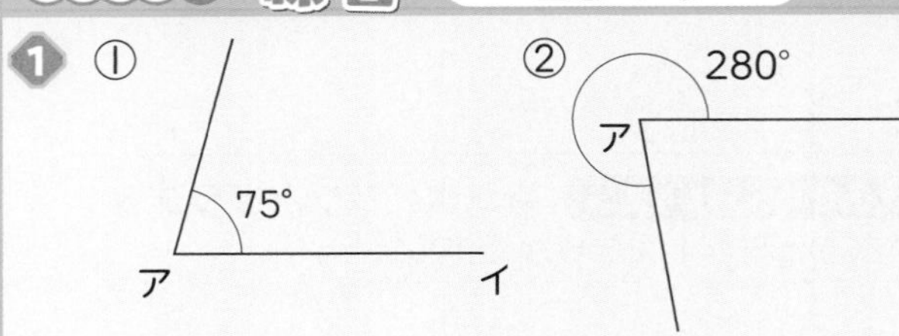

❶ 分度器の中心を点アに合わせ、0°の線を辺アイに重ねます。
かきたい角度を表すめもりのところに点をうち、点アと点を通る直線をかきます。

❷ ① ②

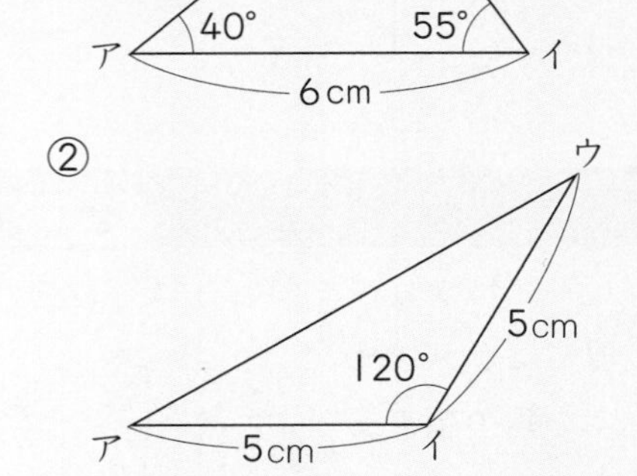

❷ ①6cmの辺アイをかきます。
点アを中心にして40°の角をかき、点イを中心にして55°の角をかきます。
2本の直線が交わった点を、点ウとします。
②5cmの辺アイをかきます。
点イを中心にして120°の角をかき、点イから5cmのところを点ウとします。
点アと点ウを通る直線をかきます。

ぴったり3 たしかめのテスト 24～25ページ

てびき

❶ ①45 ②225

❷ ①50° ②125° ②325°

❸ ①あ 75° い 135°
②あ 60° い 135°

❷ ③下の図の小さいほうの角をはかります。
うは、360－35＝325です。

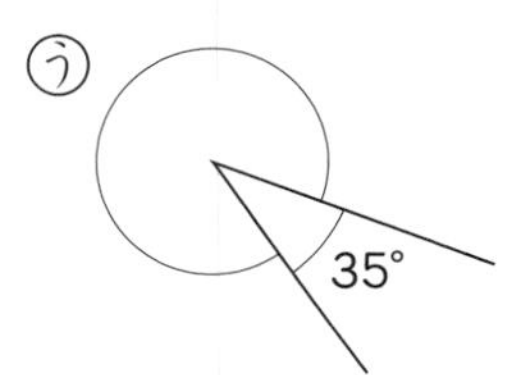

❸ 三角定規の3つの角の大きさは次のようになっています。

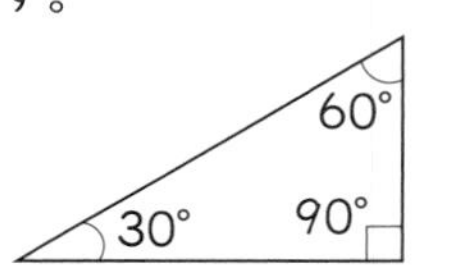

45° 45° 90°

①あ45＋30＝75
い45＋90＝135
②あ90－30＝60
い180－45＝135

4 ①

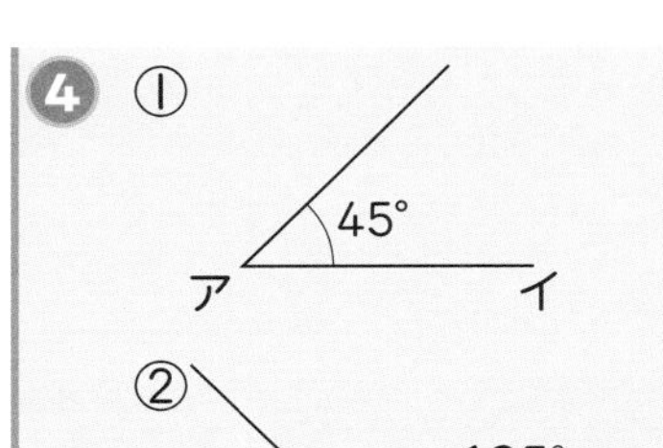

②

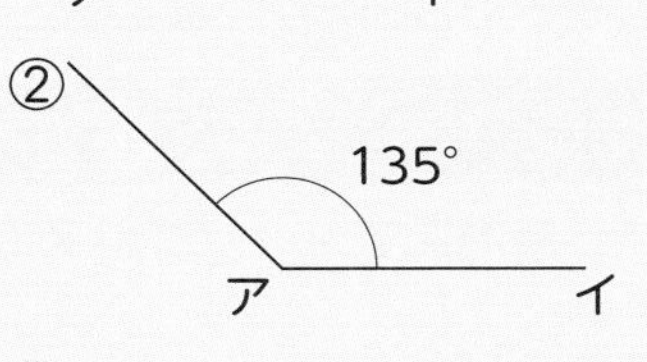

③

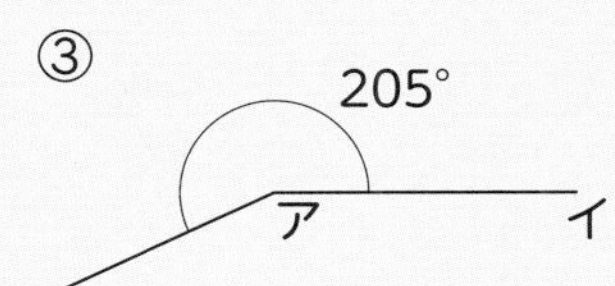

④

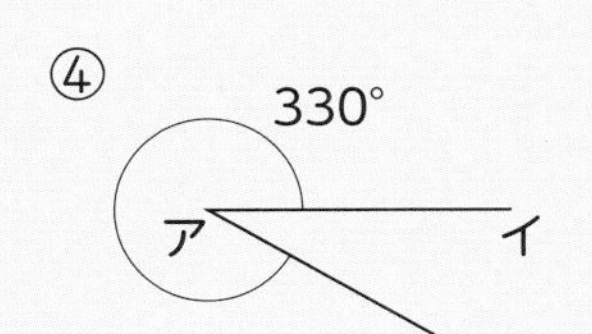

5

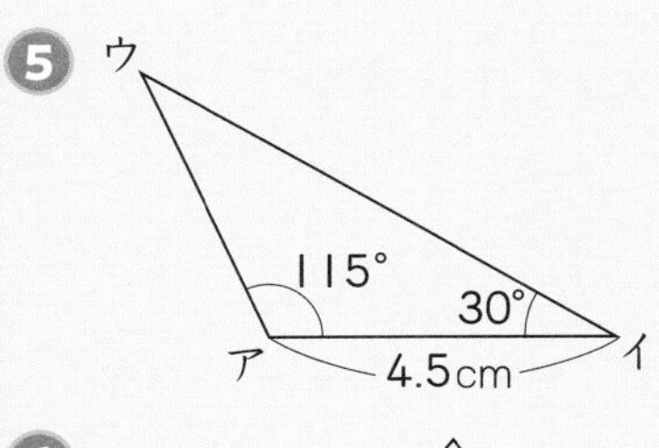

6

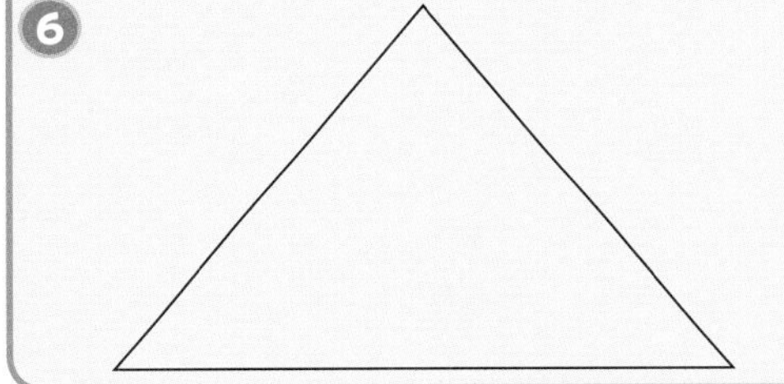

4 点アを頂点（ちょうてん）として、かきたい角度をはかります。

おうちのかたへ 180°より大きい角をはかったりかいたりするときは、辺アイのア側の線をのばして、補助線をかくとよいでしょう。180°よりどれだけ大きいか、360°よりどれだけ小さいかが明確になります。

6 まず5cmの辺をかき、その両はしの角度がどちらも50°の二等辺（にとうへん）三角形をかきます。

5 2けたの数のわり算

ぴったり1 じゅんび 26ページ

1 ①6　②3　③2　④2　⑤2

2 ①2　②20　③6　④20

ぴったり2 練習 27ページ

1 ①2　②3　③4　④8　⑤8　⑥9

2 ①3あまり10　②8あまり40
③7あまり10　④4あまり10
⑤7あまり20　⑥8あまり80

3 式　180÷30=6　　答え　6人

4 式　260÷40=6 あまり 20
答え　6人に分けられて、20まいあまる。

てびき

1 10をもとにして考えると、1けたの数でわるわり算と同じように考えられます。

2 あまりの大きさに気をつけましょう。

⑥ 80 ÷ 9 =8あまり 8
800÷90=8あまり 80
（10が8つ）

ぴったり1 じゅんび 28ページ

1 ①4 ②84 ③3 ④4 ⑤3 ⑥87

2 3、96、2

ぴったり2 練習 29ページ

1 ①3 ②2 ③4 ④2 ⑤7 ⑥3

2 ①2あまり3
答えのたしかめ…23×2+3=49
②3あまり4
答えのたしかめ…21×3+4=67
③3あまり4
答えのたしかめ…24×3+4=76
④2あまり14
答えのたしかめ…42×2+14=98
⑤2あまり22
答えのたしかめ…32×2+22=86
⑥2あまり4
答えのたしかめ…43×2+4=90

てびき

1 商がたつ位（くらい）を決めて、商の見当をつけて計算します。

	①	②	③
商	3	2	4
わる数)わられる数	12)36	32)64	24)96
	36	64	96
	0	0	0

	④	⑤	⑥
商	2	7	3
わる数)わられる数	42)84	11)77	33)99
	84	77	99
	0	0	0

2 答えのたしかめの式
わる数×商+あまり=わられる数

	①	②	③
商	2	3	3
わる数)わられる数	23)49	21)67	24)76
	46	63	72
	3	4	4

	④	⑤	⑥
商	2	2	2
わる数)わられる数	42)98	32)86	43)90
	84	64	86
	14	22	4

しあげの5分レッスン まちがえた問題はもう1回計算してみよう。

ぴったり1 じゅんび 30ページ

1 ①6 ②78 ③8

2 ①4 ②68 ③1

ぴったり2 練習 31ページ

1 ①3あまり15 ②2あまり17
③3あまり7 ④3あまり1 ⑤2あまり30
⑥4

てびき

1 見当をつけた商が大きすぎたときは、商を1ずつ小さくしていって、正しい商を見つけます。

	①	②	③
商	3	2	3
わる数)わられる数	24)87	23)63	12)43
	72	46	36
	15	17	7

	④	⑤	⑥
商	3	2	4
わる数)わられる数	28)85	33)96	14)56
	84	66	56
	1	30	0

❷ ①6あまり10　②3あまり12
③7

❷ ① 12)82 = 6, 72, 10　② 13)51 = 3, 39, 12　③ 14)98 = 7, 98, 0

❸ ①5あまり9　②3あまり5　③3あまり1

❸ 見当をつけた商が小さすぎたときは、商を大きくしていって、正しい商を見つけます。
① 17)94 = 5, 85, 9　② 16)53 = 3, 48, 5　③ 26)79 = 3, 78, 1

ぴったり1 じゅんび 32ページ

1 (1)6、168、1　(2)33、7
2 85、23

ぴったり2 練習 33ページ

てびき

❶ ①8あまり1　②9あまり7　③8あまり3

❶ ① 53)425 = 8, 424, 1　② 42)385 = 9, 378, 7　③ 78)627 = 8, 624, 3

❷ ①7あまり31　②6あまり12
③9あまり9

❷ ① 67)500 = 7, 469, 31　② 24)156 = 6, 144, 12　③ 35)324 = 9, 315, 9

❸ ①21あまり9　②12あまり12
③28あまり8

❸ 商は十の位(くらい)からたちます。
① 34)723 = 21, 68, 43, 34, 9　② 27)336 = 12, 27, 66, 54, 12　③ 18)512 = 28, 36, 152, 144, 8

❹ ①234あまり7　②157あまり14
③47あまり28

❹ ① 42)9835 = 234, 84, 143, 126, 175, 168, 7　② 38)5980 = 157, 38, 218, 190, 280, 266, 14　③ 54)2566 = 47, 216, 406, 378, 28

5 ①30 ②70あまり13 ③109あまり24

5 ①

$$\begin{array}{r} 30 \\ 27\overline{)810} \\ \underline{81} \\ 0 \\ \underline{0} \\ 0 \end{array} \rightarrow \begin{array}{r} 30 \\ 27\overline{)810} \\ \underline{81} \\ 0 \end{array}$$

（0、0 の部分は）書くのを省いてもよい。

②

$$\begin{array}{r} 70 \\ 32\overline{)2253} \\ \underline{224} \\ 13 \\ \underline{0} \\ 13 \end{array} \rightarrow \begin{array}{r} 70 \\ 32\overline{)2253} \\ \underline{224} \\ 13 \end{array}$$

（13、0 の部分は）書くのを省いてもよい。

③

$$\begin{array}{r} 109 \\ 43\overline{)4711} \\ \underline{43} \\ 41 \\ \underline{0} \\ 411 \\ \underline{387} \\ 24 \end{array} \rightarrow \begin{array}{r} 109 \\ 43\overline{)4711} \\ \underline{43} \\ 411 \\ \underline{387} \\ 24 \end{array}$$

（41、0 の部分は）書くのを省いてもよい。

ぴったり1 じゅんび 34ページ

1 (1)80 (2)9、200

ぴったり2 練習 35ページ

1 ①8 ②15 ③800 ④9

2 ①ア ②エ

3 ①30 ②8 ③7 ④6

てびき

1 わられる数とわる数に同じ数をかけたり、同じ数でわったりして、計算します。

①640÷80
↓÷10 ↓÷10
64 ÷ 8

②600÷150
↓÷10 ↓÷10
60 ÷ 15

③160÷ 20
↓×5 ↓×5
800÷100

④81÷27
↓÷9 ↓÷9
9 ÷ 3

おうちのかたへ わり算の性質を使えば、難しい計算も、暗算でできる簡単な計算にすることができます。お子さまにくふうするよさを感じてもらいましょう。

3 わられる数とわる数の0を同じ数だけ消して計算します。

①

$$\begin{array}{r} 30 \\ 9\not{0}\overline{)270\not{0}} \\ \underline{27} \\ 0 \end{array}$$

②

$$\begin{array}{r} 8 \\ 6\not{0}\not{0}\overline{)48\not{0}\not{0}} \\ \underline{48} \\ 0 \end{array}$$

③49万÷7万=7
↓÷1万 ↓÷1万
49 ÷ 7 =7

④180億÷30=6億
↓÷10億 ↓÷10億
18 ÷ 3 =6

4 ①5あまり400　②26あまり200
③32あまり40　④53あまり100

4 わられる数とわる数の0を同じ数だけ消して計算します。あまりは、0を消した分だけ0をつけたします。

①
```
      5
500)2900
    25
     400
```
②
```
       26
300)8000
    6
    20
    18
     200
```
③
```
      32
80)2600
   24
    20
    16
     40
```
④
```
        53
300)16000
    15
     10
      9
     100
```

ぴったり3 たしかめのテスト　36～37ページ　てびき

1 ①20
答えのたしかめ…$40 \times 20 = 800$
②4あまり50
答えのたしかめ…$90 \times 4 + 50 = 410$

1 わられる数とわる数の0を1つ消して計算し、あまりは消した0をつけたします。

2 ①5　②15　③800　④24

2 ①400÷50（↓÷10 ↓÷10）40 ÷ 5
②750÷150（↓÷10 ↓÷10）75 ÷ 15
③200÷ 25（↓×4 ↓×4）800÷100
④96÷16（↓÷4 ↓÷4）24÷ 4

3 ①7あまり3　②2あまり14
③4あまり12　④3あまり23
⑤2あまり5

3
①
```
    7
13)94
   91
    3
```
②
```
    2
31)76
   62
   14
```
③
```
    4
17)80
   68
   12
```
④
```
    3
25)98
   75
   23
```
⑤
```
    2
29)63
   58
    5
```

4 ①6　②7あまり6
③8あまり46　④20あまり25
⑤21あまり27　⑥14あまり34

4
①
```
     6
31)186
   186
     0
```
②
```
     7
36)258
   252
     6
```
③
```
     8
63)550
   504
    46
```
④
```
    20
43)885
   86
    25
```
⑤
```
    21
42)909
   84
    69
    42
    27
```
⑥
```
    14
54)790
   54
   250
   216
    34
```

5 ①6　②3

5 わられる数とわる数の0を同じ数だけ消して、計算します。

6 式　546÷75＝7あまり21　　答え　8回

6 荷物を全部運ぶので、あまりの21こを運ぶ1回分をたします。

❼ 11こ

❼ 正方形の色紙だけなら、47÷2＝23 あまり 1 より、23 こできます。
長方形の色紙だけなら、71÷4＝17 あまり 3 より、17 こできます。
牛にゅうパックだけなら、
275÷24＝11 あまり 11
より、11 こできます。
牛にゅうパックがいす 11 こ分しかないから、いすを 11 こ作ることができます。

6 がい数

ぴったり1 じゅんび 38ページ

1 29000
2 2650、2750

ぴったり2 練習 39ページ

❶ ①70000 ②520000
③49000 ④700000000
⑤3000 ⑥10000

❷ ①19000 ②850000

❸ ①20000 ②500000

❹ ①4750、4850 ②86500、87500

てびき

❶ (　)の中の位(くらい)の 1 つ下の位の数字を四捨五入(ししゃごにゅう)します。
③49049 → 49000
⑥ 9989 → 10000

❷ 上から 3 けためのの数字を四捨五入します。
①19192 → 19000
②846200 → 850000

❸ 上から 2 けためのの数字を四捨五入します。
①19386 → 20000
②546300 → 500000

❹ ②四捨五入して千の位までのがい数(すう)にしたとき、87000 になるいちばん大きい整数は 87499 です。

ぴったり1 じゅんび 40ページ

1 (1)100、200、200、500
(2)300、200、500
2 (1)300、80、24000
(2)8000、40、200

ぴったり2 練習 41ページ

❶ 約(やく)600円

てびき

❶ 百の位までのがい数なので、十の位を四捨五入すると、それぞれの代金は次のようになります。
ぎょうざ　298 → 300
肉だんご　212 → 200
さんま　99 → 100
300＋200＋100＝600

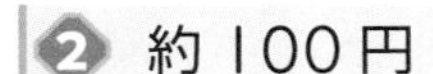

② 約100円

② それぞれのねだんをがい数にすると、次のようになります。
ボールペン　182→200
消しゴム　98→100
ノート　135→100
これらをたすと、200＋100＋100＝400
500円玉を出したときのおつりは、
500－400＝100

③ ①40000　②100000

③ 上から1けたのがい数なので、上から2けためを四捨五入します。
①104×390→100×400＝40000
②186×511→200×500＝100000

④ ①30　②40

④ 上から2けためを四捨五入します。
①9120÷296→9000÷300＝30
②7970÷189→8000÷200＝40

ぴったり1 じゅんび　42ページ

1 350、490
2 320、510

ぴったり2 練習　43ページ

てびき

① ①足りる。
②足りる。

① ①ある金額で足りるかどうかを知りたいときには、それぞれの代金を切り上げて計算します。
しょうゆ　138→140
のり　196→200
さとう　155→160
これらをたすと、140＋200＋160＝500
もとの代金は500より少ないので、足ります。
②ソースの代金を切り上げて計算します。

おうちのかたへ　足りるかどうかを確かめたいときは、多めに考えると教えてあげましょう。

② ①チョコレート…210円
クッキー…120円
②チョコパイ

② ①ある金額以上かどうかを知りたいときには、それぞれの代金を切り捨てて計算します。
チョコレート　215→210
クッキー　123→120
②チョコレートとクッキーをたすと、
210＋120＝330
これとあわせて500円以上になるものは、185円のチョコパイです。

❸ こえる。

❸ ある人数をこえるかどうかを知りたいときには、それぞれの人数を切り捨てて計算します。
1年生…32 → 30
2年生…49 → 40
3年生…71 → 70
4年生…65 → 60
5年生…51 → 50
6年生…62 → 60
およその人数の合計は、
30＋40＋70＋60＋50＋60＝310

ぴったり3 たしかめのテスト 44～45ページ　てびき

❶ ①7300　②56800　③42000
④10000

❶ (　)の中の位の1つ下の位の数字を四捨五入します。
④ 9974（10）→ 10000

❷ ①250以上350未満
②7150以上7250未満
③3950以上4050未満

❷ ③十の位の数字を四捨五入するので3950以上、4050未満となります。まちがえて3900以上、4100未満としないように注意しましょう。

❸ ①約500円　②488円の肉

❸ ①それぞれの代金を百の位までのがい数にすると、次のようになります。
ミニトマト　189 → 200
ジャム　298 → 300
これらをたすと、200＋300＝500
②約1000円にするには、約500円の肉を買えばよいので、488円の肉を選びます。

❹ ①約800円　②約100まい

❹ ①画用紙1まいの代金と買うまい数を、それぞれ上から1けたのがい数にします。
画用紙1まいの代金　19 → 20
買うまい数　38 → 40
これらをかけると、20×40＝800
②2000÷20＝100

❺ ①十の位
②
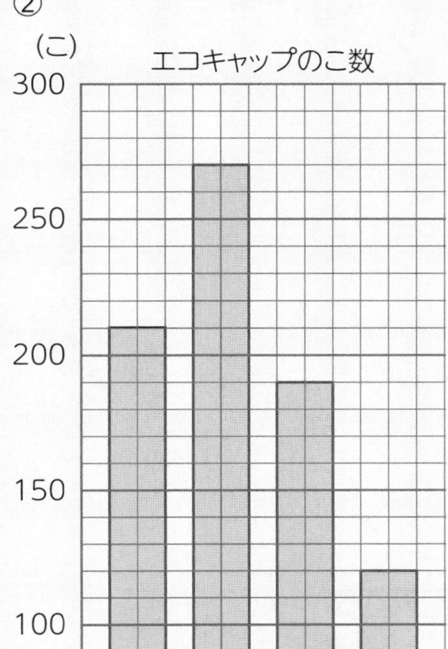

③約 230 こ

❺ ①ぼうグラフの | めもりは 10 を表していることから、十の位までのがい数と考えられます。
4月　208→210
5月　272→270
②6月、7月を十の位までのがい数にして、ぼうグラフに表します。
6月　192→190
7月　118→120
③あるこ数以上かどうかを知りたいときには、それぞれのこ数を切り捨てて計算します。
4月　208→200
5月　272→270
6月　192→190
7月　118→110
これらをたすと、
200+270+190+110=770
8月に集める必要があるエコキャップのこ数は、
1000−770=230

おうちのかたへ　ぼうグラフの読み方を確かめます。0から50の間が5等分されているので、|めもりが10であることがわかります。

しあげの5分レッスン　エコキャップのこ数を切り上げたり、四捨五入したりしたら何こになるか考えてみよう。

7 垂直、平行と四角形

ぴったり1 じゅんび　46ページ

1 ①ウ　②垂直　③ウ
2 ①オ　②垂直　③平行　④オ

ぴったり2 練習　47ページ　てびき

❶ 垂直…直線アと直線ウ、直線アと直線オ
平行…直線ウと直線オ

❶ 直線アと垂直な直線が2本あります。
つまり、この2本の直線は平行になります。

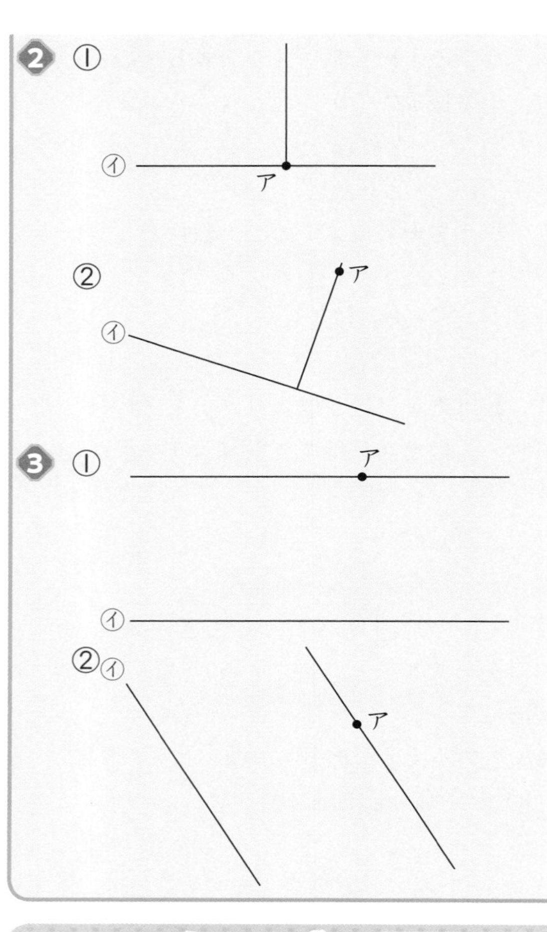

❷ ｜組の三角定規をきちんと直線と点にあててかくようにしましょう。

❸ ｜組の三角定規をきちんと直線と点にあててかくようにしましょう。
平行な直線をかくときは、ずれやすいので注意して動かすようにしましょう。

しあげの5分レッスン 最後に、平行な直線のかき方をもう｜回たしかめよう。

ぴったり1 じゅんび 48ページ

1 ㋐｜、台形　㋑2、平行四辺形

2 ①4　②2　③向かい合った　④70

ぴったり2 練習 49ページ

❶ 台形…㋒、㋕
平行四辺形…㋑、㋔

❷ ①辺アエ…6cm　辺エウ…8cm
②㋐130°　㋓50°

❸ ①7 cm　②辺エウ　③㋑60°　㋒120°

てびき

❶ ㋑や㋔は、方眼の線の上にのっていない辺も平行になっているので、きちんとたしかめてから答えましょう。

❷ 平行四辺形では、向かい合った辺の長さは等しくなります。
また、向かい合った角の大きさも等しくなります。

❸ ひし形では、向かい合った辺は平行で、向かい合った角の大きさは等しくなります。

ぴったり1 じゅんび 50ページ

1 イウ、3

2 平行、エ

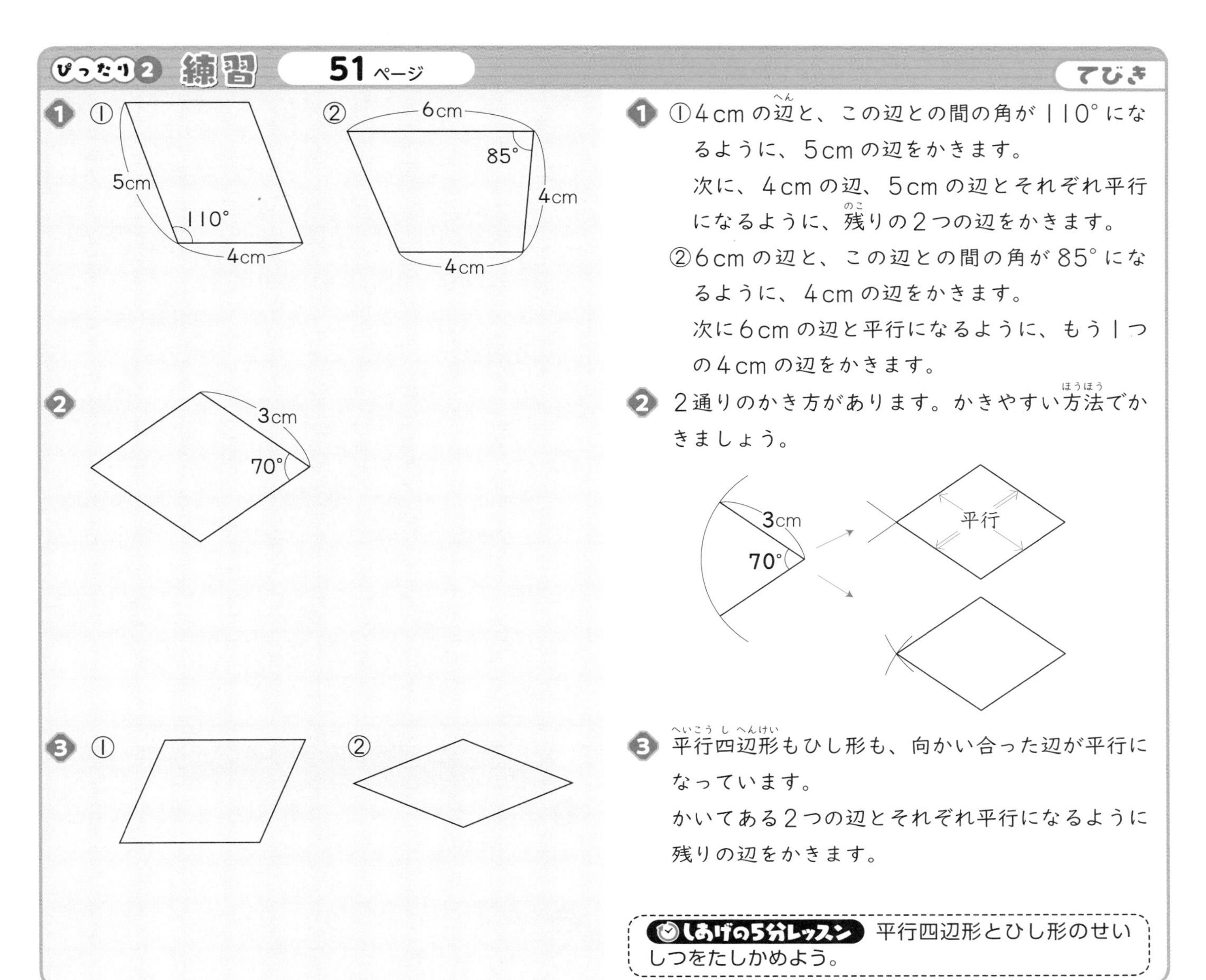

ぴったり2 練習 51ページ

てびき

❶ ①4cmの辺と、この辺との間の角が110°になるように、5cmの辺をかきます。
次に、4cmの辺、5cmの辺とそれぞれ平行になるように、残りの2つの辺をかきます。
②6cmの辺と、この辺との間の角が85°になるように、4cmの辺をかきます。
次に6cmの辺と平行になるように、もう1つの4cmの辺をかきます。

❷ 2通りのかき方があります。かきやすい方法でかきましょう。

❸ 平行四辺形もひし形も、向かい合った辺が平行になっています。
かいてある2つの辺とそれぞれ平行になるように残りの辺をかきます。

しあげの5分レッスン 平行四辺形とひし形のせいしつをたしかめよう。

ぴったり1 じゅんび 52ページ

1 ウ、エ
2 正方形、正方形、正方形

ぴったり2 練習 53ページ

❶ ①対角線 ②2
❷ 長方形、正方形

てびき

❷ 2本の対角線の長さが等しい→長方形、正方形
対角線が交わった点で、それぞれが2等分されている →平行四辺形、ひし形、長方形、正方形
したがって、両方の特ちょうをもつのは、長方形、正方形です。

❸ ①平行四辺形　②ひし形　③長方形

❹

2cm
3cm

❸ ㋐2本の対角線の長さが等しい→長方形、正方形
㋑2本の対角線が交わった点で、それぞれが2等分されている
→平行四辺形、ひし形、長方形、正方形
㋒2本の対角線が交わった点から、4つの頂点までの長さが等しい　→長方形、正方形
㋓2本の対角線が垂直になっている
→ひし形、正方形
①㋑の特ちょうだけをもつ　→平行四辺形
②㋑、㋓の特ちょうだけをもつ　→ひし形
③㋐、㋑、㋒の特ちょうだけをもつ→長方形

❹ ひし形の対角線は、上の ❸ の㋑、㋓の特ちょうをもっているので、まず垂直になる2本の対角線をひきます。

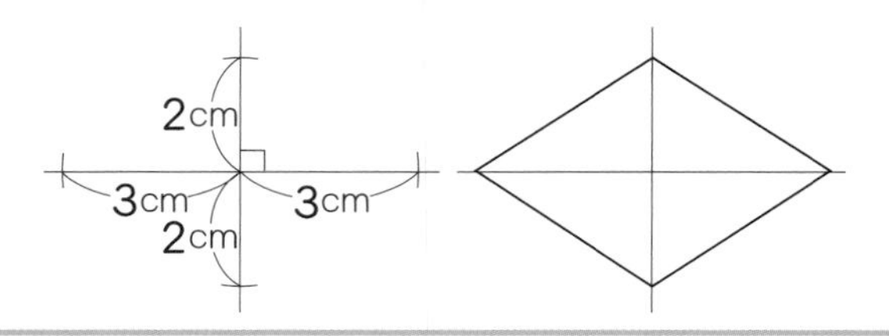

ぴったり3 たしかめのテスト　54〜55ページ

❶ ①垂直…直線㋐と直線㋕、直線㋓と直線㋕、
直線㋔と直線㋖
②平行…直線㋐と直線㋓

❷ (あ)平行四辺形　(い)長方形　(う)ひし形
(え)平行四辺形　(お)正方形　(か)台形　(き)正方形
(く)ひし形

❸ ①長方形、正方形
②ひし形、正方形

❹ ①

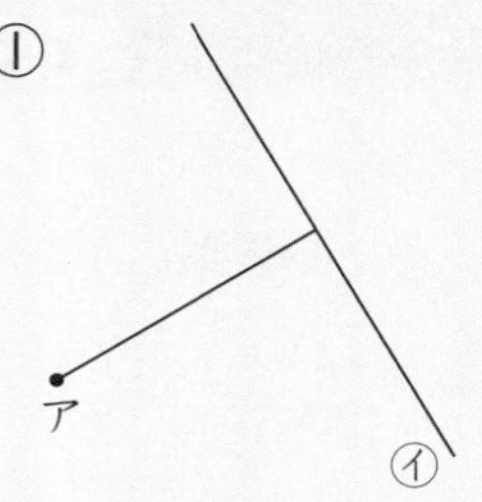

②

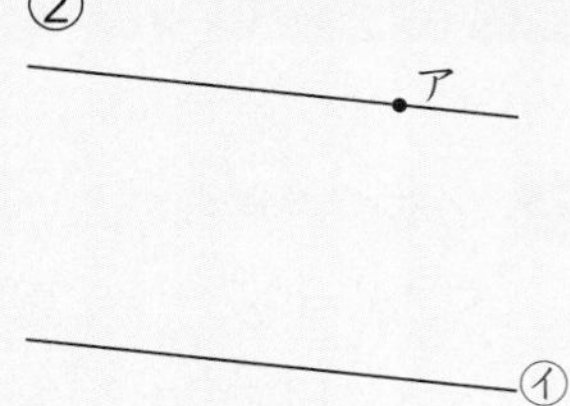

❺ ①6cm
②(あ)125°　(い)55°

❻

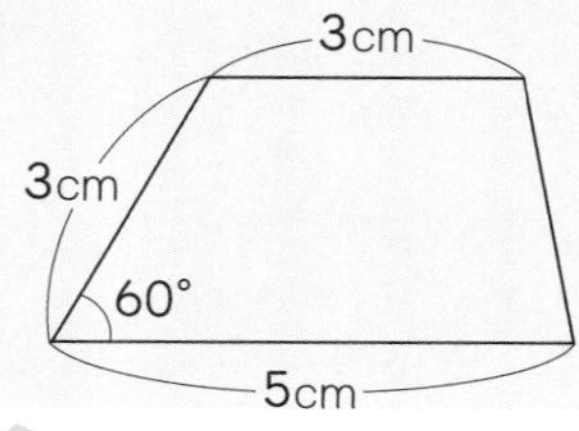

てびき

❶ 直線㋐と㋓は、どちらも直線㋕に垂直なので、2本の直線は平行になります。

❷ 辺の長さ、対角線の長さ、交わり方に注目してはんだんします。
とくに(き)は、辺の長さがすべて等しく、52ページの四角形の対角線の特ちょうをすべてもっています。

❸ 正方形は、①、②の両方にあてはまる四角形です。

❹ 三角定規のずれに気をつけましょう。

❺ ①平行四辺形では、向かい合った辺の長さは等しくなっています。
②平行四辺形では、向かい合った角の大きさは等しくなっています。

❻ まず、5cmの辺をひき、この辺との角が60°になるように、3cmの辺をひきます。
この3cmの辺のはしから、5cmの辺と平行になるように、3cmの辺をひきます。

7 ①正方形
②平行四辺形
③ひし形

7 ①大きい円の2本の直径が対角線になっています。それぞれまん中の点で垂直になり、長さが等しいので正方形です。
③2本の直径がそれぞれのまん中の点で垂直になり、まん中の点からそれぞれが2等分されているのでひし形です。

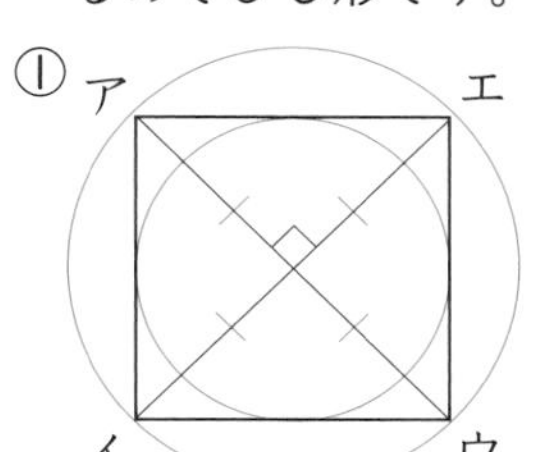

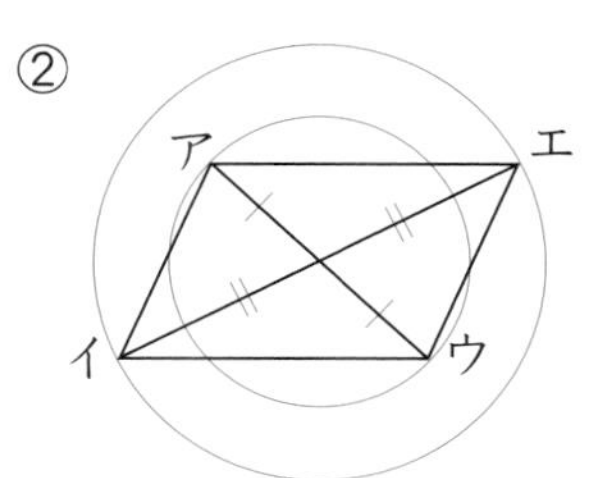

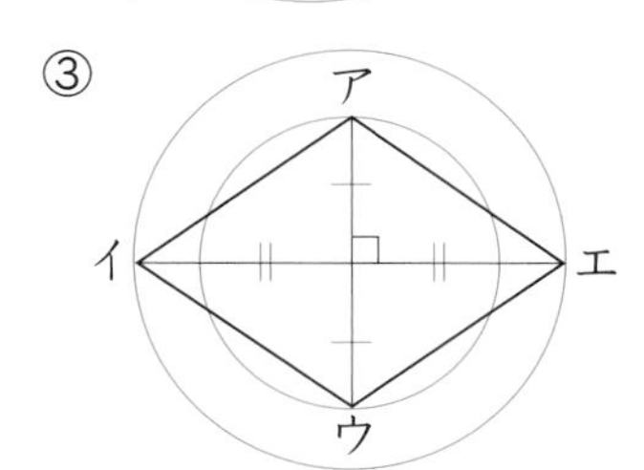

8 式と計算

ぴったり1 じゅんび 56ページ

1 150、80
2 120、70
3 ×、÷、800

ぴったり2 練習 57ページ

1 ①230 ②610 ③700 ④900

2 ①4 ②200

てびき

1 ( )のある式では、( )の中を先に計算します。

①600−(170+200)=600−370
=230

②1000−(530−140)=1000−390
=610

③700−(130+70)+200
=700−200+200
=700

④1200−(400−250+150)
=1200−300
=900

2 ①(42−18)÷6=24÷6
=4

②25×(32÷4)=25×8
=200

❸ ①420　②80

❸ ＋、－、×、÷がまじっているときは、×、÷を先に計算します。
①$150+30\times9=150+270$
$=420$
②$120-160\div4=120-40$
$=80$

❹ ①72　②6

❹ ①$20\times4-32\div4=80-8$
$=72$
②$360\div(20+5\times8)=360\div(20+40)$
$=360\div60$
$=6$

❺ 式　60×12＋180×5＝1620
答え　1620円

❺ えんぴつ12本の代金 ＋ ノート5さつの代金 ＝ 代金の合計
60×12　＋　180×5
$=720+900$
$=1620$

ぴったり1 じゅんび　58ページ

1 ①30　②5　③30　④410
2 (1)64、100、193
(2)4、4、100、700

ぴったり2 練習　59ページ

てびき

❶ ①16、9　②×、×

❶ 分配(ぶんぱい)のきまりを使います。

❷ ①27　②100、1　③4、4

❷ ①結合(けつごう)のきまりを使います。
②分配のきまりを使います。
③結合のきまりを使います。

❸ ①147　②185　③728　④891　⑤900
⑥400

❸ ①$47+58+42=47+(58+42)$
$=47+100$
$=147$
②$68+85+32=68+32+85$
$=(68+32)+85$
$=100+85=185$
③$7\times104=7\times(100+4)$
$=700+28$
$=728$
④$99\times9=(100-1)\times9$
$=900-9$
$=891$
⑤$83\times9+17\times9=(83+17)\times9$
$=100\times9=900$
⑥$64\times8-14\times8=(64-14)\times8$
$=50\times8=400$

❹ ㋒、㋓、㋕

❹ 計算の順序(じゅんじょ)を考えて、16－9になるものを選(えら)びます。

1 ①40 ②3 ③86、14 ④21、8

2 あ、え、か

3 ①500 ②32 ③32 ④10 ⑤291
⑥116 ⑦0 ⑧30

4 ①149 ②126 ③297 ④990 ⑤700
⑥60

5 ①式 $150-12\times7=66$
答え 66ページ
②式 $180\times3+40\times6=780$
答え 780円

6 (例)＋、÷、×

---

2 計算の順序を考えて、23－8 になるものを選びます。

3 ①$25\times(13+7)=25\times20$
$=500$
②$(84-76)\times4=8\times4$
$=32$
③$640\div(4\times5)=640\div20$
$=32$
④$(6+2)\times5\div4=8\times5\div4$
$=40\div4=10$
⑤$300-81\div9=300-9$
$=291$
⑥$20\times6-32\div8=120-4$
$=116$
⑦$48\div8-30\div5=6-6$
$=0$
⑧$36\div(8-2)\times5=36\div6\times5$
$=6\times5=30$

4 ①$49+38+62=49+100$
$=149$
②$79+26+21=100+26$
$=126$
③$3\times99=3\times(100-1)$
$=3\times100-3\times1$
$=300-3$
$=297$
④$198\times5=(200-2)\times5$
$=200\times5-2\times5$
$=1000-10$
$=990$
⑤$83\times7+17\times7=(83+17)\times7$
$=100\times7$
$=700$
⑥$29\times4-14\times4=(29-14)\times4$
$=15\times4$
$=60$

5 ①1週間は7日です。
$150-12\times7=150-84$
$=66$
②$180\times3+40\times6=540+240$
$=780$

6 他の答えも考えてみましょう。

9 面積

ぴったり1 じゅんび 62ページ

1 ㋐24、24 ㋑36、36
2 ㋐2 ㋑2、2

ぴったり2 練習 63ページ

1 ①18こ分
②㋐…18 cm^2 ㋑…25 cm^2
③㋑が7 cm^2 大きい。
2 ①2 cm^2 ②5 cm^2 ③4 cm^2 ④3 cm^2
⑤2 cm^2

てびき

1 ①たてに6こ、横に3こならんでいます。
②㋑は1 cm^2 の正方形が25こ分で25 cm^2 です。
2 正方形1この面積(めんせき)は1 cm^2 です。
①1 cm^2 の正方形が2こ分です。
③◸と◿で1 cm^2 の正方形が1こ分になります。
④◫と◫で1 cm^2 の正方形が1こ分になります。
⑤下の図のように考えると1 cm^2 の正方形が2こ分になります。

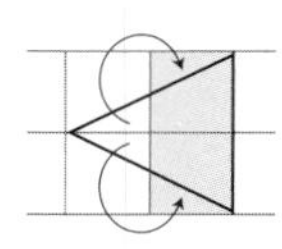

ぴったり1 じゅんび 64ページ

1 8、48、48
2 7、7、49、49

ぴったり2 練習 65ページ

1 ①式 4×8=32 答え 32 cm^2
②式 20×12=240 答え 240 cm^2
2 ①式 8×8=64 答え 64 cm^2
②式 10×10=100 答え 100 cm^2
3 式 2×5=10 答え 10 cm^2
4 ①式 14×14=196 答え 196 cm^2
②式 7×4=28 答え 28 cm^2

てびき

1 長方形の面積=たて×横
2 正方形の面積=1辺(いっぺん)×1辺
3 この長方形の面積を求(もと)めるには、たての長さと横の長さをはかる必要(ひつよう)があります。
たて2cm、横5cmなので、
2×5=10
4 ①正方形の面積の公式を使って求めます。
②長方形の面積の公式を使って求めます。

ぴったり1 じゅんび 66ページ

1 60、60、3600、36
2 8、8

ぴったり2 練習 67ページ

❶ ①式　150×200＝30000
答え　30000 cm^2、3 m^2

❷ ①□×9＝63
②7 m

❸ ①式　3×5＝15　答え　15 km^2
②15000000 m^2

❹ ①式　250×400＝100000
答え　1000 a
②10 ha

てびき

❶ 単位(たんい)を cm にそろえて式をつくります。
答えの面積(めんせき)の単位を cm^2 と m^2 で表します。
10000 cm^2＝1 m^2 です。

❷ □×9＝63 の□を求(もと)めるには、わり算を使います。
63÷9＝7

❸ ②1 km^2＝1000000 m^2 なので、
15 km^2＝15000000 m^2 です。

❹ 10000 m^2＝100 a＝1 ha の関係(かんけい)を覚(おぼ)えておきましょう。

ぴったり1 じゅんび 68ページ

1 ①正方形　②25　③25　④145　⑤145
2 ①108　②108　③90　④90

ぴったり2 練習 69ページ

❶ ①3×4＋2×7＝26
②式　5×4＋2×3＝26　答え　26 cm^2

おうちのかたへ　図形を3つに分けるなど、いろいろな方法で面積が求められます。図形に線をかき入れて、お子さまの考えを整理するとよいでしょう。

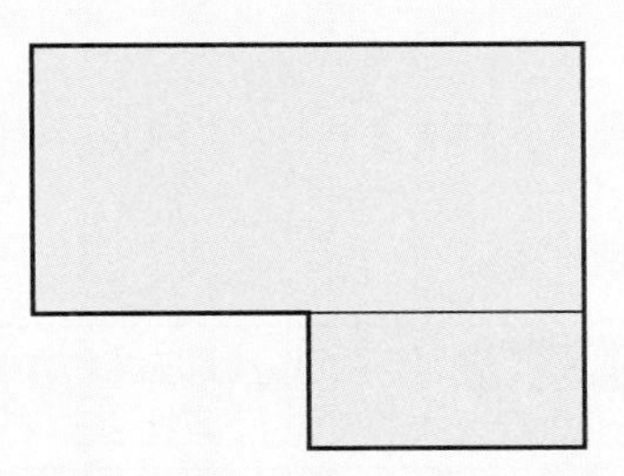

❸ 式　40×40－15×20＝1300
答え　1300 cm^2

てびき

❶ ①ゆきさんの求め方は、図形を上下に分けて、3×4 と 2×7 の 2 つの長方形をあわせたものです。
②図形を左右に分けて求めます。

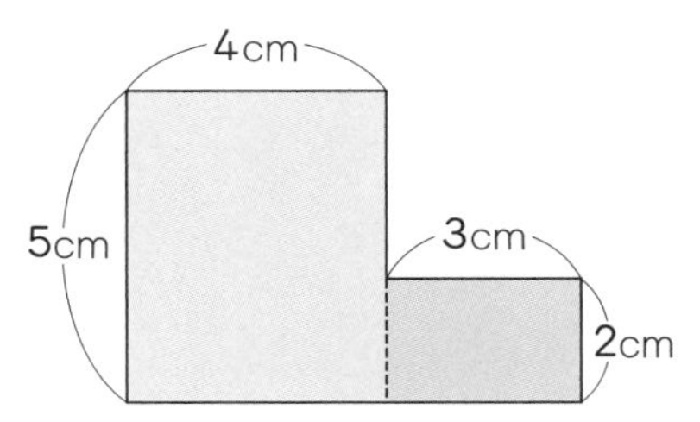

(別(べつ)の求め方)
下のように大きな長方形から、小さな正方形をひく求め方もあります。

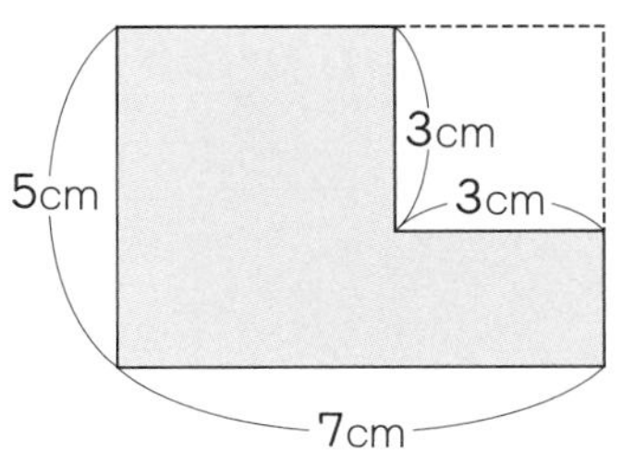

❷ たて 20 cm、横 40 cm の長方形の面積とたて 10 cm、横 20 cm の長方形の面積をたす考え方です。
図形を上下に分けると、20×40 の長方形と、10×20 の 2 つの長方形をあわせた図形と考えられます。

❸ 1辺(いっぺん)が 40 cm の正方形の面積から、たて 15 cm、横 20 cm の長方形の面積をひきます。

1 ①km^2 ②a ③ha

2 ①300000 ②4000000 ③12 ④500

3 ①式 $14\times30=420$ 答え $420\ cm^2$
②式 $25\times25=625$ 答え $625\ m^2$
③式 $12\times10=120$ 答え $120\ km^2$

4 ①式 $60\times15=900$ 答え 9a
②式 $1200\times500=600000$
答え 60ha

5 ①式 $7\times4+4\times3+2\times3=46$
答え $46\ cm^2$
②式 $12\times16-6\times8=144$
答え $144\ m^2$

2 km^2、ha、a と m^2 の関係を覚えておきましょう。
$1\ km^2=1000\ m\times1000\ m$
$=1000000\ m^2$
$1\ ha=100\ m\times100\ m$
$=10000\ m^2$
$1\ a=10\ m\times10\ m$
$=100\ m^2$

4 長方形の面積の公式にあてはめます。

5 ①下の図のように3つの長方形に分けて、それぞれの面積を求めます。

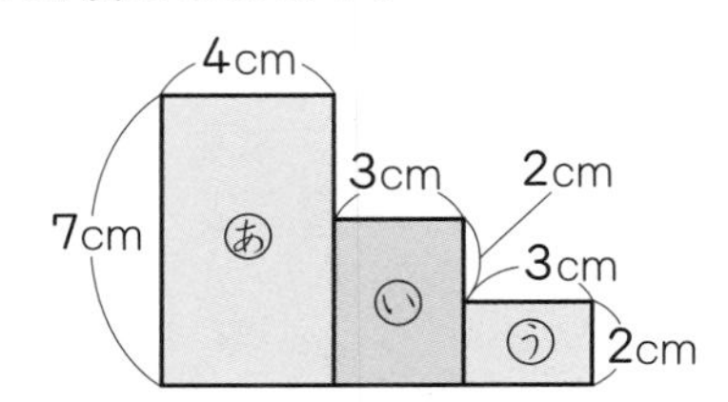

あ$7\times4=28$
い$4\times3=12$
う$2\times3=6$
あ＋い＋う$=28+12+6=46$
（別の求め方）
下の図のように分けて求めることもできます。

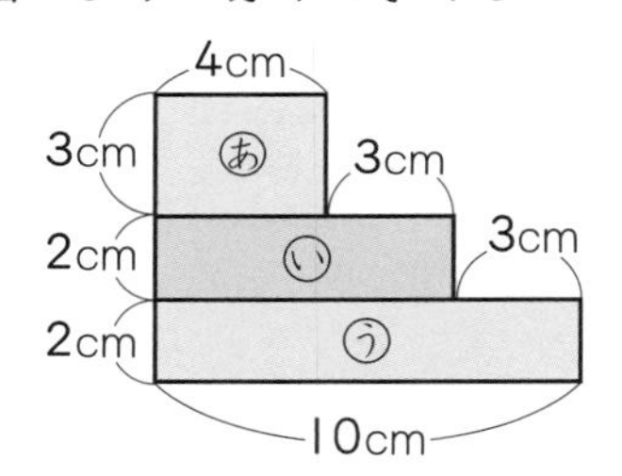

あ$3\times4=12$
い$2\times(4+3)=14$
う$2\times10=20$
あ＋い＋う$=12+14+20=46$

おうちのかたへ 図形の分け方がわからないお子さまには、補助線を入れてあげるとよいでしょう。

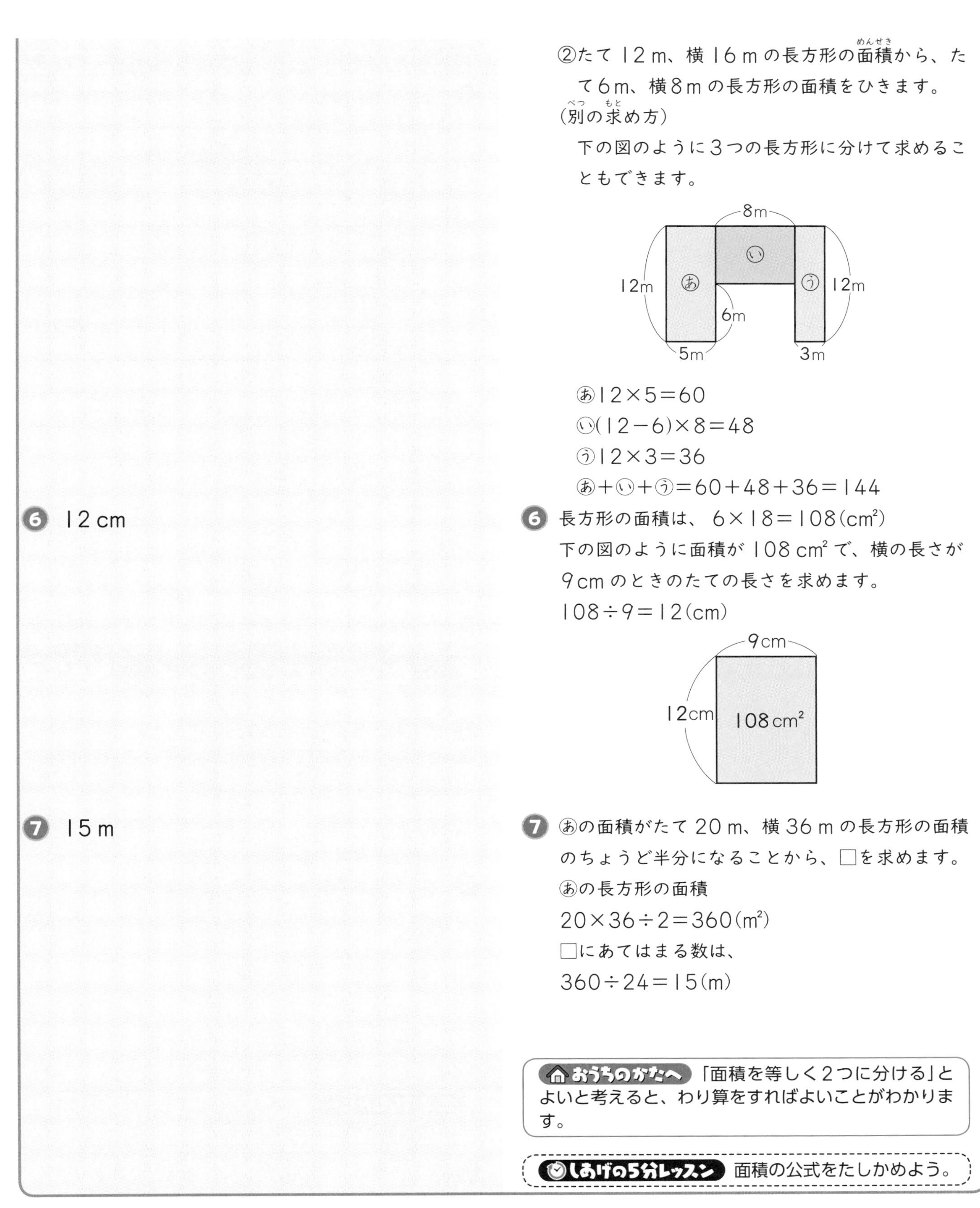

②たて 12 m、横 16 m の長方形の面積(めんせき)から、たて 6 m、横 8 m の長方形の面積をひきます。

（別(べつ)の求(もと)め方）

下の図のように 3 つの長方形に分けて求めることもできます。

あ $12\times5=60$

い $(12-6)\times8=48$

う $12\times3=36$

あ＋い＋う $=60+48+36=144$

❻ 12 cm

❻ 長方形の面積は、$6\times18=108$（cm²）

下の図のように面積が 108 cm² で、横の長さが 9 cm のときのたての長さを求めます。

$108\div9=12$（cm）

❼ 15 m

❼ あの面積がたて 20 m、横 36 m の長方形の面積のちょうど半分になることから、□を求めます。

あの長方形の面積

$20\times36\div2=360$（m²）

□にあてはまる数は、

$360\div24=15$（m）

おうちのかたへ 「面積を等しく 2 つに分ける」とよいと考えると、わり算をすればよいことがわかります。

しあげの5分レッスン 面積の公式をたしかめよう。

⑩ 整理のしかた

ぴったり1 じゅんび 72 ページ

1 すりきず

2 3、好(す)き

ぴったり2 練習 73ページ

てびき

1 ①5年 ②物語

1 ①学年別の合計(表のいちばん下)がいちばん多い学年は、5年です。

借りた本の種類と学年 (人)

本の種類＼学年	1	2	3	4	5	6	合計
物語	3	3	5	4	2	3	20
伝記	2	4	1	3	4	4	18
れきし	0	1	1	3	4	2	11
科学	1	0	2	1	3	1	8
スポーツ	1	0	1	3	2	1	8
合計	7	8	10	14	15	11	65

2 ①6人

②

弟と妹調べ (人)

		弟		合計
		いる	いない	
妹	いる	4	8	12
	いない	6	8	14
合計		10	16	26

2 ①弟がいて、妹がいない人は○×で表されています。

②弟はいなくて、妹がいる人…×○の数を調べると、8人です。

ぴったり3 たしかめのテスト 74~75ページ

てびき

1 ①5 ②5 ③7

2 ①2 ②5 ③3 ④5 ⑤5 ⑥7 ⑦12

2 犬もねこもかっている人…○○、
犬をかっているが、ねこはかっていない人…○×、
犬はかっていないが、ねこをかっている人…×○
です。
もれや重なりがないように数えましょう。

3 ①

けがの種類と場所 (人)

場所＼けがの種類	すりきず	切りきず	つき指	打ぼく	合計
教室	2	3	0	0	5
校庭	1	3	1	2	7
体育館	2	0	2	0	4
合計	5	6	3	2	16

②切りきず

3 ①数を調べるときは、✓などを使って、もれや重なりがないようにします。

おうちのかたへ 数が大きくなるときは、正の字を使って数える方法もあります。

4 ①5人 ②3人 ③8人

4 ③下の表の　　のところに、平泳ぎのできない人が入っています。合計8人です。

平泳ぎとクロール調べ (人)

		クロール		合計
		できる	できない	
平泳ぎ	できる	16	8	24
	できない	5	3	8
合計		21	11	32

11 くらべ方

ぴったり1 じゅんび 76ページ

1 4、4

ぴったり2 練習 77ページ

1 9倍

2 ①式　45÷9＝5　答え　5

②㋑の包帯

③式　5×5＝25　答え　25 cm

てびき

1 式　27÷3＝9

2 ①のばした長さをもとの長さでわると、割合が求められます。

②㋑の包帯と㋒の包帯の、それぞれののばした長さの割合を求めます。

㋑…20÷4＝5

㋒…24÷8＝3

③①で求めた割合が5であることから、「もとの長さ」と「のばした長さ」は5倍の関係になっています。

ぴったり3 たしかめのテスト 78〜79ページ

1 5L

2 8kg

3 ①金魚5、メダカ4

②金魚

4 ライオン

5 ①黒の平ゴム

②白の平ゴム

③式　8×4＝32　答え　32 cm

てびき

1 ポリタンクの水の量を□Lとすると、水そうの水の量との関係は、

□×6＝30

□を求めるには、わり算を使います。

式　30÷6＝5

2 式　32÷4＝8

3 それぞれの割合を求めます。

金魚……25÷5＝5

メダカ…28÷7＝4

4 それぞれの割合を求めます。

ライオン…210÷35＝6

キリン……540÷180＝3

5 ①それぞれの割合を求めます。

赤…57÷19＝3

青…24÷6＝4

白…56÷14＝4

黒…65÷13＝5

③「もとの長さ」と「のばした長さ」は4倍の関係になっています。

おうちのかたへ　割合は、3年生で学習した倍の計算の別の見方ととらえることができます。

⑫ 小数のしくみとたし算、ひき算

ぴったり1 じゅんび 80ページ

1 ①0.3 ②0.02 ③7 ④0.007
⑤0.327

2 $\frac{1}{1000}$、<

ぴったり2 練習 81ページ

❶ ①0.62 L ②3.05 L

❷ ①2.172 km ②0.48 km

❸ ①7 ②$\frac{1}{1000}$

❹ ①538 こ ②420 こ

❺ ①> ②>

❻ ①10倍…37.4 $\frac{1}{10}$…0.374
②10倍…10.6 $\frac{1}{10}$…0.106

てびき

❶ ②0.1 L は0こなので、3.05 L となります。

❷ 1 m は 0.001 km です。
②0.001 を 480 こあつめると 0.480 となり、最後(さいご)の0を消します。

❸

2	.	3	7	9
一の位	小数点	$\frac{1}{10}$の位	$\frac{1}{100}$の位	$\frac{1}{1000}$の位

❹ ①5は、　0.01 を 500 こあつめた数
0.3 は、0.01 を 30 こあつめた数
0.08 は、0.01 を 8 こあつめた数
5.38 は、0.01 を 538 こあつめた数
②4は、　0.01 を 400 こあつめた数
0.2 は、0.01 を 20 こあつめた数
4.2 は、0.01 を 420 こあつめた数

❺ 上の位(くらい)の数からくらべたり、0.001 をもとにしたりして考えたりします。
①8.476 は 0.001 を 8476 こあつめた数、8.467 は 0.001 を 8467 こあつめた数なので、8.476 のほうが大きいことがわかります。
②0.53 は 0.530 として、0.001 を 530 こあつめた数、0.503 は 0.001 を 503 こあつめた数なので、0.53 のほうが大きいことがわかります。

❻ 小数を 10 倍すると、位が1けた上がり、小数点を右に1けたうつした数になります。
小数を $\frac{1}{10}$ にすると、位が1けた下がり、小数点を左に1けたうつした数になります。

ぴったり1 じゅんび 82ページ

1 (1)7.26 (2)0.8

2 (1)2.68 (2)4.704

ぴったり2 練習 83ページ

てびき

❶ ①7.86 ②8.65 ③7.86 ④2.799
⑤1.34 ⑥12.487

❶ 小数のたし算の筆算は、位(くらい)をそろえて書いて、整数と同じように計算します。
答えの小数点は、上の小数点の位置(いち)にそろえてうちます。

❷ ①10.9 ②1.2 ③9.91

❷ 位をそろえて書いて計算します。

① 4.37 + 6.53 = 10.90
② 0.857 + 0.343 = 1.200
③ 3 + 6.91 = 9.91

❸ 2.1 kg

❸ 計算で求(もと)められる数は 2.10 kg ですが、最後(さいご)の0は消しましょう。
1.25＋0.85＝2.1

❹ ①4.32 ②3.14 ③4.86 ④2.02
⑤0.42 ⑥7.18

❹ 小数のひき算の筆算は、位をそろえて書いて、整数と同じように計算します。
答えの小数点は、上の小数点の位置にそろえてうちます。

❺ ①0.19 ②1.795 ③2.579

❺ 位をそろえて書いて計算します。

① 0.6 − 0.41 = 0.19
② 2.61 − 0.815 = 1.795
③ 10 − 7.421 = 2.579

❻ 29.695 km

❻ 小数点の位置をそろえるのを、わすれないようにしましょう。
42.195−12.5＝29.695

ぴったり1 じゅんび 84ページ

1 4.25、4.25

2 (1)1.8、10、17.6
(2)7.39、10、13.72

ぴったり2 練習 85ページ

てびき

❶ ①3.15 ②1.39

❶ ①交かんのきまりを使います。
②結合(けつごう)のきまりを使います。

❷ ①3.32
答えのたしかめ…0.73＋2.59＝3.32
②10.72
答えのたしかめ…9.8＋0.92＝10.72

❸ ①12.8 ②14.35 ③5.96 ④10.7
⑤3.83 ⑥12.58

❸ どの計算を先にすると計算がかんたんになるかを考えましょう。
①2.8＋7.3＋2.7＝2.8＋(7.3＋2.7)
＝2.8＋10
＝12.8
②4.35＋3.48＋6.52＝4.35＋(3.48＋6.52)
＝4.35＋10
＝14.35

③$0.96+3.48+1.52=0.96+(3.48+1.52)$
$=0.96+5$
$=5.96$
④$4.8+4.7+1.2=4.8+1.2+4.7$
$=6+4.7$
$=10.7$
⑤$1.52+0.83+1.48=1.52+1.48+0.83$
$=3+0.83$
$=3.83$
⑥$0.93+10.58+1.07=0.93+1.07+10.58$
$=2+10.58$
$=12.58$

しあげの5分レッスン 答えのたしかめをして、答えが等しくなるか計算してみよう。

ぴったり3 たしかめのテスト 86～87ページ

1 ①6 ②0.329 ③6.3

2 ①0.23 ②3.4 ③0.069

3 ①< ②<

4 ①0.04 ②0.52 ③0.77

5 0、$\frac{1}{100}$、0.02、0.045、0.09、1

6 ①7.06 ②3.4 ③10.107 ④6.1 ⑤0.35 ⑥1.285 ⑦8.52 ⑧17.8

おうちのかたへ 3つ以上の数の計算では、10など、数のまとまりを考えると、簡単に計算できます。

7 式 $1.64+8.56=10.2$ 答え 10.2 kg

8 式 $0.68+0.97-1.205=0.445$
答え 0.445 km

てびき

2 ②小数点を2けた右にうつした数です。
③小数点を1けた左にうつした数です。

3 上の位の数からくらべたり、0.001をもとにしたりして考えたりします。
①4.318は0.001を4318こあつめた数、4.329は0.001を4329こあつめた数なので、4.329のほうが大きいことがわかります。
②0.502は0.001を502こあつめた数、0.51は0.001を510こあつめた数なので、0.51のほうが大きいことがわかります。

4 1めもりは、0.01です。0.01のいくつ分かを考えます。

5 $\frac{1}{100}$は、0.01と考えます。

6 整数と同じように計算します。最後に小数点をつけるのをわすれないようにしましょう。
⑦$0.52+3.89+4.11=0.52+(3.89+4.11)$
$=0.52+8$
$=8.52$
⑧$1.6+7.8+8.4=1.6+8.4+7.8$
$=10+7.8$
$=17.8$

7 小数点の位置に気をつけましょう。

8 行きの道のりと帰りの道のりのちがいを求めます。
行きの道のり 0.68+0.97(km)
帰りの道のり 1.205 km
行きの道のりを計算すると1.65 kmなので、ちがいは、1.65−1.205(km)で求めることができます。

13 変わり方

ぴったり1 じゅんび 88ページ

1 ❶7　❷6　❹直線

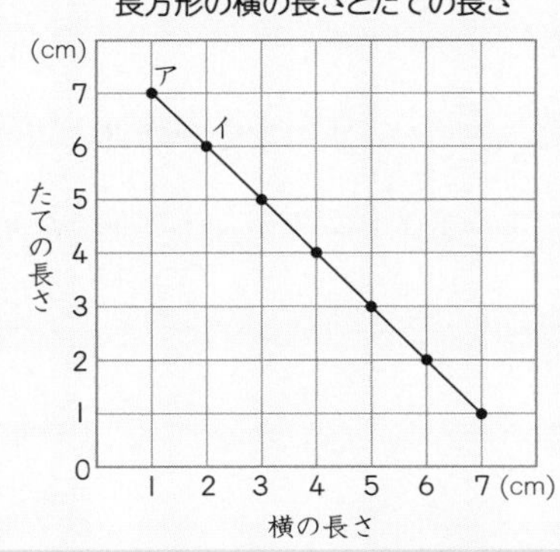

ぴったり2 練習 89ページ

1 ①

たての長さ　(cm)	1	2	3	4	5
横の長さ　(cm)	11	10	9	8	7

②○＋△＝12

③5cm

2 ①

たての長さ　(cm)	1	2	3	4	5	6	7	8
面積　(cm^2)	2	4	6	8	10	12	14	16

②○×2＝△

③(cm^2) たての長さと面積

面積

たての長さ

てびき

1 ②表のたての数と横の数をたした数は、12になっています。

③このとき、7＋△＝12と表すことができます。

2 ② たての長さ × 横の長さ ＝ 面積（めんせき）なので、○×2＝△と表すことができます。

③表の数をグラフに表すと、直線になることがわかります。

おうちのかたへ　長方形の面積の公式にあてはめて考えます。

ぴったり3 たしかめのテスト 90～91ページ

1 ①

たての長さ　(cm)	1	2	3	4	5
横の長さ　(cm)	14	13	12	11	10

②たての長さ＋横の長さ＝15

③○＋△＝15

④8cm

てびき

1 ③たての長さと横の長さをたした数が15なので、○＋△＝15と表すことができます。

④7＋△＝15

△は、8だとわかります。

2 ①

切手の数　（まい）	1	2	3	4	5
代金　（円）	30	60	90	120	150

②30×○＝△

③210円

④24 まい

2 ③30×7＝△と表すことができるので、△は 210 です。

④30×○＝720 と表すことができるので、○は 24 です。

3 ①

あめの数　（こ）	1	2	3	4	5	6	7	8
代金　（円）	20	40	60	80	100	120	140	160

②20×○＝△

③

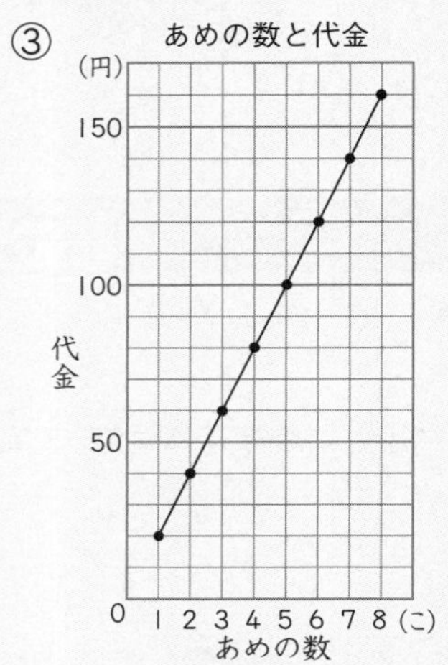

3 ③グラフは点をとってから、直線をひきましょう。

おうちのかたへ　変わり方の学習は、「比例」の考え方につながる大切な学習です。しっかり基本をおさえましょう。

4 ①○＋△＝15

②③

つるの数○　（ひき）	0	1	2	3	4	5	6	7
かめの数△　（ひき）	15	14	13	12	11	10	9	8
足の数の合計　（本）	60	58	56	54	52	50	48	46

④つる…7ひき　かめ…8ひき

4 ①②つるとかめが、あわせて 15 ひきなので、○＋△＝15

③つるが 1 ぴきの場合、かめは 14 ひきです。
そのときの足の数は、
つる　2×1＝2（本）
かめ　4×14＝56（本）　なので、
2＋56＝58（本）
このように考えていき、表をうめます。

④表より、足の数の合計が 46 本となるのは、つるは7ひき、かめは8ひきのときだとわかります。

14 そろばん

ぴったり1 じゅんび　92ページ

1 20、8、92

2 50、8、16

ぴったり2 練習　93ページ　　てびき

1 ①98　②89　③86　④87　⑤83
⑥83　⑦588　⑧397

2 ①23　②31　③16　④21　⑤41
⑥26　⑦303　⑧412

❸ ①92兆　②100億　③22兆　④0.59
⑤1.5　⑥0.28

❸ 一の位（定位点）の位置から、左方向に位が上がります。一の位より右側は小数になります。

算数ワールド

方眼で九九を考えよう　94〜95ページ

1 ①5、9　②4、7　③9、45、45、2025

てびき

1 ①3×4 の部分と3×5 の部分をあわせた長方形は、3×9 を表す長方形と同じ形、同じ大きさになります。
このことから、3×4 の答えと3×5 の答えをあわせると、3×9 の答えと同じになることがわかります。
このことを式で表すと、分配のきまりを使って、
3×4＋3×5＝3×(4＋5)
＝3×9
＝27
となります。
②3×2 の部分と4×2 の部分をあわせた長方形は、7×2 を表す長方形と同じ形、同じ大きさになります。
このことから、3×2 の答えと4×2 の答えをあわせると、7×2 の答えと同じになることがわかります。
このことを式で表すと、分配のきまりを使って、
3×2＋4×2＝(3＋4)×2
＝7×2
＝14
となります。
③九九の答えを全部たすと、94 ページの方眼のます目全部の数になります。
ます目は、たてに45 こ、横に45 こあるから、全部で、
45×45＝2025(こ)
となります。

15 小数と整数のかけ算、わり算

ぴったり1 じゅんび　96ページ

1 ①22　②22　③8.8　④8.8
2 (1)9.6　(2)23　(3)91.2

ぴったり2 練習　97ページ

❶ ①2.4　②7.8　③7.2

てびき

❶ ①0.4×6＝2.4（10倍↓　↑$\frac{1}{10}$）4×6＝24
②3.9×2＝7.8（10倍↓　↑$\frac{1}{10}$）39×2＝78

③2.4×3=7.2
10倍↓　↑$\frac{1}{10}$
24×3=72

おうちのかたへ　小数のかけ算は、整数のかけ算と同じように計算することができます。小数点をうつ位置に気をつけましょう。

❷ ①26.1　②71.5　③32.4　④111.8　⑤9.38　⑥20.64

❷
① 8.7 × 3 = 26.1
② 14.3 × 5 = 71.5
③ 0.6 × 54：24、30、32.4
④ 4.3 × 26：258、86、111.8
⑤ 1.34 × 7 = 9.38
⑥ 0.86 × 24：344、172、20.64

❸ ①2.7　②12　③7

❸
① 1.35 × 2 = 2.70
② 2.4 × 5 = 12.0
③ 1.75 × 4 = 7.00
小数点をうってから0を消します。

❹ ①2.208　②28.21　③1.41

❹
① 0.276 × 8 = 2.208
② 0.806 × 35：4030、2418、28.210
③ 0.094 × 15：470、94、1.410

❺ 27 L

❺ 最後(さいご)の0は消して答えます。
1.8×15=27

ぴったり1 じゅんび　98ページ

1 ①52　②52　③1.3　④1.3

2 (1)13.7　(2)0.6　(3)0.7

ぴったり2 練習　99ページ　てびき

❶ ①1.2　②3.2

❶ ①4.8÷4=1.2　②9.6÷3=3.2
10倍↓　↑$\frac{1}{10}$
48÷4=12　96÷3=32

❷ ①3.9　②1.3　③1.8　④13.2　⑤0.6　⑥0.4

❷
① 11.7÷3=3.9：9、27、27、0
② 9.1÷7=1.3：7、21、21、0
③ 10.8÷6=1.8：6、48、48、0

④
```
    13.2
6 ) 79.2
    6
    19
    18
     12
     12
      0
```

⑤
```
    0.6
4 ) 2.4
    24
     0
```

⑥
```
    0.4
2 ) 0.8
      8
      0
```

❸ ①2.8　②0.7　③2.6　④2.43　⑤3.4
⑥2.48　⑦3.26　⑧0.168　⑨0.006

❸ 一の位(くらい)から商がたたないときは、0を書き、小数点をうってから計算します。

①
```
     2.8
14 ) 39.2
     28
     112
     112
       0
```

②
```
      0.7
26 ) 18.2
     182
       0
```

③
```
      2.6
63 ) 163.8
     126
      378
      378
        0
```

④
```
    2.43
7 ) 17.01
    14
     30
     28
      21
      21
       0
```

⑤
```
      3.4
34 ) 115.6
     102
      136
      136
        0
```

⑥
```
    2.48
8 ) 19.84
    16
     38
     32
      64
      64
       0
```

⑦
```
     3.26
17 ) 55.42
     51
      44
      34
      102
      102
        0
```

⑧
```
     0.168
34 ) 5.712
     34
     231
     204
      272
      272
        0
```

⑨
```
     0.006
14 ) 0.084
        84
         0
```

ぴったり1 じゅんび　100ページ

1 0.585
2 0.27、0.27

ぴったり2 練習　101ページ

てびき

❶ ①0.35　②0.65　③1.305　④0.365
⑤0.026　⑥1.25　⑦0.75　⑧0.16

❶ わられる数の右に0が続(つづ)いていると考えます。

①
```
    0.35
6 ) 2.1
    18
     30
     30
      0
```

②
```
    0.65
8 ) 5.2
    48
     40
     40
      0
```

③
```
      1.305
60 ) 78.3
     60
     183
     180
       300
       300
         0
```

④ 0.365 ÷ … 4)1.46 → 0.365（12, 26, 24, 20, 20, 0）

⑤ 25)0.65 → 0.026（50, 150, 150, 0）

⑥ 8)10 → 1.25（8, 20, 16, 40, 40, 0）

⑦ 4)3 → 0.75（28, 20, 20, 0）

⑧ 25)4 → 0.16（25, 150, 150, 0）

❷ ①0.7 ②0.6 ③0.9 ④0.4 ⑤0.2
⑥2.1

❷ $\frac{1}{100}$の位まで計算して四捨五入します。

① 9)6 → 0.66（54, 60, 54, 6）→ 0.7

② 7)4 → 0.57（35, 50, 49, 1）→ 0.6

③ 6)5.6 → 0.93（54, 20, 18, 2）→ 0.9

④ 41)16 → 0.39（123, 370, 369, 1）→ 0.4

⑤ 33)7.9 → 0.23（66, 130, 99, 31）→ 0.2

⑥ 36)74.3 → 2.06（72, 230, 216, 14）→ 2.1

ぴったり1 じゅんび 102ページ

1 ①8 ②8 ③3.5

2 (1)70、1.4、1.4
(2)70、0.4、0.4

ぴったり2 練習 103ページ

てびき

❶ ①1.4 あまり 0.2 ②0.8 あまり 0.6
③0.6 あまり 2.4 ④0.8 あまり 0.6
⑤0.2 あまり 0.9 ⑥0.8 あまり 1.7

❶ あまりの小数点は、わられる数の小数点にそろえてうちます。

① 7)10 → 1.4（7, 30, 28, 0.2）

② 7)6.2 → 0.8（56, 0.6）

③ 26)18 → 0.6（156, 2.4）

④ 13)11 → 0.8（104, 0.6）

⑤ 34)7.7 → 0.2（68, 0.9）

⑥ 35)29.7 → 0.8（280, 1.7）

❷ 式　21.5÷4＝5 あまり 1.5
答え　5ふくろに分けられて、1.5 kg あまる。

❷ 4kg ずつふくろに入れていくので、21.5÷4の商を整数部分まで求める（もと）と、ふくろが何ふくろできるかわかります。
4kg より少ない部分はあまりです。
21.5÷4＝5 あまり 1.5

4）21.5 → 5
20
1.5

❸ ①式　24÷15＝1.6　答え　1.6 倍
②式　6÷15＝0.4　答え　0.4 倍

❸ 白のテープの長さがもとになるので、白のテープの長さがわる数、赤と青のテープの長さがわられる数となります。

❹ 式　57÷38＝1.5　答え　1.5 倍

❹ ひろしさんの体重がもとになるのでわる数になり、先生の体重がわられる数となります。

ぴったり3 たしかめのテスト　104～105 ページ　てびき

❶ ①50.4　②107.2　③14.4　④11.36
⑤30.82　⑥0.13　⑦26.544　⑧39

❶
① 8.4 × 6 ＝ 50.4
② 13.4 × 8 ＝ 107.2
③ 0.9 × 16
54
9
14.4
④ 1.42 × 8 ＝ 11.36
⑤ 0.67 × 46
402
268
30.82
⑥ 0.026 × 5 ＝ 0.130（最後の0は消す）
⑦ 0.948 × 28
7584
1896
26.544
⑧ 1.625 × 24
6500
3250
39.000（小数点以下の0は消す）

❷ ①2.3　②2.8　③6.5　④0.08　⑤3.21

❷
① 3）6.9 → 2.3
6
9
9
0
② 14）39.2 → 2.8
28
112
112
0
③ 29）188.5 → 6.5
174
145
145
0
④ 16）1.28 → 0.08
128
0
⑤ 24）77.04 → 3.21
72
50
48
24
24
0

3 ①1.7　②3.45　③0.06

3 わられる数の右に0が続(つづ)いていると考えます。

```
①     1.7        ②     3.45       ③      0.06
  5) 8.5           8) 27.6          55) 3.3
     5                24                 330
     35               36                   0
     35               32
      0                40
                       40
                        0
```

4 ①0.6　②0.7　③3.1

4 $\frac{1}{100}$の位(くらい)まで計算して四捨五入(ししゃごにゅう)します。

```
①     0.55(→6)   ②     0.74       ③      3.09(→1)
  9) 5             7) 5.2           24) 74.3
     45               49                72
      50               30                230
      45               28                216
       5                2                 14
```

5 式　1.42×25＋1.5＝37　　答え　37 kg

5 まず、パイプ全体の重さを求(もと)めます。
1.42×25＝35.5
次に、箱の重さをたします。
35.5＋1.5＝37

6 式　98.5÷8＝12 あまり 2.5
答え　12 本とれて、2.5 cm あまる。

6 1本を8cmに分けていくので、98.5÷8の商を整数部分まで求めると、何本できるかわかります。
8cmより短い部分はあまりです。

7 式　880÷32＝27.5　　答え　27.5 cm

7 教室の長さをまい数でわれば、パネル1辺(いっぺん)の長さが求められます。

16 立体

ぴったり1 じゅんび　106ページ

1 ㋐直方体　㋑立方体

2 ①4　②4　③4　④4　⑤3　⑥2

ぴったり2 練習　107ページ

てびき

1 ①㋑、㋒、㋔
②直方体…㋑　立方体…㋔

2 ①10 cm の辺(へん)が8、5cm の辺が4
②1辺が 10 cm の正方形の面が2
5cm と 10 cm の辺がある長方形の面が4

2 正方形と長方形で作られている場合、同じ形の長方形が4つあります。

3 ①6cm の辺が 12
②1辺が6cm の正方形の面が6

しあげの5分レッスン　直方体や立方体の特(とく)ちょうをまとめよう。

ぴったり1 じゅんび 108ページ

1 (1)お

(2)①〜④あ、い、う、え(順不同)

2 (1)①〜④オカ、カキ、キク、クオ(順不同)

(2)①②ウキ、エク(順不同)

(3)①②オク、カキ(順不同)

ぴったり2 練習 109ページ

1 ①面あと面う、面おと面か、面いと面え(順不同)

②面あ、面お、面う、面か(順不同)

③面い、面か、面え、面お(順不同)

2 ①面か

②辺エウ、辺ウキ、辺キク、辺クエ

③辺エア、辺ウイ、辺クオ、辺キカ

④辺イウ、辺アエ、辺オク

⑤辺イカ、辺オカ、辺ウキ、辺クキ

てびき

1 ①立方体では、向かい合った面が、すべて平行です。

②③立方体では、となり合った面が、すべて垂直です。

2 ②〜⑤は、すべて順不同です。

②面おと平行な面をつくっている辺が平行な辺です。

③面おと垂直な面どうしが交わってできる辺です。

④辺カキは面いと面うが交わってできた辺なので、面いと面うに平行な辺はそれぞれどれかと考えます。

⑤辺カキと交わる辺です。

ぴったり1 じゅんび 110ページ

1 大きさ

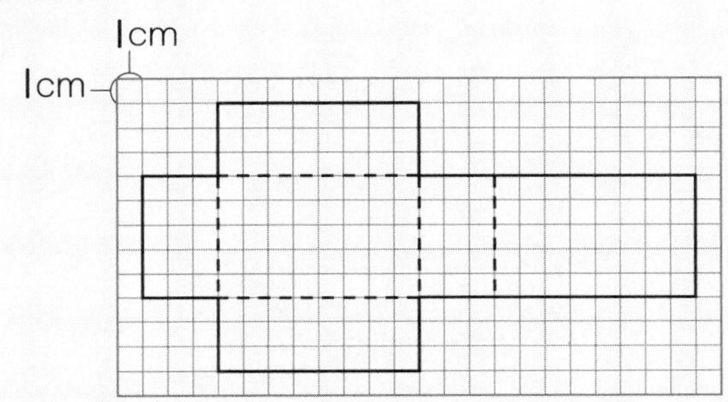

2 ①ク　②クキ　③え　④ウエ(ウイ)

⑤エオ(クキ)　⑥オカ(キカ)

(④〜⑥は順不同)

ぴったり2 練習 111ページ

1 (例)

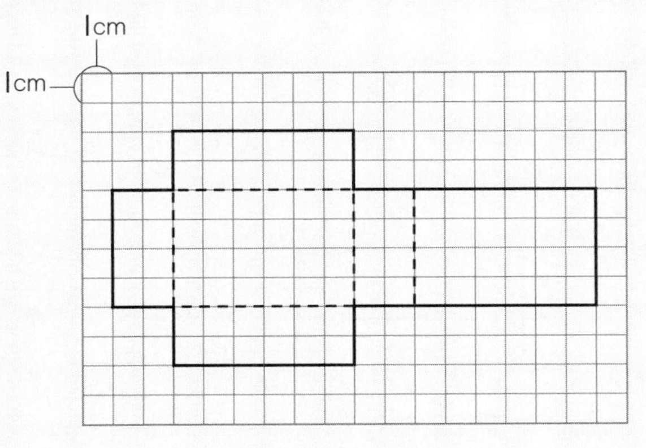

てびき

1 下のような展開図もあります。かき方はいろいろあります。

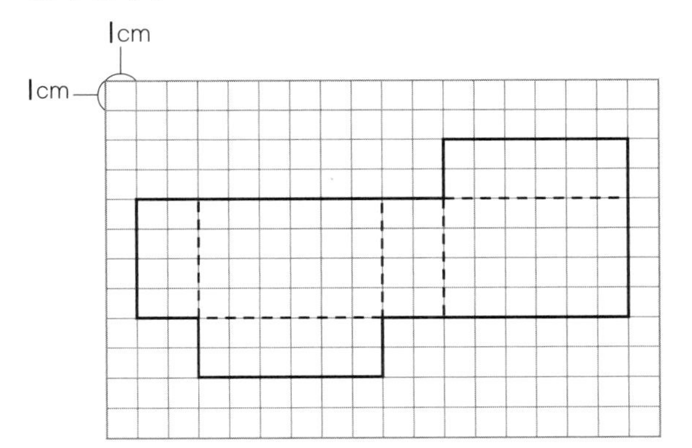

2 ①点カ　②辺エウ
③面あ、面う、面お、面か(順不同)
④辺アイ(辺ケク)、辺イオ、辺ウエ(辺キカ)、辺コキ(順不同)
⑤面え

2 組み立てて考えます。
展開図を組み立てると、下のような形になります。

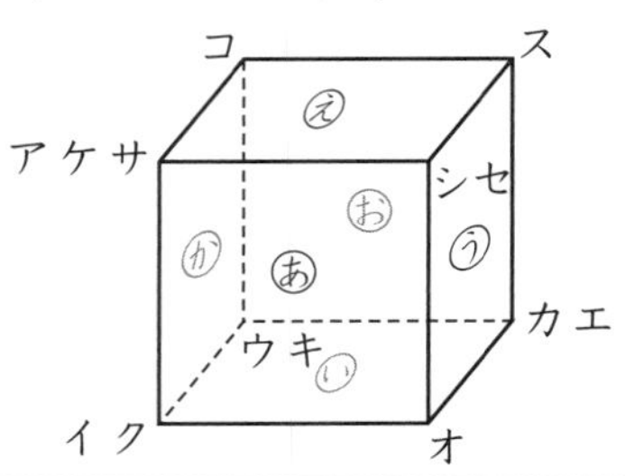

ぴったり1 じゅんび 112ページ

1 50、40
2 30、20、15

ぴったり2 練習 113ページ

てびき

1 点ウ(東20m　北20m)
点エ(東60m　北40m)
点オ(東80m　北50m)

1 東と北の、2つの長さの組を、図からよみとります。

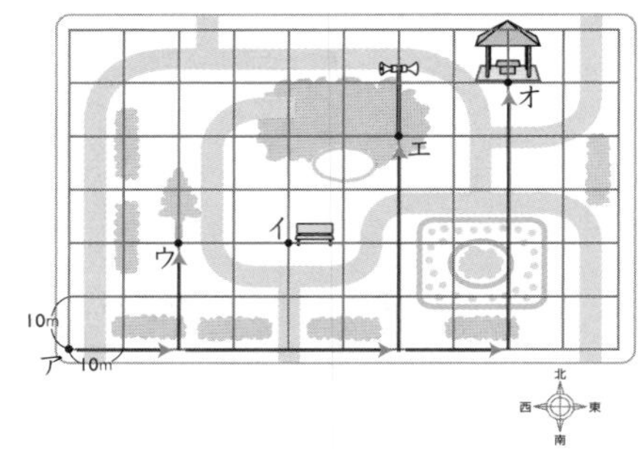

2 頂点イ(横5cm　たて0cm　高さ0cm)
頂点ウ(横5cm　たて2cm　高さ0cm)
頂点キ(横5cm　たて2cm　高さ4cm)
頂点ク(横0cm　たて2cm　高さ4cm)

2 横、たて、高さの、3つの長さの組を、図からよみとります。

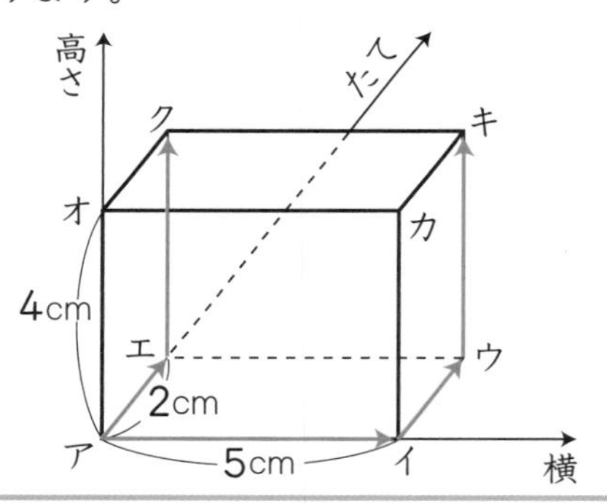

ぴったり3 たしかめのテスト 114～115ページ

てびき

1 ①㋐頂点　㋑辺　㋒面
②正方形

2 ①面あ
②面い、面か、面え、面お
③辺アエ、辺アイ、辺イウ、辺エウ
④辺アオ、辺イカ、辺ウキ、辺エク
⑤辺アオ、辺イカ、辺エク
⑥辺イウ、辺エウ、辺カキ、辺クキ

2 ②～⑥は、すべて順不同です。
③面うと平行な面あをかこんでいる辺は、面うに平行です。
⑤

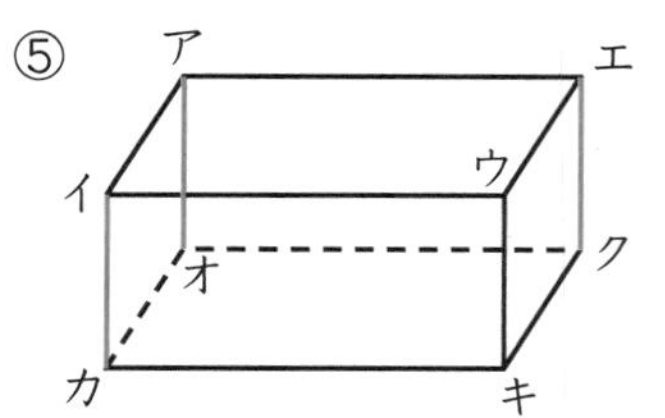

辺ウキに
平行な辺

❸ い

❹ ①点ア、点キ（順不同）
②辺キカ
③平行…面あ
垂直…面い、面か、面う、面お（順不同）
④平行…辺カサ、辺アセ（キク）、辺サク、
辺ウエ（キカ）（順不同）
垂直…辺カオ（エオ）、辺アイ（ウイ）、
辺セス（クケ）、辺サシ（サコ）（順不同）
⑤平行…辺ウエ（キカ）、辺スシ（ケコ）、
辺サク（順不同）
垂直…辺エオ（カオ）、辺アイ（ウイ）、
辺スイ、辺シオ（順不同）

❺ 点ウ（横5cm　たて3cm）

⑥

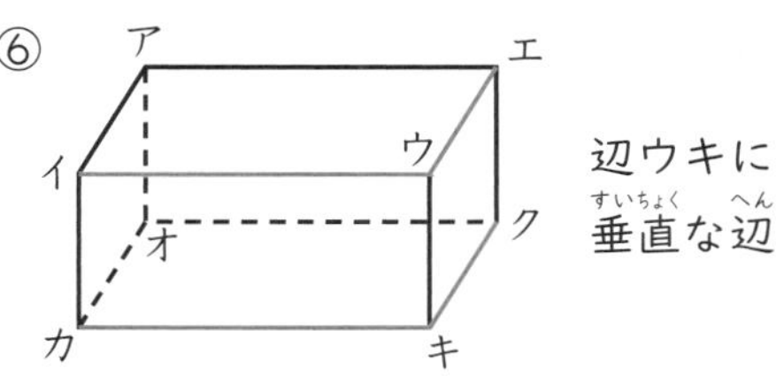

❸ いは組み立てると重なる面があるので、展開図になりません。

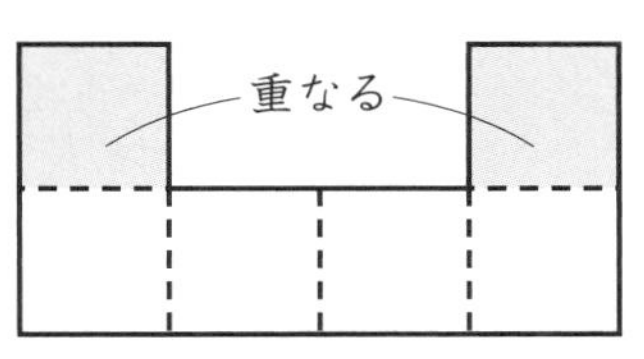

❹ 組み立てると、次のような直方体になります。

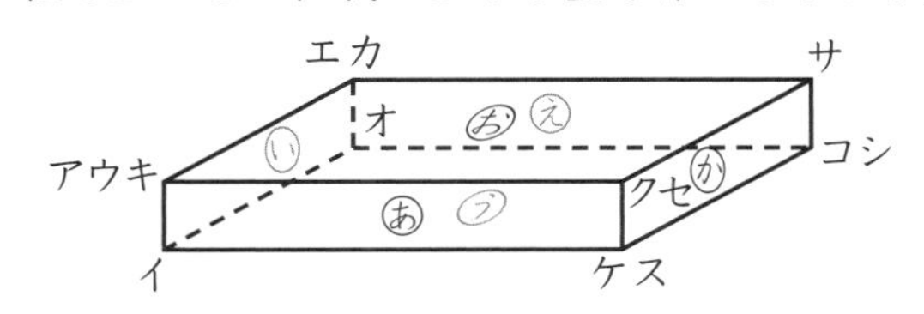

おうちのかたへ　直方体の箱を実際に組み立ててみるなどすると、お子さまの理解が深まります。

❺

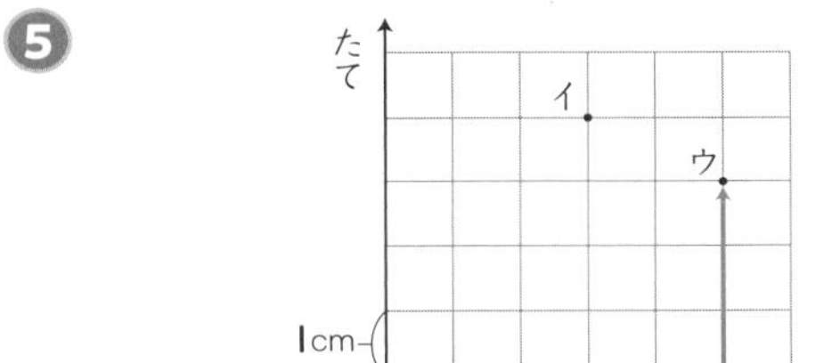

17 分数の大きさとたし算、ひき算

ぴったり1 じゅんび 116ページ

❶ ①9　② $\frac{9}{5}$　③ $\frac{4}{5}$　④ $1\frac{4}{5}$

❷ (1)5、13、13　(2)10、3、1

ぴったり2 練習 117ページ

てびき

❶ ①7　② $\frac{1}{5}$　③ $\frac{2}{7}$

❷ ① $\frac{29}{8}$　② $\frac{38}{9}$　③ $\frac{35}{6}$

❷ ① $3\frac{5}{8}$　$8\times3+5=29$ ←分子

② $4\frac{2}{9}$　$9\times4+2=38$ ←分子

③ $5\frac{5}{6}$　$6\times5+5=35$ ←分子

❸ ①$2\frac{3}{4}$　②$4\frac{2}{7}$　③3

❹ ①<　②<

❸ ①$\frac{11}{4}$　11÷4＝2あまり3

②$\frac{30}{7}$　30÷7＝4あまり2

③$\frac{15}{5}$　15÷5＝3

❹ ①$1\frac{2}{9}$を仮分数(かぶんすう)にしてくらべます。

$1\frac{2}{9}=\frac{11}{9}$

②$\frac{13}{5}$を帯分数(たいぶんすう)にしてくらべます。

$\frac{13}{5}=2\frac{3}{5}$

ぴったり1 じゅんび 118ページ

1 4、㋔

2 ①分母　②$\frac{2}{2}$　③$\frac{2}{3}$　④$\frac{2}{4}$　⑤$\frac{2}{5}$　⑥$\frac{2}{6}$

ぴったり2 練習 119ページ

❶ ①$\frac{2}{8}$　②$\frac{1}{2}$　③$\frac{4}{10}$

❷ ①$\frac{2}{10}$、$\frac{2}{9}$、$\frac{2}{8}$、$\frac{2}{7}$、$\frac{2}{6}$

②$\frac{4}{2}$、$\frac{4}{3}$、$\frac{4}{4}$、$\frac{4}{5}$、$\frac{4}{6}$

③$\frac{6}{2}$、$\frac{6}{3}$、$\frac{6}{4}$、$\frac{6}{5}$、$\frac{6}{6}$

てびき

❶ ②は、$\frac{3}{6}$、$\frac{4}{8}$、$\frac{5}{10}$でもよいです。

❷ 分子が同じならば、分母が大きいほど分数の大きさは小さく、分母が小さいほど分数の大きさは大きくなります。

ぴったり1 じゅんび 120ページ

1 ①3　②3　③15　④24

2 ①7　②4　③8　④9

ぴったり2 練習 121ページ

❶ ①$\frac{7}{5}\left(1\frac{2}{5}\right)$　②$\frac{9}{7}\left(1\frac{2}{7}\right)$　③2

❷ ①$\frac{29}{9}\left(3\frac{2}{9}\right)$　②$\frac{36}{7}\left(5\frac{1}{7}\right)$　③$\frac{38}{9}\left(4\frac{2}{9}\right)$

④$\frac{23}{7}\left(3\frac{2}{7}\right)$　⑤4

❸ ①$\frac{4}{5}$　②2　③$\frac{8}{9}$

❹ ①$\frac{9}{7}\left(1\frac{2}{7}\right)$　②$\frac{14}{9}\left(1\frac{5}{9}\right)$　③6

④$\frac{12}{5}\left(2\frac{2}{5}\right)$　⑤$\frac{13}{8}\left(1\frac{5}{8}\right)$

てびき

❶ ③$\frac{3}{4}+\frac{5}{4}=\frac{8}{4}=2$

❷ 仮分数になおして計算するか、帯分数になおして計算するか、問題によってしやすいほうを選(えら)びます。

⑤$1\frac{3}{5}+2\frac{2}{5}=3\frac{5}{5}=4$

❸ ②$\frac{13}{4}-\frac{5}{4}=\frac{8}{4}=2$

❹ ③$6\frac{5}{6}$を仮分数にしても計算できますが、$6\frac{5}{6}$を6と$\frac{5}{6}$の和とみなせば、$\frac{5}{6}$をひくだけで計算できます。

おうちのかたへ　分数のたし算やひき算では、1を何等分かに分けた図に色をぬるなどするとわかりやすくなります。

しあげの5分レッスン　仮分数を帯分数になおすしかたと、帯分数を仮分数になおすしかたをたしかめよう。

ぴったり3 たしかめのテスト　122～123ページ　てびき

1 真分数…$\frac{5}{8}$、$\frac{2}{7}$　仮分数…$\frac{6}{5}$、$\frac{17}{10}$、$\frac{4}{4}$

帯分数…$3\frac{1}{2}$、$4\frac{5}{9}$、$1\frac{1}{2}$

2 ①$\frac{5}{8}$　②$1\frac{7}{8}$　③$3\frac{1}{8}$

3 ①$\frac{10}{9}\left(1\frac{1}{9}\right)$　②$\frac{3}{5}$

4 ①$\frac{7}{4}$　②$\frac{23}{8}$　③$\frac{39}{7}$　④$\frac{43}{10}$

5 ①$3\frac{1}{6}$　②$7\frac{2}{5}$　③4　④$6\frac{8}{9}$

6 ①$2\frac{3}{7}$、$\frac{15}{7}$、$\frac{11}{7}$　②$\frac{15}{4}$、3、$2\frac{3}{4}$

7 ①$\frac{11}{5}\left(2\frac{1}{5}\right)$　②$\frac{14}{11}\left(1\frac{3}{11}\right)$　③$\frac{21}{5}\left(4\frac{1}{5}\right)$

④2　⑤$\frac{15}{7}\left(2\frac{1}{7}\right)$　⑥3　⑦$\frac{9}{7}\left(1\frac{2}{7}\right)$

⑧$\frac{6}{5}\left(1\frac{1}{5}\right)$　⑨$\frac{7}{9}$　⑩6　⑪$\frac{3}{7}$

⑫$\frac{11}{10}\left(1\frac{1}{10}\right)$

はってん

1 ①20　②3

---

1 仮分数は、分子が分母と等しいか、分子が分母より大きい分数です。
帯分数は整数と真分数の和で表されている分数です。

2 数直線の1めもりは$\frac{1}{8}$を表しています。

おうちのかたへ　まず、数直線が何等分されているか数えましょう。

3 ②$2=\frac{10}{5}$と表されます。

4 ②$2\frac{7}{8}$　$8\times2+7=23$←分子

④$4\frac{3}{10}$　$10\times4+3=43$←分子

5 ①$\frac{19}{6}$　$19\div6=3$あまり1

③$\frac{32}{8}$　$32\div8=4$

④$\frac{62}{9}$　$62\div9=6$あまり8

おうちのかたへ　仮分数を帯分数になおしかたと、帯分数を仮分数になおしかたをたしかめましょう。

6 それぞれ仮分数か帯分数のどちらかにそろえると、大きさがわかりやすくなります。

7 帯分数は整数と真分数の和であることを使って、くふうして計算しましょう。

④$1\frac{4}{7}+\frac{3}{7}=1\frac{7}{7}=2$

⑥$2\frac{1}{4}+\frac{3}{4}=2\frac{4}{4}=3$

⑩$6\frac{2}{3}-\frac{2}{3}=6$

1 ②1時間を3等分したうちの1つ分だと考えてみましょう。

活用 算数を使って考えよう

算数を使って考えよう 124ページ

てびき

1 ①（人）　けがの種類

60
50
40
0

すりきず　ねんざ　切りきず　打ぼく

②正しくない。

2 ㋐25　㋑60　㋒1500　㋓15　㋔40
㋕1000　㋖10　㋗15　㋘10　㋙150

答え　150 m^2

1 ②〰〰は、このグラフの0から40までの部分を省いていることを表しています。
数字で見ると、すりきずをした人は58人、打ぼくをした人は43人なので、人数のちがいは15人で、半分より多い。

おうちのかたへ めもりの省略のしかたによって、棒グラフの見え方は変わります。ニュースや新聞で見かけるグラフの見え方と数値を、お子さまといっしょに確かめるのもよいでしょう。

2 ゆみさんの考えは、まず音楽室のたての長さと横の長さをタイル1辺の長さをもとにして求め、これらを長方形の面積の公式にあてはめて音楽室の面積を求めています。

4年のまとめ

まとめのテスト 125ページ

てびき

1 ①41090080000000
②370000000000
③2700940000000

2 ①1030000　②4000000

3 ①92220　②192000

1 ②100倍すると、位が2けた上がります。
③$\frac{1}{10}$にすると、位が1けた下がります。

2 ①一万の位までのがい数にするときは、千の位の数字を四捨五入します。
②上から1けたのがい数にするときは、上から2けための数字を四捨五入します。

3 ①
```
   348
 ×265
  1740
 2088
 696
 92220
```
②
```
  3200
 ×  60
 192000
```

4 ①164　②68　③3　④14

4
①
```
    164
6)984
  6
  38
  36
   24
   24
    0
```
②
```
    68
4)272
  24
   32
   32
    0
```
③
```
     3
27)81
   81
    0
```
④
```
     14
32)448
   32
   128
   128
     0
```

5 ①35 あまり2　②6あまり4

5
①
```
    35
7)247
  21
   37
   35
    2
```
②
```
      6
58)352
   348
     4
```

6 ①188　②495　③300

6
①26＋88＋74＝(26＋74)＋88
＝100＋88
＝188

②5×99＝5×(100－1)
＝500－5
＝495

③41×3＋59×3＝(41＋59)×3
＝100×3
＝300

まとめのテスト　126ページ　　てびき

1 ①3.04　②7.303　③4.814　④0.28

1
①
```
  2.09
+0.95
  3.04
```
②
```
  4.85
+2.453
  7.303
```
③
```
  5
-0.186
  4.814
```
④
```
  0.629
-0.349
  0.280
```

2 ①27　②214.2　③34　④118.4
⑤2.65　⑥8.25

2
①
```
  4.5
×  6
 27.0
```
②
```
  30.6
×    7
 214.2
```
③
```
  0.5
× 68
   40
  30
  34.0
```
④
```
   7.4
×  16
  444
  74
  118.4
```
⑤
```
   2.65
7)18.55
  14
   45
   42
    35
    35
     0
```
⑥
```
      8.25
32)264
   256
     80
     64
     160
     160
       0
```

③ ①6.7 ②2.2

④ ① $\frac{12}{7}$ ② $\frac{22}{9}$ ③ $4\frac{5}{6}$ ④9

⑤ ① $\frac{12}{11}\left(1\frac{1}{11}\right)$ ②3 ③ $\frac{45}{7}\left(6\frac{3}{7}\right)$

④ $\frac{5}{7}$ ⑤ $\frac{7}{4}\left(1\frac{3}{4}\right)$ ⑥ $\frac{5}{9}$

⑥ 式 6.5×16=104　答え 104 kg

③ ①

```
      6.66
 9 ) 60
     54
      60
      54
       60
       54
        6
```

②

```
       2.16
 16 ) 34.6
      32
       26
       16
       100
        96
         4
```

④ ① $1\frac{5}{7}$ 7×1+5=12 ←分子

③29÷6=4あまり5

⑤ ⑤ $3-1\frac{1}{4}=2\frac{4}{4}-1\frac{1}{4}$

$=1\frac{3}{4}$

⑥

```
    6.5
 ×  16
   390
   65
  104.0
```

まとめのテスト　127ページ

① 152 m²

② 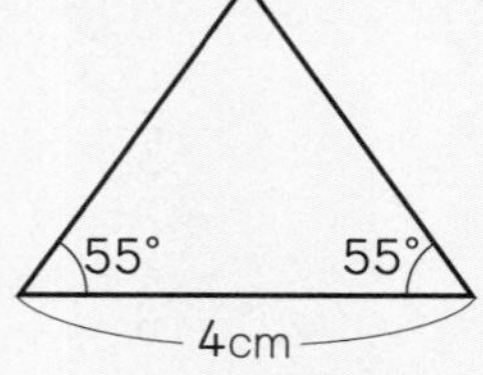

名前…二等辺三角形

③ 赤(のゴムひも)

てびき

① たて9m、横20mの長方形の面積から、たて4m、横7mの長方形の面積をひきます。

9×20−4×7=152(m²)

(別の求め方)

下の図のように2つの長方形に分けて求めることもできます。

㋐5×7=35(m²)

㋑9×13=117(m²)

㋐+㋑=35+117=152(m²)

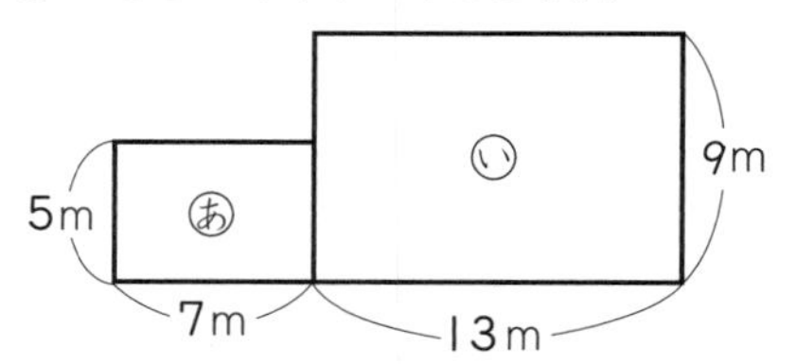

③ もとの長さを1とみて、のばした長さの割合を求めます。

青…32÷8=4

赤…30÷6=5

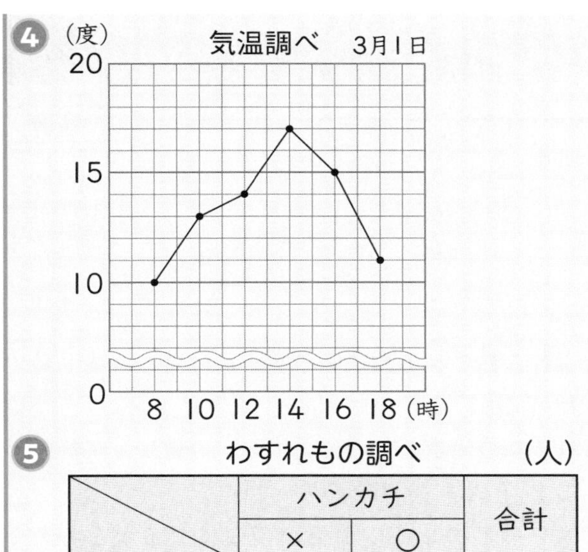

わすれもの調べ　(人)

		ハンカチ ×	ハンカチ ○	合計
文ぼう具	×	9	④ 15	③ 24
文ぼう具	○	① 6	4	② 10
合計		15	⑤ 19	34

5 左の表で、

①15−9＝6　②6＋4＝10
③34−10＝24　④24−9＝15
⑤34−15＝19　のように求めます。

さらに、次のようにそれぞれのらんの数の意味についてもまとめておきましょう。

9　文ぼう具もハンカチもわすれた人の数
15 (④)　文ぼう具はわすれたが、ハンカチはわすれなかった人の数
6 (①)　文ぼう具はわすれなかったが、ハンカチはわすれた人の数
4　文ぼう具もハンカチもわすれなかった人の数

プログラミングにちょうせん

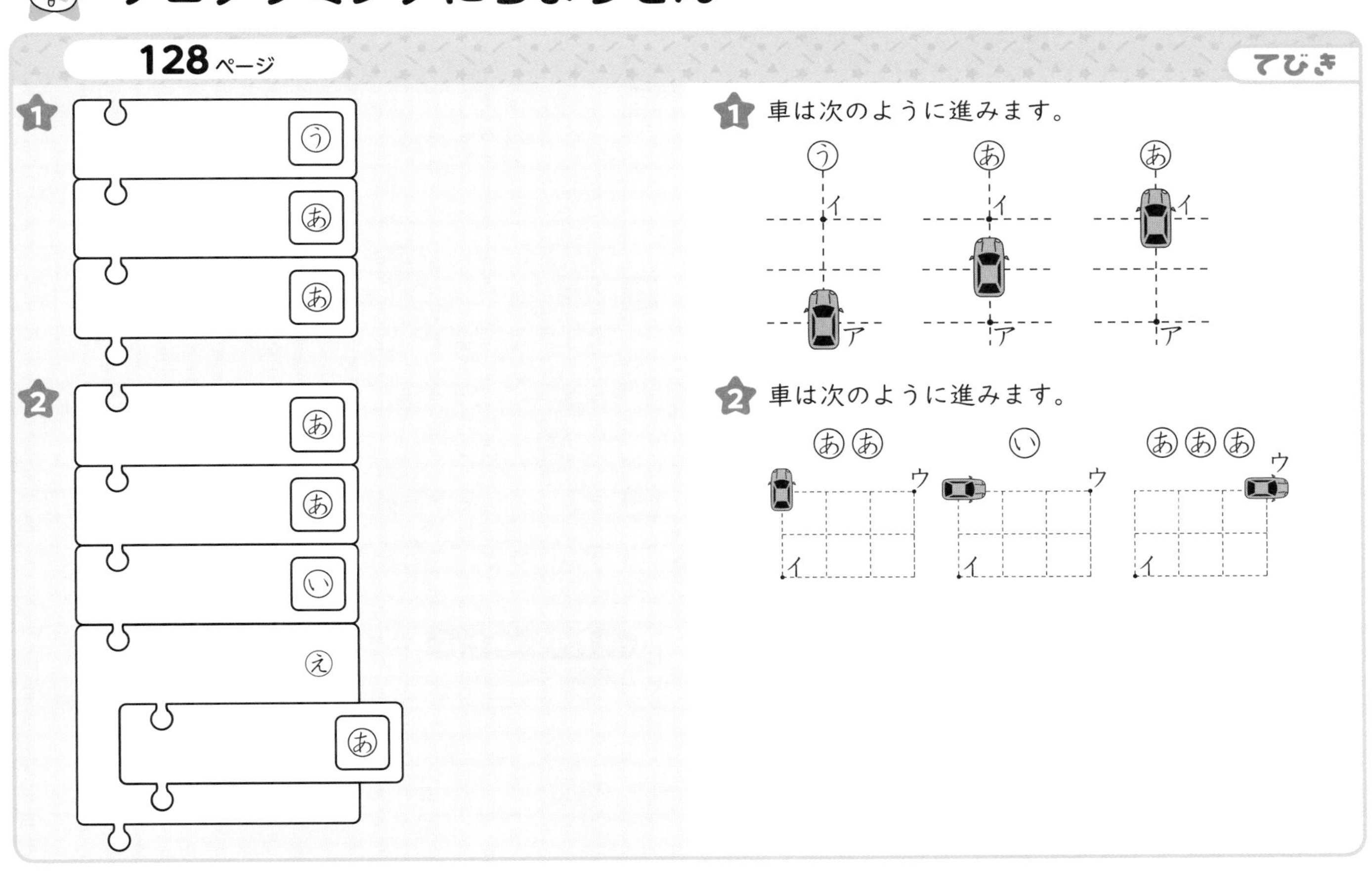

夏のチャレンジテスト

てびき

1 ①1900860000
②6000070000000000
③4209000000　④35000000000

2 ㋒

3 ①5　②700

4 式　500＋200＋300＝1000
答え　約1000円

5 和…710億　差…190億

6 ①230232　②143165
③684000　④2000兆

7 ①28　②213あまり2　③103あまり2
④63あまり1

8 ①6あまり2　②3あまり7　③8あまり13
④4あまり52　⑤33あまり3
⑥11あまり26

9 10倍　3650000000000
100倍　36500000000000
$\frac{1}{10}$　36500000000

10 ①

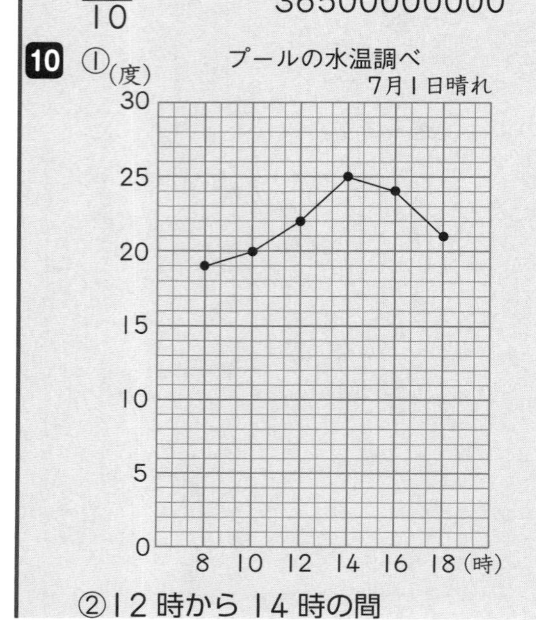

②12時から14時の間

3 わられる数とわる数に同じ数をかけても、同じ数でわっても、商は同じです。

4 それぞれの代金を百の位までのがい数にして計算します。

5 1億をもとにして、1億が何こになるかを考えます。

6 ① 724×318：5792、724、2172、230232
② 685×209：6165、1370、143165
③ 3600×190：324、36、684000

7 ② 4)854＝213：8、5、4、14、12、2
③ 6)620＝103：6、20、18、2
④ 5)316＝63：30、16、15、1

8 ③ 59)485＝8：472、13
④ 68)324＝4：272、52
⑥ 81)917＝11：81、107、81、26

9 数を10倍、100倍すると、位が1けた、2けた上がり、0を1つ、2つつけた数になります。
数を$\frac{1}{10}$にすると、位が1けた下がり、0を1つとった数になります。

10 それぞれの時こくの水温を点でうち、順に直線で結んでグラフをかきます。

おうちのかたへ　まず、グラフの1めもりの大きさを調べます。

11 ㋐75°　㋑135°

12 2953

13 式　85÷4＝21 あまり1　答え　21 ふくろ

11 ㋐30＋45＝75　㋑90＋45＝135

12 上から3けためを四捨五入(ししゃごにゅう)します。

冬のチャレンジテスト

てびき

1 ①cm^2　②ha　③25　④10

2 ①7　②120.703

3 ㋐ひし形　㋑台形　㋒正方形　㋓平行四辺形(へいこうしへんけい)

4 りんご

5 ①

けがの種類(しゅるい)と場所　(人)

けがの種類＼場所	校庭	教室	体育館	合計
すりきず	3	0	1	4
切りきず	1	3	0	4
ねんざ	1	0	2	3
合計	5	3	3	11

②ねんざ

6 式　(例(れい))6×12－4×4＝56　答え　56 m^2

7 ①

正方形の数　(こ)	1	2	3	4	5
マッチぼうの数(本)	4	7	10	13	16

②3×○＋1＝△　③22 本

8 ①28　②2　③15

1 10000 m^2＝100 a＝1 ha です。

4 ぶどう…600÷300＝2

りんご…450÷150＝3

6 図1のように直線をつけたして考え、大きな長方形から小さな正方形をひきます。

図1

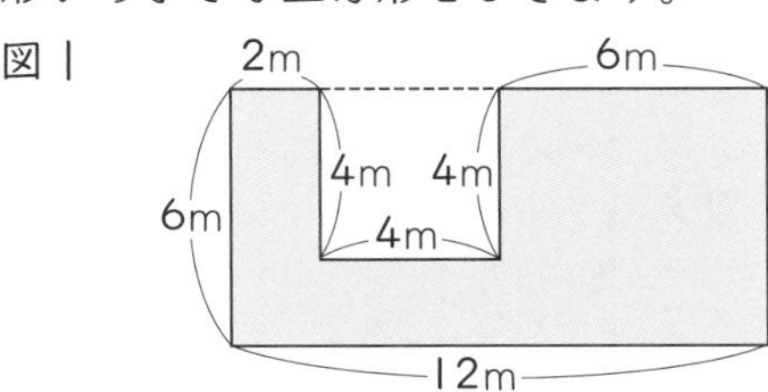

また、図2のように2つの長方形と1つの正方形に分ける考え方もあります。

図2

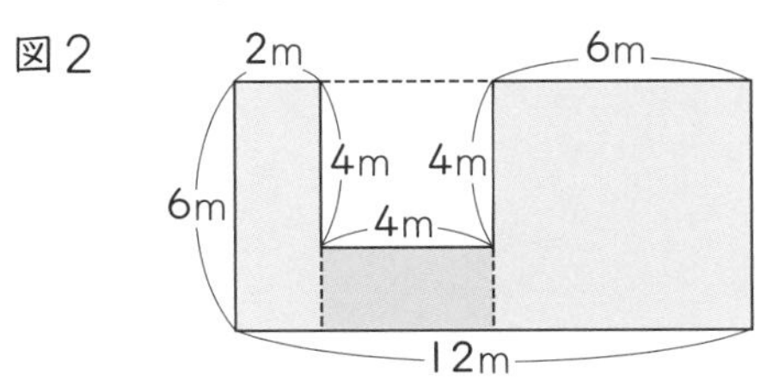

9 (例)

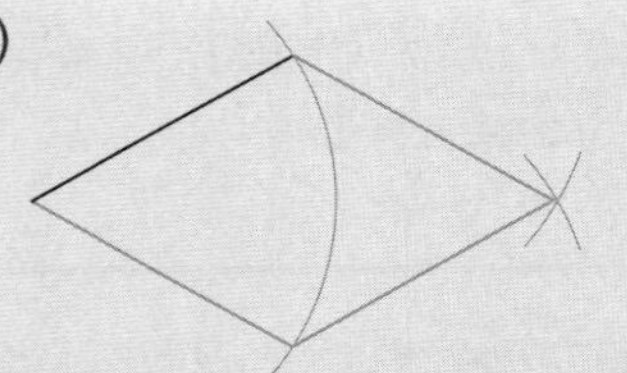

9 4つの辺の長さがすべて等しいというひし形のせいしつを使ってかきます。

10 ①10.12　②2.962　③15.004　④0.37　⑤1.548　⑥10.881

10 くり上がり、くり下がりに注意します。

11 9

11 式で表すと、

6×6＝8×□－6×6

36＝8×□－36

なので、8×□＝72 になればよいことがわかります。

しあげの5分レッスン　平行四辺形やひし形のせいしつをまとめよう。

春のチャレンジテスト

てびき

1 真分数…$\frac{5}{7}$、$\frac{1}{27}$、$\frac{15}{17}$

仮分数…$\frac{4}{3}$、$\frac{21}{13}$、$\frac{3}{3}$、$\frac{10}{1}$

帯分数…$3\frac{1}{2}$、$5\frac{3}{4}$

1 真分数…１より小さい分数

仮分数…１に等しいか、１より大きい分数

帯分数…整数と真分数の和で表されている分数

2 ①$\frac{5}{3}\left(1\frac{2}{3}\right)$　②$\frac{1}{6}$　③$\frac{4}{7}$

3 ①頂点　②面　③辺　④直方体　⑤展開図　⑥見取図

4 ①31.2　②8.6　③2.456　④23.437

4 積の小数点は、かけられる数の小数部分のけた数と同じようにうちます。

5 ①1.39　②3.51　③1.21　④17.3

5 商の小数点は、わられる数の小数にそろえてうちます。

② $10.53 \div 3 = 3.51$

```
     3.51
 3 ) 10.53
      9
      15
      15
        3
        3
        0
```

③ $14.52 \div 12 = 1.21$

```
      1.21
 12 ) 14.52
      12
       25
       24
        12
        12
         0
```

④ $328.7 \div 19 = 17.3$

```
       17.3
 19 ) 328.7
      19
      138
      133
        57
        57
         0
```

6 ①1.3　②0.5

7 ①2.4 あまり 0.6　②1.6 あまり 1.3

8 ①$\frac{7}{2}\left(3\frac{1}{2}\right)$　②$\frac{11}{2}\left(5\frac{1}{2}\right)$　③4

④$\frac{6}{5}\left(1\frac{1}{5}\right)$

9 ①点オ　②辺サシ

③平行…面㋑

垂直…面㋐、面㋒、面㋔、面㋕（順不同）

10 ①0.6　②15.6

11 式　$0.056\times30+0.6=2.28$

答え　2.28 kg

12 式　$67.2\div4=16$ あまり 3.2

答え　16 本できて、3.2 cm あまる。

13 式　$1\frac{1}{4}-\frac{2}{4}=\frac{3}{4}$　　答え　$\frac{3}{4}$ L

6 商の $\frac{1}{100}$ の位で四捨五入します。

① 7) 9 → 1.28（8を四捨五入して 1.3）
9 − 7 = 2、20 − 14 = 6、60 − 56 = 4

② 6) 3.2 → 0.53（3を四捨五入して 0.5）
32 − 30 = 2、20 − 18 = 2

7 あまりの小数点は、わられる数の小数点にそろえてうちます。

① 8) 19.8 → 2.4
19 − 16 = 3、38 − 32 = 0.6

② 15) 25.3 → 1.6
25 − 15 = 10、103 − 90 = 1.3

8 帯分数は整数と真分数の和なので、整数部分と分数部分に分けて考えます。

9 展開図を組み立てると、直方体になります。

㋐と㋕、㋑と㋓、㋒と㋔の面が向かい合います。

10 ①ある数を□とすると、□×19＝11.4

おうちのかたへ　文章題を解くときは、わからない数を□として、式をたてたり、数直線に表したりして問題に取り組むとよいでしょう。

しあげの5分レッスン　まちがえた問題は答えのたしかめをしよう。

学力しんだんテスト

1 ①5020000000
②1000000000000

2 ①3　②25 あまり 11　③4.04
④0.64　⑤107.3　⑥0.35
⑦ $\frac{9}{7}\left(1\frac{2}{7}\right)$　⑧ $\frac{11}{5}\left(2\frac{1}{5}\right)$
⑨ $\frac{6}{8}$　⑩ $\frac{3}{4}$

3 ①9　②5　③8

4 ①式　20×30＝600
答え　600 m²
②式　500×500＝250000
(250000 m²＝25 ha)
答え　25 ha

5 あ15°　い45°　う35°

6 ①あ、い、え、お
②あ、い、え、お　③あ、い

7 ①えの面
②あの面、うの面、えの面、かの面

8 ①45　②9　③54

9 ①

だんの数（だん）	1	2	3	4	5	6	7
まわりの長さ（cm）	4	8	12	16	20	24	28

②○×4＝△
③式　9×4＝36　　答え　36 cm

10 ①2000　②200　③2000
④200　⑤400000
⑥(例)けたの数がちがう

11 ①い
②(例)6分間水の量が変わらない部分があるから。

てびき

1 0の場所や数をまちがえていないか、右から4けたごとに区切って、たしかめましょう。

2 ⑧⑩帯分数のたし算・ひき算は仮分数になおして計算するか、整数と真分数に分けて計算します。
⑧ $1\frac{4}{5}+\frac{2}{5}=\frac{9}{5}+\frac{2}{5}=\frac{11}{5}$
または、$1\frac{4}{5}+\frac{2}{5}=1+\frac{6}{5}=1+1\frac{1}{5}=2\frac{1}{5}$
⑩ $1\frac{1}{4}-\frac{2}{4}=\frac{5}{4}-\frac{2}{4}=\frac{3}{4}$
または、$1\frac{1}{4}-\frac{2}{4}=\frac{1}{4}+1-\frac{2}{4}=\frac{1}{4}+\frac{2}{4}=\frac{3}{4}$

3 求められるところから、計算します。
例えば、②16－11＝5　③19－11＝8
次に、①を計算します。①17－8＝9

4 ②10000 m²＝1 ha です。250000 m²＝25 ha ははぶいて書いていなくても、答えが 25 ha となっていれば正かいです。

5 あ45°－30°＝15°　い180°－(35°＋100°)＝45°
う向かい合った角の大きさは同じです。または、いの角が45°だから、180°－(100°＋45°)＝35°

6 それぞれの四角形のせいしつを、整理した上で考えるとよいです。

7 実さいに組み立てた図に記号を書きこんで考えるとよいです。

8 ①40＋15÷3＝40＋5＝45
②72÷(2×4)＝72÷8＝9
③9×(8－4÷2)＝9×(8－2)＝9×6＝54

9 ②③まわりの長さはだんの数の4倍になっていることが、①の表からわかります。

10 上から1けたのがい数にして、見積もりの計算をします。
⑥44160 と数がまったくちがうことが書けていれば正かいとします。

11 あおいさんは、とちゅうで6分間水をとめたので、その間は水そうの水の量は変わりません。
②あおいさんが水をとめている間は、水の量が変わらないので、折れ線グラフの折れ線が横になっている部分があるということが書けていても正かいです。